The Art of R Programming

A Tour of Statistical Software Design

R语言编程艺术

（美） Norman Matloff 著

陈堰平 邱怡轩 潘岚锋 熊熹 译

林宇 严紫丹 程豪 审校

机械工业出版社
CHINA MACHINE PRESS

图书在版编目（CIP）数据

R 语言编程艺术 /（美）麦特洛夫（Matloff，N.）著；陈堰平，等译 . —北京：机械工业出版社，2013.6
（2024.8 重印）
（华章程序员书库）

书名原文：The Art of R Programming：A Tour of Statistical Software Design

ISBN 978-7-111-42314-0

I. R… II. ①麦… ②陈… III. 程序语言－程序设计 IV. TP312

中国版本图书馆 CIP 数据核字（2013）第 088547 号

北京市版权局著作权合同登记 图字：01-2012-2102 号。

本书是 R 语言领域公认的经典著作，由著名计算机科学家兼统计学家撰写，Amazon 五星级畅销书。它是一本面向 R 语言开发者的纯编程类书籍，不需要读者具备统计学基础，从编程角度而非统计学角度系统讲解了 R 语言的数据结构、编程结构、语法、TCP/IP 网络编程、并行计算、代码调试、程序性能优化、编程技巧以及 R 语言与其他语言的接口等所有与 R 编程相关的知识，几乎面面俱到。本书的实用性也非常强，44 个精选的扩展案例，充分展示了 R 语言在数据处理和统计分析方面的强大能力。

全书一共 16 章：第 1 章介绍了学习 R 语言需要掌握的预备知识以及它的一些重要数据结构；第 2~6 章详细讲解了 R 语言的主要数据结构，包括向量、矩阵、数组、列表、数据框和因子；第 7 ～ 13 章全面讲解了 R 语言的语法，包括编程结构、面向对象特性、数学运算与模拟、输入与输出、字符串处理、绘图，以及 R 语言的调试方法。第 14 ～ 16 章讲解了 R 语言编程的高级内容，如执行速度和性能的提升、R 语言与 C/C++ 或 Python 的混合编程，以及 R 语言的并行计算等。

机械工业出版社（北京市西城区百万庄大街 22 号 邮政编码 100037）
责任编辑：吴 怡
北京捷迅佳彩印刷有限公司印刷
2024 年 8 月第 1 版第 20 次印刷
186mm×240mm • 20 印张
标准书号：ISBN 978-7-111-42314-0
定 价：69.00 元

客服电话：（010）88361066 68326294

译 者 序

R是一种用于统计计算与做图的开源软件，同时也是一种编程语言，它广泛应用于企业和学术界的数据分析领域，正在成为最通用的语言之一。由于近几年数据挖掘、大数据等概念的走红，R也越来越多地被人关注。截至本文完成之日，CRAN（http://cran.r-project.org/）上共有4383个包，涉及统计、化学、经济、生物、医学、心理、社会学等各个学科。不同类型的公司，比如Google、辉瑞、默克、美国银行、洲际酒店集团和壳牌公司都在使用它，同时以S语言环境为基础的R语言由于其鲜明的特色，一出现就受到了统计专业人士的青睐，成为国外大学里相当标准的统计软件。

一直以来，国内外关于R语言的著作都是以统计学专业的视角来介绍R语言的，对R语言本身的特性讲解得并不详尽，而软件自带的官方文档又显得过于技术，不那么亲民。另一方面，很多接触R的朋友都来自非计算机专业，没有接受过编程训练，他们使用R的时候，编写出来的代码通常只能算是一条条命令的集合，面对更复杂的问题，常常束手无策。记得在某届R语言大会上，有位SAS阵营的朋友说，他看到演讲者所展示的代码里只有函数调用，没有编程的东西，所以他觉得R不能算一种编程语言。其实，他错了，此时你手里这本书，覆盖了其他大部分R语言图书没有涉及的编程主题。这本书就如同R语言的九阳神功秘籍，当神功练成，任督二脉一旦打通，再学习针对某一领域应用的函数或包就如庖丁解牛一般。顺便提一下，据微博上的小道消息，前面提到的那位朋友最近也开始学R了。

本书的特点表现在以下几个方面：

第一，对读者的统计学知识和编程水平要求并不高。与很多R语言书籍不同，这本书并不需要很深的统计学功底，它从纯语言的角度入手来讲解R。对于有一定编程经验却没什么统计学背景的人来说，读这本书会比较顺畅，读者就可以重点关注R语言的特性在数据分析方面的应用。在有的地方，作者也会提醒那些有其他语言编程经验的人应该注意R语言有什么不同之处。而对于没有编程经验又想使用R做数据分析的人来说，这本书也是学习编程的绝佳教材。

第二，专注于R语言编程。作者没有把这本书定位为菜谱式的手册，也不像有些R语言图书那样介绍完统计学某方面应用之后简单地把R语言代码摆出来。翻开这本书的目录，你几乎看不到统计学的术语。本书系统介绍了R语言的各种数据结构和编程结构、面向对象编程方法、socket网络编程、并行计算、代码调试、程序性能提升以及R语言与其他语言的接口等主题。书中也提到了不少编程的小技巧，这都是作者多年编程经验的总结。

第三，丰富的案例分析。作者Matloff教授是位计算机科学家，同时也是位统计学家，有多年的教学经验，也做过统计学方法论的顾问。除了正文中的例子之外，本书还有44个扩展案例，很多案例源自作者亲身参与过的咨询项目。虽然本书没有讲解任何统计模型，但是扩展案例都是和数据分析相关的，比如对鲍鱼数据的重新编码（第2章）、寻找异常值（第3章）、文本词汇索引（第4章）、学习中文方言的辅助工具（第5章）等。通过学习这些案例，读者不仅能学到R语言的每种概念如何运作，也会学到如何把这些概念组合到一起成为有用的程序。比如第10章介绍了socket网络编程之后，就用一个扩展案例讲解如何用socket实现并行计算，这为第16章详细讲解并行计算做好了铺垫。在很多案例里，作者讨论了好几种设计方案，并比较了这几种方案的不同之处，以回答"为什么这样做"，这对于缺少编程经验的人来说，是非常好的安排。

本书第1章简要介绍了R语言的几种数据结构和编程基础，其余章节可分为三大部分。

第一部分（第2～6章）详细介绍R的几种主要的数据结构：向量、矩阵、列表、数据框和因子等。对很多人来说，R复杂多变的数据结构真的是一只拦路虎。而本书从最简单的向量开始，一步一步引导读者认识并掌握各种数据结构。

第二部分（第7～13章）涉及编程方面： 编程结构和面向对象特性、输入/输出、字符串处理以及绘图。值得一提的是第13章，这章主要讲解的是R语言的调试。很多朋友在实际工作中有这样的经历，你可能用了一个小时就写好代码，却用了一天的时间来调试。可是到目前为止还没有在其他图书上看到与R语言调试相关的内容，甚至也很少见到关于其他编程语言调试的图书。本书刚好填补了这方面的空白。如果读者仔细读完第13章，并实践其中的调试技巧，一定能事半功倍，也就能少熬点儿夜，有延长寿命的功效。本书的作者同时也著有《调试的艺术》（The Art of Debugging），相信他在R语言调试方面的功力也是相当深厚的。

第三部分（第14～16章）介绍的是更高级的内容，比如执行速度和性能的提升（第14章）、R语言与C/C++或Python混合编程（第15章）以及R语言并行计算（第16章），虽然最后一部分属于编程的高级内容，但如果读者从前往后一直学下来，随着能力的提高，也是可以读懂的。

本人从2007年开始接触R语言，那时候市面上几乎没有R语言方面的书籍。当时我关于R语言的所有信息几乎都是来自统计之都（http://cos.name）和谢益辉的博客（http://yihui.name）。2008年冬天，统计之都成功举办了"第一届中国R语言会议"，来自各地的R语言用户们齐聚一堂，交流心得。从那以后，每年的R语言会议都会在北京和上海举办。这几年来，统计之都的队伍也逐渐壮大，比如本书的其他三位主要译者：邱怡轩、潘岚锋和熊熹，当年他们参加R语言会议的时候还是人大统计学院大一、大二的学生，后来也成为R语言社区的领军人物。去年我们接到本书的翻译任务时，他们三人分别收到了美国普度大学、爱荷华州立大学以及明尼苏达大学的录取通知，现在已经在美国留学深造。希望有越来越多的人加入统计之都的大家庭，和大家一起成长，为中国统计事业的发展尽自己的一份力。

在翻译过程中，几位译者力求忠实于原文，但纠正了原书的几处错误，同时也兼顾中文表达的流畅，不过译文中可能仍有不当之处，欢迎读者予以指正。

除了本人以及前面提到的三位译者之外，统计之都的三位老朋友林宇、严紫丹和程豪也参与了本书部分章节的校审和初稿翻译，在此表示感谢。全书译文最后由本人统稿，如有错误之处，均由本人承担。

也感谢机械工业出版社的吴怡编辑，她给予了我们细心的帮助。

统计之都的图书出版栏目（网址是http://cos.name/books/ ）有本书的页面，读者可以在这里下载本书的数据和代码，也可以留言提问。

陈堰平

2013年3月于宣武门

译者简介

本书三位主要译者都曾在中国人民大学统计学院获得硕士学位，都是统计之都（http://cos.name）的管理员、中国 R 语言会议理事会成员。

陈堰平是北京数博思达信息科技有限公司（http://supstat.com）联合创始人，2008 年获得 CQF 金融工程师认证，主要从事统计咨询、金融数据分析、基于 R 语言开发定制化统计工具，博客网址为 http://yanping.me。**邱怡轩**目前是普度大学统计系在读博士研究生，开发过的 R 语言程序包有：fun、R2SWF、Layer、rationalfun、rarpack，博客网址为 http://yixuan.cos.name/。**潘岚锋**目前是艾奥瓦州立大学统计系在读博士研究生，开发过 R 语言程序包 bignmf。

前　　言

R是一种用于数据处理和统计分析的脚本语言，它受到由AT&T实验室开发的统计语言S的启发，且基本上兼容于S语言。S语言的名称代表统计学（statistics），用来纪念AT&T开发的另一门以一个字母命名的编程语言，这就是著名的C语言。后来一家小公司买下了S，给它添加了图形用户界面并命名为S-Plus。

由于R是免费的，而且有更多的人贡献自己的代码，R语言变得比S和S-Plus更受欢迎。R有时亦称为GNU S，以反映它的开源属性。（GNU项目是开源软件的一个重要集合。）

为什么在统计工作中用R

粤语有个词"又便又靓"，意思是"物美价廉"，R语言就是这样一种工具，为什么还要用别的呢？

R语言有许多优点：

- 它是广受关注的统计语言S在公众领域的实现，而且R/S已经是专业统计学家的实际标准语言。
- 在绝大多数情况下，它的功能不亚于甚至优于商业软件，比如它有大量的函数、良好的可编程性、强大的绘图功能，等等。
- 在Windows、Mac、Linux等操作系统上都有相应的版本。
- 除了提供统计操作以外，R还是门通用编程语言，所以你可以用它做自动分析、创建新的函数来拓展语言的现有功能。
- 它结合了面向对象语言和函数式编程语言的特性。
- 系统在两次会话之间可以保存数据集，所以不需要每次重新加载数据集。R还可以保存历史命令。
- 因为R是开源软件，所以很容易从用户社区获得帮助。另外，用户们贡献了大量的新函数，其中很多用户都是杰出的统计学家。

我必须事先提醒你，最好直接在终端窗口输入命令并提交给R，而不是在GUI里用鼠标点击菜单，并且大多数R用户都不用GUI。这并不是说R不能图形化操作。相反，它有很多工具可以生成实用、美观的图形，不过这些工具是用在系统输出方面，比如画图，而不是用在输入方面。

如果你离不开GUI，则可以选用一种免费的GUI，它们是为R开发的，比如下面几种开源的或免费的工具：

- RStudio，http://www.rstudio.org/
- StatET，http://www.walware.de/goto/statet/
- ESS （Emacs Speaks Statistics），http://ess.r-project.org/
- R Commander：John Fox，"The R Commander: A Basic-Statistics Graphical Interface to R," Journal of Statistical Software 14, no. 9 (2005):1–42.
- JGR (Java GUI for R)，http://cran.r-project.org/web/packages/JGR/index.html

前三种软件，RStudio、StatET和 ESS属于集成开发环境（Integrated Development Environments， IDE），更多地是为编程设计的。StatET和ESS则为R程序员分别提供了针对著名的Eclipse 和Emacs环境的IDE。

在商业软件中，另一种IDE出自Revolution Analytics公司，一家提供R语言服务的公司（http://www.revolutionanalytics.com/）。

因为R是一种编程语言而不是各种不相关联的命令汇总，你可以把几个命令组合起来使用，每条命令用前一条命令的输出作为输入。（Linux用户可能会认出：这类似于用管道将shell命令串联起来。）这种组合R函数的能力带来了巨大的灵活性，如果使用恰当，功能会非常强大。

下面是个简单的例子，请看这条命令：

```
nrow(subset(x03,z == 1))
```

首先，subset()函数针对数据框x03提取出变量z（取值为1）的所有记录，得到一个新的数据框，再把这个新数据框代入nrow()函数。这个函数计算数据框的行数。这行命令的最终效果是给出原数据框中z=1的记录的个数。

之前提到过面向对象编程和函数式编程这两个术语。这两个主题会激起计算机科学家的兴趣，尽管它们对大多数读者来说可能有点陌生，但是它们跟任何使用R做统计编程的人都有关。下面概述这两个主题。

面向对象编程

面向对象的优点可以用例子来解释，例如回归模型。当你用SAS、SPSS等其他统计软件做回归分析时，你会在屏幕上看到一大堆的输出结果。与之相反，如果在R里调用回归函数lm()，函数会返回一个包含所有结果的对象，对象里含有回归系数的估计、估计值的标准差、残差等。接下来你可以用编程的方式挑选对象里需要的部分并提取出来。

你会看到通过R的方式可使编程变得更容易，部分因为它提供了访问数据的一致性。这种一致性源于R是多态的，即一个函数可以应用于不同类型的输入，函数在运行过程中会选择适当的方式来处理。这样的函数称为泛型函数。（如果你是C++程序员，肯定见过类似的概念虚函数。）

例如plot()函数，如果你把它应用到一列数上，会得到一幅简单的图。但是如果把它应用到某个回归分析的输出结果中，会得到关于回归分析多个方面的一整套图形。当然，你只能在R生成的对象上使用plot()函数。这样也好，这意味着用户需要记的命令更少了！

函数式编程

避免显式迭代是R语言的一个常见话题，这对于函数式编程语言来说是很典型的问题。你可以利用R的函数特性把迭代行为表达成隐式的，而不是用循环语句。这可以让代码执行起来更有效率，当R运行在大数据集上时运行时间会相差很大。

正如你看到的，R语言函数式编程的属性有许多优点：

- 更清晰，更紧凑的代码。
- 有潜力达到更快的执行速度。
- 减少了调试的工作量，因为代码更简单。
- 容易转化为并行编程。

本书的读者对象

许多人以特定的方式使用R——直方图、回归分析或者其他涉及统计运算的任务。不过本书针对的是那些希望用R开发软件的读者。本书的目标读者从专业软件开发人员，到只在大学修过编程课、为了完成特定任务而写R代码的人。（统计学知识一般不是必需的。）

以下几类人可能会从本书受益：

- 受雇于某个需要定期制作统计报告的机构，比如医院、政府机关等，为此需要开发专用程序。
- 开发统计学方法论的学术研究人员，所研究的方法论要么是全新的，要么就是结合了现有的方法并将其整合到一起，这些需要编程来实现，让学术界里更多的人能够使用。
- 在市场营销、诉讼支持、新闻、出版等领域工作，需要通过编码来制作复杂图形以实现数据可视化的专家。
- 有软件开发经验，参与的项目涉及统计分析的专业程序员。
- 学习统计计算课程的学生。

因此，本书不是R包中各种统计方法的纲要，其实本书更侧重于编程，覆盖了大部分R语言图书没有涉及的与编程相关的主题，我甚至是围绕编程主题展开论述的。下面是一些具体的例子：

- “扩展案例”展示完整的、特定用途的函数，而不是针对某个数据集的独立代码片段。你可能发现其中有些函数对你平常用R语言进行工作很有帮助。通过学习这些案例，你不仅能学到R语言的基本功能如何运作，也会学到如何把它们组合成有用的程序。在很多案例里，我讨论了其他设计方案，以回答“为什么我们这样做？”。
- 内容上符合程序员的思维习惯。例如，在讨论数据框的时候，我不仅表明数据框是一种R的列表，也指出这一事实对编程的潜在影响。我在适当的时候加入R语言与其他语言的比较，为那些刚好了解其他语言的人提供参考。
- 在任何语言里，调试对于编程都非常关键，而在其他大多数R语言书籍中却鲜有涉及。本书用了一章的篇幅来介绍调试技巧，用“扩展案例”方法真刀真枪地展示如何调试实际工作中的程序。
- 如今，多核计算机甚至普及到普通家庭，图形处理单元（GPU）已经悄然在科学计算界引发了一场革命。越来越多的R应用涉及非常大量的计算，并行处理已经成为R程序员面临的主要课题。所以本书用一章的篇幅讨论这个主题，同样给出技术细节和扩展案例。
- 本书单独用一章介绍如何利用R内部行为以及其他工具的优势来加速R代码。
- 用一章来讨论R语言与其他语言（如C和Python）的接口，用扩展案例展示了应用方法，同时也介绍了调试的技巧。

我的学术背景

我绕了一个圈才走进R的世界。

我完成了抽象概率论领域的博士论文之后，在担任统计学教授的前几年，我教过学生、做过研究、也做过统计方法论的顾问。我是加州大学戴维斯分校统计系的创建者之一。

后来我去了这个学校的计算机科学系，在那里我度过了职业生涯的大部分时间。我研究并行编程、网络流量、数据挖掘、磁盘系统性能以及其他领域。我在计算机科学领域的教学和研究大多都涉及统计学。

所以我既有纯粹的计算机科学家的视角，也有作为统计学家和统计研究者的视角。我希望这样的综合视角能够使我更好地解读R语言，使本书更具实用价值。

致　谢

本书很大程度上得益于很多人的帮助和支持。

首先，也是最重要的，我必须感谢技术审稿人Hadley Wickham先生，他的成名作是ggplot2和plyr这两个包。我曾向No Starch出版社推荐过Hadley，因为除了这两个包之外，他开发的其他包在CRAN（R用户贡献的代码库）上也备受欢迎，可说是经验丰富。正如我期待的那样，Hadley的很多评论为本书增色不少，尤其是他对某些代码示例的评论，通常他都这样开头："我在想，如果你这么写会怎么样……"。有时这些评论会导致原本只带有一两个版本代码的例子变得要用两三种甚至更多种不同方式来实现编程目的，这样可以比较不同方法的优点和缺点，我相信读者会因此受到启发。

非常感谢Jim Porzak，他是湾区R用户小组（Bay Area useR Group，BARUG，网址http://www.bay-r.org/）的联合创始人，在我写这本书时他曾多次鼓励我。说起BARUG，我必须感谢Jim和另一位联合创始人Mike Driscoll，感谢他们创建了这个充满活力而又富有启发性的论坛。在BARUG，介绍R语言精妙应用的演讲者们经常让我感觉写这本书是个很有价值的项目。BARUG也得益于Revolution Analytics公司的资助以及该公司员工David Smith和Joe Rickert付出的时间、精力，以及奇妙的想法。

Jay Emerson和Mike Kane，CRAN上备受赞誉的bigmemory包的作者，他们通读了第16章的早期文稿，并给出了极富价值的评论。

John Chambers（S语言的缔造者，而S语言是R语言的前身）和Martin Morgan提供了关于R内核的建议，这对我在第14章讨论R的性能问题有很大帮助。

7.8.4节涉及了一个在编程社区很有争议的主题——全局变量的使用。为了有一个更广阔的视角，我征求了几位专家的意见，特别是R核心小组的成员Thomas Lumley和加州大学戴维斯分校计算机科学学院的Sean Davis。当然，这并不意味着他们认可了我在这一节的观点，不过他们的评论非常有用。

在本项目的前期，我写了份非常粗糙的（也是非常不完整的）草稿以供公众评论，后来Ramon Diaz-Uriarte、Barbara F. La Scala、Jason Liao以及我的老朋友Mike Hannon给了我很有帮助的反馈。我的女儿Laura，一名工科学生，阅读了前面部分章节并给出了一些建议，使得本书得以完善。

我自己的CRAN项目以及与R相关的研究（有些成为了本书的示例）得益于许多人的建议、反馈和（或）鼓励，特别是Mark Bravington、Stephen Eglen、Dirk Eddelbuett、Jay Emerson、Mike Kane、Gary King、Duncan Murdoch和Joe Rickert。

R核心小组成员Duncan Temple Lang和我在同一个机构——加州大学戴维斯分校（UCD）。尽管我们在不同的系，以前也没有太多接触，但是这本书也得益于他在这个校园。他帮助UCD创造了一种广泛认可R的文化氛围，这让我能够很容易地向系里证明我用大量的时间写这本书是有价值的。

这本书是我跟No Starch出版社合作的第二个项目。当我决定写这本书的时候，很自然地想到去找No Starch出版社，因为我喜欢他们产品的这种不拘形式的风格、高度实用性和可接受的价格。感谢Bill Pollock同意这个项目，感谢编辑人员Keith Fancher和Alison Law以及自由编辑Marilyn Smith。

最后，但非常重要的是，我要感谢两位美丽、聪明、有趣的女人——我的妻子Gamis和前面提到的Laura，每次她们问我为什么如此埋头工作，我说“我正在写这本R书”，她们都会欣然接受。

目　录

第①章 快速入门

如前言所述，R是一种针对统计分析和数据科学的功能全面的开源统计语言。它在商业、工业、政府部门、医药和科研等涉及数据分析的领域都有广泛的应用。

本章将给出R的简单介绍——如何调用、能做什么以及使用什么文件。这里只介绍你在理解后面几章的例子时所需的基础知识，具体的细节将会在后面的章节中加以介绍。

如果你的公司或大学允许，R可能已经安装在你的系统中。如果还没安装，请参考附录A中的安装指南。

1.1 怎样运行R

R可以在两种模式下运行：交互模式和批处理模式。常用的是交互模式。在这种模式下，你键入命令，R将显示结果，然后你再键入新的命令，如此反复进行操作。而批处理模式不需要与用户进行互动。这对于生产工作是非常有帮助的，比如一个程序必须定期重复运行，如每天运行一次，用批处理模式则可以让处理过程自动运行。

1.1.1 交互模式

在Linux或Mac的系统中，只需在终端窗口的命令行中键入R，就可以开始一个R会话。在Windows系统下，点击R图标来启动R。

启动后显示的是欢迎语，以及R提示符，也就是>符号。屏幕的显示内容如下：

```
R version 2.10.0 (2009-10-26)
Copyright (C) 2009 The R Foundation for Statistical Computing
ISBN 3-900051-07-0
...
Type 'demo()' for some demos, 'help()' for on-line help, or
'help.start()' for an HTML browser interface to help.
Type 'q()' to quit R.

>
```

现在就可以开始执行R命令了。这时候显示的窗口叫做**R控制台**。

举个简单例子，考虑一个标准正态分布，其均值为0且方差为1。如果随机变量X服从这个标准正态分布，那么它的取值将以0为中心，或正或负，平均值为0。现在要生成一个新的随机变量$Y=|X|$。因为我们已经取了绝对值，Y的值将不会以0为中心，并且Y的均值也将

是正值。

下面来计算Y的均值。我们的方法基于模拟$N(0,1)$分布随机变量的取值：

```
> mean(abs(rnorm(100)))
[1] 0.7194236
```

这行代码将会生成100个随机变量，计算它们的绝对值，然后计算它们绝对值的均值。

标签[1]表示这行的第一项是输出结果的第一项。在这个例子中，输出结果只有一行（且只有一项），所以标签[1]显得有点多余。但是当输出结果有很多项会占据很多行时，这种标签会很有帮助。例如，输出结果有两行，且每行最多有6项，则第二行将会以标签[7]开头。

```
> rnorm(10)
 [1] -0.6427784 -1.0416696 -1.4020476 -0.6718250 -0.9590894 -0.8684650
 [7] -0.5974668  0.6877001  1.3577618 -2.2794378
```

在这里，输出结果有10个数值，举例来说，第二行的标签[7]可以让你快速判断出0.687701是输出结果的第8项。

也可以把R的命令保存在文件里。通常，R代码文件都会有后缀*.R*或者*.r*。如果你创建一个名为z.R的文档，可以键入下面的命令来执行该文件中的代码：

```
> source("z.R")
```

1.1.2 批处理模式

有时候自动处理R会话能带来便利。例如，你可能希望运行一个用来绘图的R脚本，而不需要你亲自启动R来执行脚本，这时就要用批处理模式运行R。

举个例子，文件z.R中是绘图的代码，内容如下：

```
pdf("xh.pdf")  # set graphical output file
hist(rnorm(100))  # generate 100 N(0,1) variates and plot their histogram
dev.off()  # close the graphical output file
```

以#标记的部分是注释，它们会被R解释器忽略掉。注释的作用是以更易读的形式来提示代码的用途。

下面一步步讲解前面代码的作用：

- 调用`pdf()`函数告诉R我们想把创建的图形保存在PDF文件xh.pdf中。
- 调用`rnorm()`函数（rnorm代表random normal）生成100个服从$N(0,1)$分布的随机变量。
- 对这些随机变量调用`hist()`函数生成直方图。
- 调用`dev.off()`函数关闭正在使用的图形“设备”，也就是本例中的xh.pdf文件。这就是实际上把文件写入磁盘的机制。

我们可以自动运行上面的代码，而不用进入R的交互模式，只需要调用一条操作系统

shell命令（例如通常在Linux系统中使用的$命令提示符）来调用R：

```
$ R CMD BATCH z.R
```

用PDF阅读器打开保存的文件，可看到直方图（这里展示的只是简单的不加修饰的直方图，R可以生成更加复杂的图形），这表明上面的代码已执行。

1.2 第一个R会话

用数字1、2、4生成一个简单的数据集（用R的说法就是“向量”），将其命名为x：

```
> x <- c(1,2,4)
```

R语言的标准赋值运算符是<-。也可以用=，不过并不建议用它，因为在有些特殊的情况下它会失灵。注意，变量的类型并不是固定不变的。在这里，我们把一个向量赋值给x，也许之后会把其他类型的值赋给它。我们会在1.4节介绍向量和其他类型。

c表示“连接”（英文是concatenate）。在这里，我们把数字1、2、4连接起来。更精确地说，连接的是分别包含三个数字的三个一元向量。这是因为可以把任何数字看作一元向量。

接下来我们也可以这样做：

```
> q <- c(x,x,8)
```

这样就把q赋值为(1,2,4,1,2,4,8)（没错，还包括了x的副本）。

我们来确认一下数据是不是真的在x中。要在屏幕上打印向量，只需直接键入它的名称。如果你在交互模式下键入某个变量名（或更一般的，某个表达式），R就会打印出变量的值（或表达式的值）。熟悉其他语言（比如Python）的程序员会觉得这个特性很熟悉。例如，输入下面的命令：

```
> x
[1] 1 2 4
```

果然，x包含数字1、2、4。

向量的个别元素靠[ ]来访问。下面来看看如何打印x的第三个元素：

```
> x[3]
[1] 4
```

正如在其他语言里一样，称选择器（这里的3）为**索引**（index）或者**下标**（subscript）。这些概念与ALGOL家族的语言（比如C和C++）类似。值得注意的是，R向量的元素的索引（下标）是从1开始的，而非0。

提取子集是向量的一个非常重要的运算。下面是个例子：

```
> x <- c(1,2,4)
> x[2:3]
[1] 2 4
```

表达式x[2:3]代表由x的第2个至第3个元素组成的子向量，在这里也就是2和4组成的子向量。

可以很容易求得本例中数据集的均值和标准差，如下：

```
> mean(x)
[1] 2.333333
> sd(x)
[1] 1.527525
```

这里再次展示了在命令提示符下键入表达式来打印表达式的值。在第一行，表达式调用的是函数mean(x)。函数的返回值会自动打印出来，而不需要调用R的print()函数。

如果想把求得的均值保存在变量里，而不是打印在屏幕上，可以执行下面的代码：

```
> y <- mean(x)
```

同样，我们来确认一下y是否真的包含x的均值：

```
> y
[1] 2.333333
```

正如前面提到过的，我们用#来加上注释，如下：

```
> y  # print out y
[1] 2.333333
```

注释对于写有程序代码的文档是很有价值的，不过在交互式会话中注释也很有用，因为R会记录命令历史（1.6节会讨论这一点）。如果你保存了会话，之后又恢复会话，注释可以帮你回忆起当时在做什么。

最后，我们从R的内置数据集（这些数据集是用来做演示的）里取出一个做些操作。你可以用下面的命令得出一份这些数据集的列表：

```
> data()
```

其中一个数据集名为Nile，包含尼罗河水流量的数据。我们来计算这个数据集的均值和标准差：

```
> mean(Nile)
[1] 919.35
> sd(Nile)
[1] 169.2275
```

我们还可以画出数据的直方图：

```
> hist(Nile)
```

此时会弹出一个包含直方图的窗口，如图1-1所示。这幅图是极其简单的，不过R有各种可选的变量来修饰图形。例如，可以通过设定breaks变量来改变分组；调用hist(z,breaks=12)可以画出数据集z的带有12个分组的直方图；还可以创建更漂亮的标签、改变颜色，以及其他一些改变来创建更有信息量且吸引眼球的图形。当你更熟悉R之后，就有能力构建更复杂、绚丽多彩的精美图形。

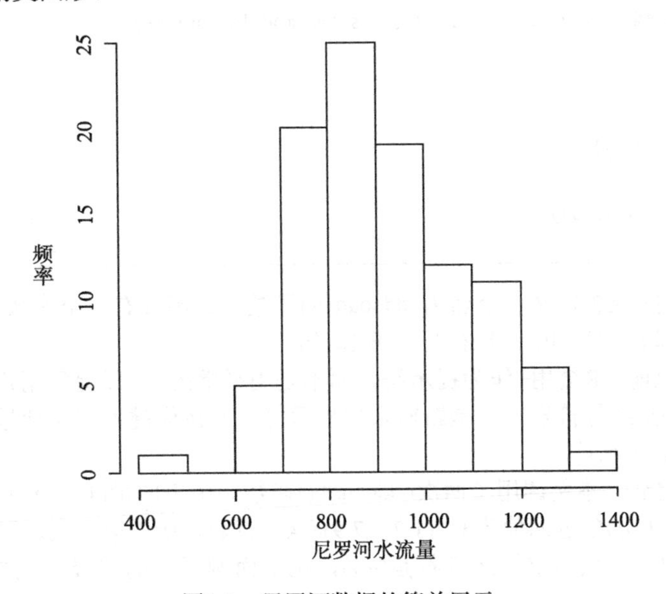

图1-1　尼罗河数据的简单展示

最后调用q()函数以退出R（另一种方法是，在Linux中按下快捷键CTRL-D，或者在Mac中按下CMD-D）：

```
> q()
Save workspace image? [y/n/c]: n
```

最后一句提示是询问你是否希望保存变量以待下次运行时继续处理。如果回答y，则所有对象将会在下次启动R的时候自动加载。这是非常重要的特性，特别是在处理庞大的数据集或很多数据集时。回答y也会保存会话的命令历史。1.6节会继续介绍如何保存工作空间（workspace）和命令历史。

1.3　函数入门

和大多数编程语言一样，R语言编程的核心是编写“函数”。函数就是一组指令的集合，用来读取输入、执行计算、返回结果。

我们先定义一个函数oddcount()，以此简单介绍函数的用法。这个函数的功能是计算整数向量中奇数的个数。一般情况下，我们会用文本编辑器编写好函数代码并保存在文件中，不过在这个简单粗略的例子中，我们只需要在R的交互模式中一行行输入代码。接下来，我们还会在几个测试案例中调用这个函数：

```
# counts the number of odd integers in x
> oddcount <- function(x)  {
+    k <- 0  # assign 0 to k
+    for (n in x)  {
+       if (n %% 2 == 1) k <- k+1  # %% is the modulo operator
+    }
+    return(k)
+ }
> oddcount(c(1,3,5))
[1] 3
> oddcount(c(1,2,3,7,9))
[1] 4
```

首先，我们告诉R想定义一个名为oddcount的函数，该函数有一个参数x。左花括号引出了函数体的开始部分。本例中，每行写一条R语句。

在函数体结束前，R会用+作为提示符，而不是用平常的>，以提醒用户现在还在定义函数。（实际上，+是续行符号，不是新输入的提示符。）在你键入右花括号来结束函数体之后，R又恢复使用>提示符。

定义完函数之后，本例调用了两次oddcount()函数。由于向量(1,3,5)中有3个奇数，所以调用oddcount(c(1,3,5))的返回值为3。(1,2,3,7,9)有4个奇数，所以第二次调用的返回值为4。

注意，在R中取余数的求模运算符是%%，见上面例子中的注释。例如，38除以7的余数为3。

```
> 38 %% 7
[1] 3
```

例如，我们看看下面代码的运行结果：

```
for (n in x)  {
   if (n %% 2 == 1) k <- k+1
}
```

首先，把x[1]赋值给n，然后测试n是奇数还是偶数。如果像本例中那样，n是奇数，则计数变量k增加。接着把x[2]赋值给n，测试其是奇数还是偶数，以此类推，重复后面的过程。

顺便说一句，C/C++程序员也许会把前面的循环写成这样：

```
for (i in 1:length(x)) {
   if (x[i] %% 2 == 1) k <- k+1
}
```

在这里，length(x)是x的元素个数。假设x有25个元素。则1:length(x)就是1:25，意思是依次取1、2、3、……、25。上面的代码也能奏效（除非x的长度为0），但是R语言编程的戒律之一就是要尽可能避免使用循环，如果不能避免，就要让循环更简洁。重新看看这段代码原来的版本：

```
for (n in x)  {
   if (n %% 2 == 1) k <- k+1
}
```

它更简单清晰，因为我们不需要使用length()函数和数组下标。

在代码的末尾，我们使用了return语句。

```
return(k)
```

这条语句把k的计算结果返回给调用它的代码。不过，直接像下面这样写也可以达到目的：

```
k
```

在没有显式调用return()时，R语言的函数会返回最后计算的值。不过，这个方法必须慎重使用，7.4.1节会详细讨论这个问题。

在编程语言的术语里，x是函数oddcount()的**形式参数**（英文名称是formal argument或formal parameter，简称“形参”）。在前面例子第一次调用函数时，c(1,3,5)称为**实际参数**（actual argument，简称“实参”）。这两个术语暗示了这样的事实：函数定义中的x只是个占位符，而c(1,3,5)才是在计算中实际用到的参数。同样，在第二次调用函数时，c(1,2,3,7,9)是实际参数。

1.3.1 变量的作用域

只在函数体内部可见的变量对这个函数来说是“局部变量”。在oddcount()中，k和n都是局部变量。它们在函数返回值以后就撤销了：

```
> oddcount(c(1,2,3,7,9))
[1] 4
> n
Error: object 'n' not found
```

需要注意的是，R函数中的形式参数是局部变量，这点非常重要。比如运行下面的命令：

```
> z <- c(2,6,7)
> oddcount(z)
```

现在，假如oddcount() 的代码改变了x的值，则z的值不会改变。调用oddcount()之后，z的取值还和之前一样。在计算函数调用的取值时，R会把每个实际参数复制给对应的局部参数变量，继而改变那些在函数外不可见的变量的取值。本书第7章将详细介绍“作用域法则”，上面提到的这些只是简单的例子。

全局变量是在函数之外创建的变量，在函数内部也可以访问。下面是个例子：

```
> f <- function(x) return(x+y)
> y <- 3
> f(5)
[1] 8
```

这里的y就是全局变量。

可以用R的“超赋值运算符”（*superassignment operator*）<<-在函数内部给全局变量赋值，将在第7章详细介绍。

1.3.2 默认参数

R语言也经常用到“默认参数”。考虑下面这样的函数定义：

```
> g <- function(x,y=2,z=T) { ... }
```

如果程序员没有在函数调用时给y设定一个值，则y将初始化为2。同理，z也有默认值TRUE。

现在考虑下面的调用：

```
> g(12,z=FALSE)
```

这里，数值12是x的实际参数，而且我们接受了y的默认值2，不过我们覆盖了z的默认值，将其设定为FALSE。

上面这个例子也表明：与其他编程语言一样，R语言也有“布尔类型”，包括TRUE和FALSE两个逻辑值。

注意 R语言允许*TRUE*和*FALSE*缩写为*T*和*F*。不过，如果你有名为*T*或*F*的变量，那么为了避免麻烦还是最好不要使用这样的缩写形式。

1.4 R语言中一些重要的数据结构

R有多种数据结构。本节将简单介绍几种常用的数据结构，使读者在深入细节之前先对R语言有个大概的认识。这样，读者至少可以开始尝试一些很有意义的例子，即使这些例子背后更多的细节还需要过一段时间才能揭晓。

1.4.1 向量，R语言中的战斗机

向量类型是R语言的核心。很难想象R语言代码或者R交互式会话可以一点都不涉及向量。

向量的元素必须属于某种“模式”（mode），或者说是数据类型。一个向量可以由三个字符串组成（字符模式），或者由三个整数元素组成（整数模式），但不可以由一个整数元素和两个字符串元素组成。

第2章将详细介绍向量。

标量

标量，或单个的数，其实在R中并不存在。正如前面提到的，单个的数实际上是一元向量。请看下面的命令：

```
> x <- 8
> x
[1] 8
```

前面提到过，符号[1]表示后面这行的开头是向量的第一个元素，本例中为x[1]。所以可以看出，R语言确实把x当做向量来看，也就是只有一个元素的向量。

1.4.2 字符串

字符串实际上是字符模式（而不是数值模式）的单元素向量。

```
> x <- c(5,12,13)
> x
[1]  5 12 13
> length(x)
[1] 3
> mode(x)
[1] "numeric"
> y <- "abc"
> y
[1] "abc"
> length(y)
[1] 1
> mode(y)
[1] "character"
> z <- c("abc","29 88")
> length(z)
[1] 2
> mode(z)
[1] "character"
```

第一个例子创建了数值向量x，也就是数值模式的。然后创建了两个字符模式的向量：y是单元素（也就是一个字符串）的向量，z由两个字符串组成。

R语言有很多种字符串操作函数。其中有些函数可以把字符串连接到一起或者把它们拆开，比如下面的两个函数：

```
> u <- paste("abc","de","f")  # concatenate the strings
> u
[1] "abc de f"
> v <- strsplit(u," ")  # split the string according to blanks
> v
[[1]]
[1] "abc" "de"  "f"
```

第11章将会介绍字符串的细节。

1.4.3 矩阵

R中矩阵的概念与数学中一样：矩形的数值数组。从技术层面说，矩阵是向量，不过矩阵还有两个附加的属性：行数和列数。下面是一些例子：

```
> m <- rbind(c(1,4),c(2,2))
> m
     [,1] [,2]
[1,]    1    4
[2,]    2    2
> m %*% c(1,1)
     [,1]
[1,]    5
[2,]    4
```

首先，使用函数rbind()（rbind是row bind的缩写，意思是按行绑定）把两个向量结合成一个矩阵，这两个向量是矩阵的行，并把矩阵保存在m中（另一个函数cbind()把若干列结合成矩阵）。然后键入变量名，我们知道这样可以打印出变量，以此确认生成了我们想要的矩阵。最后，计算向量(1,1)和m的矩阵积。你也许已经在线性代数课程中学过矩阵乘法运算，在R语言中它的运算符是%*%。

矩阵使用双下标作为索引，这点与C/C++非常相似，只不过下标是从1开始，而不是0。

```
> m[1,2]
[1]   4
> m[2,2]
[1]   2
```

R语言的一个非常有用的特性是，可以从矩阵中提取出子矩阵，这与从向量中提取子向量非常相似。例子如下：

```
> m[1,]  # row 1
[1] 1 4
> m[,2]  # column 2
[1] 4 2
```

第3章将会详细介绍矩阵。

1.4.4 列表

和R语言的向量类似，R语言中的列表也是值的容器，不过其内容中的各项可以属于不同的数据类型（C/C++程序员可以把它与C语言的结构体做类比）。可以通过两部分组成的名称来访问列表的元素，其中用到了美元符号$。下面是个简单的例子：

```
> x <- list(u=2, v="abc")
> x
$u
[1] 2

$v
[1] "abc"
> x$u
[1] 2
```

表达式x$u指的是列表x中的组件u。列表x还包含另一个组件v。

列表的一种常见用法是把多个值打包组合到一起，然后从函数中返回。这对统计函数特别有用，因为统计函数有时可能有复杂的结果。例如，考虑1.2节提到的R语言中基础直方图函数hist()，为R中内置的尼罗河数据集调用该函数。

```
> hist(Nile)
```

这条语句生成了一幅直方图，不过hist()函数同样有返回值，可以这样保存：

```
> hn <- hist(Nile)
```

hn里面是什么？我们来看看：

```
> print(hn)
$breaks
 [1]  400  500  600  700  800  900 1000 1100 1200 1300 1400

$counts
 [1]  1  0  5 20 25 19 12 11  6  1

$intensities
 [1] 9.999998e-05 0.000000e+00 5.000000e-04 2.000000e-03 2.500000e-03
 [6] 1.900000e-03 1.200000e-03 1.100000e-03 6.000000e-04 1.000000e-04

$density
 [1] 9.999998e-05 0.000000e+00 5.000000e-04 2.000000e-03 2.500000e-03
 [6] 1.900000e-03 1.200000e-03 1.100000e-03 6.000000e-04 1.000000e-04

$mids
 [1]  450  550  650  750  850  950 1050 1150 1250 1350

$xname
[1] "Nile"

$equidist
[1] TRUE

attr(,"class")
[1] "histogram"
```

现在不要试图去理解上面的所有东西。现在需要知道的是，除了绘制直方图之外，hist()还会返回包含若干个组件的列表。在这里，这些组件描述了直方图的特征。例如，组件breaks告诉我们直方图里的直条从哪里开始到哪里结束，组件counts是每个直条里观测值的个数。

R语言的设计者把hist()返回的信息打包到一个R列表中，这样可以通过美元符号$来访问，并用其他R语言命令进行操作。

要打印hn，也可以直接键入它的变量名：

```
> hn
```

另一种打印列表的较为简洁方式是使用str()函数：

```
> str(hn)
List of 7
 $ breaks     : num [1:11] 400 500 600 700 800 900 1000 1100 1200 1300 ...
 $ counts     : int [1:10] 1 0 5 20 25 19 12 11 6 1
 $ intensities: num [1:10] 0.0001 0 0.0005 0.002 0.0025 ...
 $ density    : num [1:10] 0.0001 0 0.0005 0.002 0.0025 ...
 $ mids       : num [1:10] 450 550 650 750 850 950 1050 1150 1250 1350
 $ xname      : chr "Nile"
 $ equidist   : logi TRUE
 - attr(*, "class")= chr "histogram"
```

这里的str代表structure（结构）。这个函数可以显示任何R对象的内部结构，不只限于列表。

1.4.5 数据框

一个典型的数据集包含多种不同类型的数据。例如在一个员工数据集里，可能有字符串数据（比如员工姓名），也可能有数值数据（比如工资）。因此，如有一个50个员工的数据集，其中每个员工有4个变量，虽然这样的数据集看起来像是50行4列的矩阵，但是这在R语言中并不符合矩阵的定义，因为它混合了多种数据类型。

此时应该用数据框，而不是矩阵。R语言中的数据框其实是列表，只不过列表中每个组件是由前面提到的“矩阵”数据的一列所构成的向量。实际上，可以用下面的方式创建数据框：

```
> d <- data.frame(list(kids=c("Jack","Jill"),ages=c(12,10)))
> d
  kids ages
1 Jack   12
2 Jill   10
> d$ages
[1] 12 10
```

不过，通常数据框是通过读取文件或数据库来创建的。

本书第5章将详细介绍数据框。

1.4.6 类

R语言是一门面向对象的编程语言。对象是类的实例。类要比你目前见过的数据类型更加抽象。本节将简单介绍S3类的使用。（名称来源于第三代S语言，这是R语言的灵感来源。）大多数R对象都是基于这些类，并且它们非常简单。它们的实例仅仅是R列表，不过还附带一个属性：类名。

例如，前面提到的直方图函数hist()的（非图形）输出是一个包含多个组件的列表，而break和count都是它的组件。它还有一个“属性”（*attribute*），用来指定列表的类，即histogram类。

```
> print(hn)
$breaks
 [1]  400  500  600  700  800  900 1000 1100 1200 1300 1400

$counts
 [1]  1  0  5 20 25 19 12 11  6  1
...
...
attr(,"class")
[1] "histogram"
```

读到这里，你可能会产生疑问：“如果S3类的对象都是列表，那为什么还需要类的概念？”答案是，类需要用在泛型函数中。泛型函数代表一个函数族，其中每个函数都有相似的功能，但是适用于某个特定的类。

一个常用的泛型函数是summary()。如果R用户想使用统计函数，如hist()，但是不确定怎样处理它的输出结果（可能会输出很多内容），输出结果不仅仅是个列表，还是个S3类，这时可以对输出结果简单地调用summary()函数。

反过来说，summary()函数实际上是生成摘要的函数族，其中每个函数处理某个特定的类。当你在某个输出结果上调用summary()函数，R会为要处理的类寻找合适的摘要函数，并使用列表的更加友好的方式来展示。因此，对hist()的输出结果调用summary()函数会生成与之相适应的摘要，而对回归函数lm()调用summary()时也会生成与之相适应的摘要。

plot()函数是另一个泛型函数。你可以对任何一个R对象使用plot()函数，R会根据对象的类寻找合适的画图函数。

类也可以用来组织对象。类与泛型函数结合使用，可以开发出灵活的代码，以处理各种不同的但是相关联的任务。第9章将讨论关于类的更深层次的话题。

1.5 扩展案例：考试成绩的回归分析

在接下来的案例中，我们会从头到尾进行一个简单的统计回归分析。这个例子实际上没有多少编程技术，不过它说明了如何使用前面提到的一些数据结构，包括R的S3对象。同样，它在后面的章节里也充当了编程案例的基础。

ExamsQuiz.txt文件包含了我所教班级的成绩。下面是该文件的前几行：

```
2   3.3 4
3.3 2   3.7
4   4.3 4
2.3 0   3.3
...
```

数字表示的是学生成绩的学分绩点。比如绩点3.3对应的就是平常所说的B+。每一行包含的是一个学生的数据，由期中考试成绩、期末考试成绩和平均小测验成绩组成。此例的兴趣点在于用期中考试成绩和平均小测验成绩来预测期末成绩。

先来读入数据文件。

```
> examsquiz <- read.table("ExamsQuiz.txt",header=FALSE)
```

这个数据文件的第一行不是记录的变量名，也就是说没有表头行，所以在函数调用中设定header=FALSE。这是前文提到过的关于默认参数的一个例子。实际上，表头参数的默认值已经是FALSE了（关于这一点，可以在R里查看函数read.table()的在线帮助），所以没必要做前面那样的设定，不过这样做会更明了。

数据现在在examsquiz中，它是数据框类的R对象。

```
> class(examsquiz)
[1] "data.frame"
```

为了检查数据文件刚才是否已读入，查看一下数据的前几行：

```
> head(examsquiz)
   V1  V2  V3
1 2.0 3.3 4.0
2 3.3 2.0 3.7
3 4.0 4.3 4.0
4 2.3 0.0 3.3
5 2.3 1.0 3.3
6 3.3 3.7 4.0
```

由于缺少数据表头行，R自动把列名设置为V1、V2和V3。行号出现在每行的最左边。可能你会觉得数据文件有表头比较好，用有意义的名称（比如Exam1）来标识变量。在后面的例子中，我们通常会设定变量名。

我们来用期中考试成绩（examsquiz的第一列）预测期末考试成绩（examsquiz的第二列）：

```
lma <- lm(examsquiz[,2] ~ examsquiz[,1])
```

这里调用lm()函数（lm是linear model的缩写），让R拟合下面的预测方程：

$$\text{期末考试成绩预测值}=\beta_0+\beta_1\times\text{期中考试成绩}$$

其中，β_0和β_1都是用本例的数据估计出来的常数。换句话说，我们用数据中的数对（期中考试成绩，期末考试成绩）拟合了一条直线。拟合过程是用经典的最小二乘法来完成的。（如果你没有相关的背景知识也不用担心。）

注意，存储在数据框第一列的期中考试成绩是用examsquiz[,1]表示，省略了第一维的下标（代表行号）表示我们引用的是数据框的一整列。期末考试也是用类似的方式引用的。这样，我们调用上面的lm()命令，利用examsquiz的第一列来预测第二列。

也可以这样写：

```
lma <- lm(examsquiz$V2 ~ examsquiz$V1)
```

前面提到过，数据框是种各元素都为向量的列表。在这里，各列是列表的组件V1、V2和V3。

lm()的返回结果现在是保存于变量lma中的对象。它是lm类的一个实例。可以调用attributes()函数列出它的所有组件。

```
> attributes(lma)
$names
 [1] "coefficients"  "residuals"     "effects"       "rank"
 [5] "fitted.values" "assign"        "qr"            "df.residual"
 [9] "xlevels"       "call"          "terms"         "model"

$class
[1] "lm"
```

和往常一样，调用str(lma)可以得到lma的更详细说明。β_i的估计值保存在lma$coefficients中。在命令提示符下键入系数的变量名就可以显示系数。

在键入组件名时也可以使用缩写形式，只要缩写后的组件名不发生混淆即可。例如，如果一个列表由组件xyz、xywa和xbcde构成，则第二个和第三个组件的名称可以分别缩写为xyw和xb。因此我们可以键入下面的命令：

```
> lma$coef
  (Intercept) examsquiz[, 1]
    1.1205209      0.5899803
```

因为lma$coefficients是一个向量，所以比较容易打印。但是当打印对象lma本身的时候是这样的：

```
> lma

Call:
lm(formula = examsquiz[, 2] ~ examsquiz[, 1])

Coefficients:
   (Intercept)  examsquiz[, 1]
         1.121           0.590
```

为什么R只打印出这些项，而没有打印出lma的其他组件？这个问题的答案是，R在这里使用的print()函数是另一个泛型函数的例子，作为一个泛型函数，print()实际上把打印的任务交给了另一个函数——print.lm()，这个函数的功能是打印lm类的对象，即上面函数展示的内容。

可以用前面讨论过的泛型函数summary()打印输出lma的更详细的内容。它实际上在后台调用了summary.lm()，得出针对某个特定回归模型的摘要：

```
> summary(lma)

Call:
lm(formula = examsquiz[, 2] ~ examsquiz[, 1])

Residuals:
    Min      1Q  Median      3Q     Max
-3.4804 -0.1239  0.3426  0.7261  1.2225

Coefficients:
               Estimate Std. Error t value Pr(>|t|)
(Intercept)      1.1205     0.6375   1.758  0.08709 .
examsquiz[, 1]   0.5900     0.2030   2.907  0.00614 **
...
```

许多其他泛型函数都是针对这个类定义的。可以查看在线帮助来获取关于lm()的更多细节。（1.7节将讨论如何使用R的在线文档。）

要用期中考试成绩和测验成绩预测期末考试成绩，可以使用记号+。

```
> lmb <- lm(examsquiz[,2] ~ examsquiz[,1] + examsquiz[,3])
```

注意，+号并不表示计算两个量的和。它仅仅是预测变量（predictor variable）的分隔符。

1.6 启动和关闭R

与很多成熟完善的应用软件类似，用户可以在启动文件中自定义R的行为。另外，R可以保存全部或者部分会话，比如记录你用R做过什么，并输出到文件里。如果希望每次开始R会话的时候执行一些R命令，那么你可以把这些命令保存到*.Rprofile*文件中，并把该文件放置于你个人的主目录或者当前运行R的目录下。当然R搜索*.Rprofile*文件时会最先搜索后一个目录，这样就可以针对特定的项目进行自定义配置。

例如，要设置调用edit()时R启动的文本编辑器，你可以在*.Rprofile*文件中加入下面的这一行（如果你使用的是Linux系统）：

```
options(editor="/usr/bin/vim")
```

options()函数用来配置R，也就是调整各种设置。可以使用与你的操作系统相对应的符号（斜杠或反斜杠）来设定编辑器的完整路径。

另一个例子，在我家Linux电脑里的*.Rprofile*文件中，有这么一行：

```
.libPaths("/home/nm/R")
```

这条命令会在R的搜索路径中自动添加一个包含我的全部辅助包的目录。

与大多数程序一样，R也有当前工作目录（*current working directory*）的说法。如果你使用的是Linux或者Mac系统，当前工作目录就是你启动R时的目录。在Windows中，当前工作目录很可能是“我的文档”目录。如果此时在R会话中引用文件，则会认为文件在那个目录下。可以键入下面的命令查看当前工作目录：

```
> getwd()
```

可以调用setwd()函数来修改工作目录，并将目标目录作为参数。例如：

```
> setwd("q")
```

这条命令会把工作目录设置为q。

和在进行交互式R会话时一样，R会把你提交的命令记录下来。当退出R时，R会询问你“是否保存工作空间映像？”[㊀]，如果你回答“是”，则R会保存你在本次会话中所创建的所有对象，并在下次会话中恢复。这意味着下次你可以从上次停止的地方继续，而不必从头开始。

工作空间保存于名为*.Rdata*的文件中，该文件位于启动R会话的位置（Linux下）或者R的安装目录下（Windows下）。*.Rhistory*文件用来记录你之前用过的命令，查看该文件可以帮助你回忆工作空间是如何创建的。

如果想更快地启动或关闭R，那么在启动R时使用vanilla[㊁]选项可以跳过加载上面那些文件以及结束时保存会话的过程。

```
R --vanilla
```

其他选项介于vanilla和“加载所有文件”之间。要查找更多关于启动文件的信息，可查询R的在线帮助，如下：

```
> ?Startup
```

1.7 获取帮助

有很多种资源可以帮你学习关于R的更多知识，其中包括R自身的一些工具，当然，还有网上的资料。

开发者们做了很多工作使R更加自文档化。下面我们将介绍一些R内置的帮助工具，以及互联网上的资源。

㊀ 如果使用的是英文版的R，提示语为“Save workspace image?”——译者注

㊁ vanilla在这里意为“单纯的，普通的”。——译者注

1.7.1　help()函数

想获取在线帮助，可调用help()。例如，要获取seq()函数的信息，就键入下面的命令：

```
> help(seq)
```

调用help()的快捷方式是用问号（?）：

```
> ?seq
```

在使用help函数时，特殊字符和一些保留字必须用引号括起来。例如，要获取<运算符的帮助信息，必须键入下面的命令：

```
> ?"<"
```

想查看在线帮助是如何讲解for循环的，要键入：

```
> ?"for"
```

1.7.2　example()函数

每个帮助条目都附带有例子。R的一个非常好用的特性是，example()函数会为你运行例子代码。示例如下：

```
> example(seq)

seq> seq(0, 1, length.out=11)
 [1] 0.0 0.1 0.2 0.3 0.4 0.5 0.6 0.7 0.8 0.9 1.0

seq> seq(stats::rnorm(20))
 [1]  1  2  3  4  5  6  7  8  9 10 11 12 13 14 15 16 17 18 19 20

seq> seq(1, 9, by = 2) # match
[1] 1 3 5 7 9

seq> seq(1, 9, by = pi)# stay below
[1] 1.000000 4.141593 7.283185

seq> seq(1, 6, by = 3)
[1] 1 4

seq> seq(1.575, 5.125, by=0.05)
 [1] 1.575 1.625 1.675 1.725 1.775 1.825 1.875 1.925 1.975 2.025 2.075 2.125
[13] 2.175 2.225 2.275 2.325 2.375 2.425 2.475 2.525 2.575 2.625 2.675 2.725
[25] 2.775 2.825 2.875 2.925 2.975 3.025 3.075 3.125 3.175 3.225 3.275 3.325
[37] 3.375 3.425 3.475 3.525 3.575 3.625 3.675 3.725 3.775 3.825 3.875 3.925
```

```
[49] 3.975 4.025 4.075 4.125 4.175 4.225 4.275 4.325 4.375 4.425 4.475 4.525
[61] 4.575 4.625 4.675 4.725 4.775 4.825 4.875 4.925 4.975 5.025 5.075 5.125

seq> seq(17) # same as 1:17
 [1]  1  2  3  4  5  6  7  8  9 10 11 12 13 14 15 16 17
```

sep()函数可以生成多种等差数值序列。运行example(seq)让R展示若干个seq()的例子。

想象一下这对绘图多么有帮助！如果你想看看R的某个绘图函数的功能，example()函数会给你一个“图形化”的演示。

下面的命令将给出一个简单且精美的例子：

```
> example(persp)
```

它会展示persp()函数的一系列样图。其中一幅如图1-2所示。当你准备浏览下一幅图时，只需在R的控制台中按下回车键。注意，每个例子的代码都会在控制台中显示，所以你可以试着调整参数。

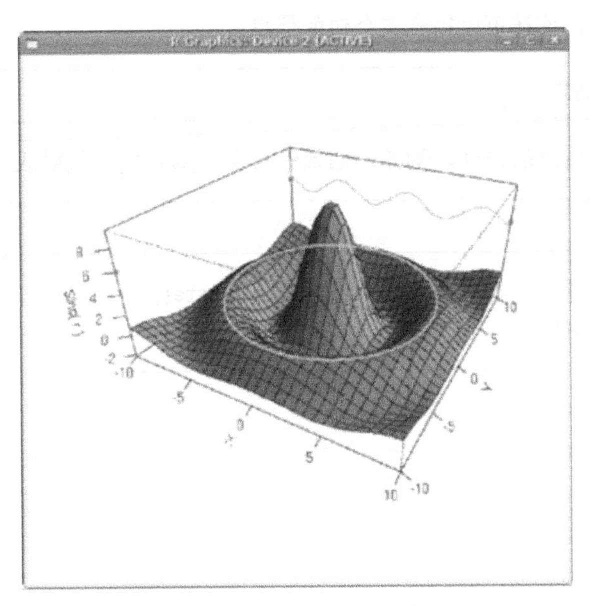

图1-2 persp()函数的一个例子

1.7.3 如果你不太清楚要查找什么

你可以使用help.search()函数在R的文档中进行Google风格的搜索。比如，你需要一个生成多元正态分布的随机变量的函数。为了确定哪个函数能达到目的，你可以尝试使用下面的命令：

```
> help.search("multivariate normal")
```

我们会得到一个反馈信息，包含下面的摘要：

```
mvrnorm(MASS)            Simulate from a Multivariate Normal
                         Distribution
```

可以看到，包MASS中的函数mvrnorm()可以完成任务。

help.search()还有个快捷方式：

```
> ??"multivariate normal"
```

1.7.4 其他主题的帮助

R的内部帮助文件不仅限于特定函数的页面。例如，前一节提到的函数mvrnorm()在包MASS中。可以键入下面的命令获取这个函数的信息。

```
> ?mvrnorm
```

键入下面的命令，你还可以得到整个包的信息：

```
> help(package=MASS)
```

还可以获得一般主题的帮助。例如，如果你对文件感兴趣，就键入下面的命令：

```
> ?files
```

它会给出很多文件操作函数的信息，比如file.create()。

下面是一些其他主题：

```
Arithmetic
Comparison
Control
Dates
Extract
Math
Memory
NA
NULL
NumericaConstants
Paren
Quotes
Startup
Syntax
```

你可能会发现浏览这些主题会很有帮助，甚至可以漫无目的地浏览。

1.7.5 批处理模式的帮助

前面提到过，R的批处理命令允许你直接在操作系统的shell中运行命令。要获取某个批处理命令的帮助，可以键入：

```
R CMD command --help
```

例如，要查询INSTALL命令（附录B将介绍）的所有相关选项，可以键入：

```
R CMD INSTALL --help
```

1.7.6 互联网资源

在网上有很多关于R的优秀资源。以下是其中部分资源：

- R语言主页（http://www.r-project.org/）上提供了R项目的手册，点击Manuals即可浏览。
- R语言主页上还列出了多种R语言的搜索引擎，点击Search即可。
- R包sos能够对R语言的材料进行精密搜索，可按照附录B的说明来安装R包。
- 我经常使用RSeek搜索引擎：http://www.rseek.org/ 。
- 你可以在R语言的邮件列表服务器r-help上发信提问。可以在http://www.r-project.org/mail.html上获取这个以及其他邮件列表的信息。有多种界面可供选择。我喜欢用Gmane (http://www.gmane.org/)。

由于R语言的名称只是一个字母，所以很难在通用搜索引擎（比如Google）上搜索到相关信息。不过还是可以用些技巧来解决。一种方法是使用Google的文件类型准则。比如要搜索关于permutations 的R语言脚本（文件名后缀是*.R*），输入：

```
filetype:R permutations -rebol
```

选项-rebol是要求Google排除关于“rebol”的页面，这是因为编程语言REBOL也有相同的后缀。

CRAN（R语言综合资料网，网址为http://cran.r-project.org/）是一个存放用户捐献的R代码的网站，所以这是一个很好的Google搜索词。例如，搜索“lm CRAN”会帮你找到R语言中关于lm()函数的资料。

第②章 向量

R语言最基本的数据类型是向量（vector）。第1章已经给出了向量的一些例子，本章将详细介绍向量。首先考察向量与R语言的其他数据类型之间的关系。与C语言家族不同，R语言中，单个数值（标量）没有单独的数据类型，它只不过是向量的一种特例。而另一方面，R语言中矩阵是向量的一种特例，这一点与C语言家族相同。

接下来我们会用大量时间关注以下话题：

循环补齐：在一定情况下自动延长向量。

筛选：提取向量子集。

向量化：对向量的每一个元素应用函数。

这些运算是R编程的核心，在本书的其他部分也会经常提到它们。

2.1 标量、向量、数组与矩阵

在许多编程语言中，向量与标量（即单个数值）不同。例如，考虑下面的C代码：

```
int x;
int y[3];
```

这段代码请求编译器给一个x的整型变量x分配空间，并给一个名为y的三元素整型数组（C语言中的术语，类似于R中的向量）分配内存空间。但在R中，数字实际上被当做一元向量，因为数据类型里没有标量。

R语言中变量类型称为模式（mode）。回顾第1章，同一向量中的所有元素必须是相同的模式，可以是整型、数值型（浮点数）、字符型（字符串）、逻辑型（布尔逻辑）、复数型等等。如果在程序中查看变量x的类型，可以调用函数typeof(x)进行查询。

不同于ALGOL家族的编程语言（比如C和Python）中的向量索引，R中向量索引从1开始。

2.1.1 添加或删除向量元素

与C语言类似，R中向量是连续存储的，因此不能插入或删除元素，而这跟Python语言中的数组不同。在R中，向量的大小在创建时已经确定，因此如果想要添加或删除元素，需要重新给向量赋值。

例如，把一个元素添加到一个四元向量的中间，如下代码所示：

```
> x <- c(88,5,12,13)
> x <- c(x[1:3],168,x[4])  # insert 168 before the 13
```

```
> x
[1]  88   5  12 168  13
```

在这里，我们创建了一个四元向量，赋值给x。为了在其第三和第四元素之间插入一个新的元素168，我们把x的前三个元素、168和x的第四个元素按顺序连起来，这样就创建出新的五元向量，而此时x并没发生变化。接下来再把这个新的向量赋值给x。

这一结果看似已经改变了x中存储的向量，但实际上创建了新的向量并把它存储到x。这样的区别看上去可能微乎其微，但它是有影响的。例如，在某些情况下，它可能限制R的快速执行的潜力，这一问题将在第14章讨论。

注意 对于C语言背景的读者来讲，x本质上是一个指针，重赋值是通过将x指向新向量的方式实现的。

2.1.2 获取向量长度

可以使用函数length()获得向量的长度。

```
> x <- c(1,2,4)
> length(x)
[1] 3
```

在本例中，我们已经知道x的长度，所以实际上没有必要查询它。但在写一般函数的代码时，经常需要知道向量参数的长度。

例如，假设我们想要这样一个函数，用它判断其向量参数（假设存在这个值）中第一个1所在位置的索引值。下面是一种（不一定有效率的）代码的写法：

```
first1 <- function(x) {
   for (i in 1:length(x)) {
      if (x[i] == 1) break  # break out of loop
   }
   return(i)
}
```

如果不要length()函数，则需要添加第二个参数在first1()上，命名为n，用于指定x的长度。注意在该例中，将循环写成以下形式则无法运行：

```
for (n in x)
```

这一方法的问题在于，它不能让我们获得所需元素的索引。因此，需要一个显式循环，这就需要计算x的长度。

该循环另一个问题是：要仔细进行编码，因为length(x)可能为0。下面看看在这种情况下，循环中的语句1:length(x)会发生什么：

```
> x <- c()
> x
```

```
NULL
> length(x)
[1] 0
> 1:length(x)
[1] 1 0
```

在循环过程中，变量i先取值为1，然后取值0，但当x为空时，这显然不是我们想要的。

另一种较为保险的方法是，使用R 的高级函数seq()，我们将在2.4.4节中进行讨论。

2.1.3 作为向量的矩阵和数组

你将看到，数组和矩阵（在某种意义上说，甚至包括列表）实际上都是向量。只不过它们还有额外的类属性。例如矩阵有行数和列数。我们将在下一章详细讨论，但在本章我们没必要作区分，因为它们属于向量，在本章中讲到的一切内容，同样适用于它们。

考虑下面的例子：

```
> m
     [,1] [,2]
[1,]    1    2
[2,]    3    4
> m + 10:13
     [,1] [,2]
[1,]   11   14
[2,]   14   17
```

这里2×2的矩阵m按列存储为一个四元向量，即(1,3,2,4)。现在对它加上(10,11,12,13)，得到向量(11,14,14,17)，但最终如例子中的结果，R记得我们是对矩阵进行操作，因此返回2×2的矩阵。

2.2 声明

通常，编译语言要求你声明变量，即在使用前告诉编译器变量的存在。这是前面提到的C语言的例子：

```
int x;
int y[3];
```

和大多数的脚本语言（例如Python和Perl）一样，R中不需要声明变量。例如，下面这行代码：

```
z <- 3
```

这行代码前没有事先引用z，它完全是合法（并且普遍）的。

但是，如果要引用向量中特定的元素，就必须事先告知R。例如，我们希望y是一个二元向量，由5和12两元素构成。下面的语句无法正常工作：

```
> y[1] <- 5
> y[2] <- 12
```

对于上面的例子，必须先创建y，比如按这种方式：

```
> y <- vector(length=2)
> y[1] <- 5
> y[2] <- 12
```

以下同样可行：

```
> y <- c(5,12)
```

这种方法同样正确，因为右边创建了一个新向量，然后绑定（bind）给变量y。

我们写R代码时，不能突然冒出诸如y[2]这样的语句，其原因归咎于R这种函数式语言的特性。在函数式语言中，读写向量中的元素，实际上由函数来完成。如果R事先不知道y是一个向量，那么函数将没有执行的对象。

对于绑定，由于变量没有事先声明，则它们的类型不受限制。以下一系列操作完全是有效的：

```
> x <- c(1,5)
> x
[1] 1 5
> x <- "abc"
```

x先被绑定为一个数值型向量，然后被绑定为字符串变量。（再次提醒C或C++背景的程序员，x只是一个指针，在不同的时间可以指向不同类型的对象。）

2.3 循环补齐

在对两个向量使用运算符时，如果要求这两个向量具有相同的长度，R会自动循环补齐（recycle），即重复较短的向量，直到它与另一个向量长度相匹配。下面是一个例子：

```
> c(1,2,4) + c(6,0,9,20,22)
[1]  7  2 13 21 24
Warning message:
longer object length
  is not a multiple of shorter object length in: c(1, 2, 4) + c(6,
  0, 9, 20, 22)
```

例子中较短的向量被循环补齐，因此运算其实是像下面这样执行的：

```
> c(1,2,4,1,2) + c(6,0,9,20,22)
```

下面是一个更为巧妙的例子：

```
> x
     [,1] [,2]
[1,]    1    4
[2,]    2    5
```

```
[3,]    3    6
> x+c(1,2)
     [,1] [,2]
[1,]    2    6
[2,]    4    6
[3,]    4    8
```

再次提醒读者，矩阵实际上是个长向量。在这里，3×2的矩阵x是一个六元向量，它在R中一列一列的存储。换句话说，在存储方面，x与c(1,2,3,4,5,6)相同。我们把二元向量c(1,2)加到这个六元向量上，则所加的二元向量要再重复两次才能变成六个元素。换句话说，实际的运算如下：

```
x + c(1,2,1,2,1,2)
```

不仅如此，在相加之前，c(1,2,1,2,1,2)在形式上也由向量转变为与x相同维数的矩阵，即：

```
1 2
2 1
1 2
```

也就是说，最后结果是计算下面的式子：

$$\begin{pmatrix} 1 & 4 \\ 2 & 5 \\ 3 & 6 \end{pmatrix} + \begin{pmatrix} 1 & 2 \\ 2 & 1 \\ 1 & 2 \end{pmatrix}$$

2.4 常用的向量运算

接下来将介绍一些常用的向量运算，包括算术和逻辑运算、向量索引以及一些创建向量的有用方法。然后将给出两个使用这些运算的扩展案例。

2.4.1 向量运算和逻辑运算

记住R是一种函数式语言，它的每一个运算符，包括下例中的+，实际上也是函数。

```
> 2+3
[1] 5
> "+"(2,3)
[1] 5
```

再回顾一次，标量实际上是一元向量，因此向量也可以相加，+算子按元素逐一进行运算。

```
> x <- c(1,2,4)
> x + c(5,0,-1)
[1] 6 2 3
```

如果你熟悉线性代数，当将两个向量相乘时，你也许会对所发生的感到惊讶。

```
> x * c(5,0,-1)
[1]  5  0 -4
```

但请记住，由于*函数的使用方式，实际上是元素和元素相乘。上例结果中的第一个元素5，是x的第一个元素1，与c(5,0,-1)中第一个元素5相乘的结果，以此类推。

同样的道理适用于其他数值运算符。下面有一个例子：

```
> x <- c(1,2,4)
> x / c(5,4,-1)
[1]  0.2  0.5 -4.0
> x %% c(5,4,-1)
[1] 1 2 0
```

2.4.2 向量索引

R中最重要和最常用的一个运算符是索引，我们使用它来选择给定向量中特定索引的元素来构成子向量。索引向量的格式是向量1[向量2]，它返回的结果是，向量1中索引为向量2的那些元素。

```
> y <- c(1.2,3.9,0.4,0.12)
> y[c(1,3)]  # extract elements 1 and 3 of y
[1] 1.2 0.4
> y[2:3]
[1] 3.9 0.4
> v <- 3:4
> y[v]
[1] 0.40 0.12
```

注意，元素重复是允许的。

```
> x <- c(4,2,17,5)
> y <- x[c(1,1,3)]
> y
[1]  4  4 17
```

负数的下标代表我们想把相应元素剔除。

```
> z <- c(5,12,13)
> z[-1]  # exclude element 1
[1] 12 13
> z[-1:-2]  # exclude elements 1 through 2
[1] 13
```

像这样的情况，使用length()函数通常很有用。例如，假设我们想选择向量z中除最后一个元素外的其他全部元素。以下代码可以实现：

```
> z <- c(5,12,13)
> z[1:(length(z)-1)]
[1]  5 12
```

或更简单的代码如下：

```
> z[-length(z)]
[1]  5 12
```

对于上例，更常用的方法是z[1:2]。我们的程序可能需要处理长于二元的向量，此时第二种方法就更为通用。

2.4.3　用:运算符创建向量

R中有一些运算符在创建向量时十分有用。我们从第1章介绍过的冒号运算符:开始。它生成指定范围内数值构成的向量。

```
> 5:8
[1] 5 6 7 8
> 5:1
[1] 5 4 3 2 1
```

回顾本章，前面在循环语句中使用过它，如下所示：

```
for (i in 1:length(x)) {
```

要注意运算符优先级的问题。

```
> i <- 2
> 1:i-1  # this means (1:i) - 1, not 1:(i-1)
[1] 0 1
> 1:(i-1)
[1] 1
```

在表达式1:i-1中，冒号运算符的优先级高于减号，因此先计算1:i，得到1:2，然后再减1。这意味着二元向量减去一元向量。这就要用到循环补齐，一元向量(1)将扩展为(1,1)，与二元向量1:2的长度匹配。按元素逐一相减，得到结果(0,1)。

另一方面，在表达式1:(i-1)中，括号的优先级高于减号。也就是说，先计算出i-1，表达式最终结果为1:1，也就是上例所看到的结果。

注意　*在命令窗口中输入?Syntax，可以从R自带的帮助文件里获得运算符优先级的详细说明。*

2.4.4　使用seq()创建向量

比:运算符更为一般的函数是seq()（由sequence得来），用来生成等差序列。例如，鉴于3:8生成向量(3,4,5,6,7,8)，其元素间隔为1（4—3=1，5—4=1，以此类推），用seq()函数可以生成间隔为3的向量，如下所示：

```
> seq(from=12,to=30,by=3)
[1] 12 15 18 21 24 27 30
```

间隔也可以不为整数，例如0.1。

```
> seq(from=1.1,to=2,length=10)
[1] 1.1 1.2 1.3 1.4 1.5 1.6 1.7 1.8 1.9 2.0
```

前面我们在2.1.2节中提到的空向量问题，用seq()可以方便地进行处理。在那里，我们处理一个以下开头的循环：

```
for (i in 1:length(x))
```

如果x为空，这个循环不应该有任何迭代，但由于1:length(x)= (1,0)，它实际上做了两次迭代。我们把语句写成如下形式可以改正问题：

```
for (i in seq(x))
```

下面对seq()函数做一个简单的测试，来看看为什么这样可行：

```
> x <- c(5,12,13)
> x
[1]  5 12 13
> seq(x)
[1] 1 2 3
> x <- NULL
> x
NULL
> seq(x)
integer(0)
```

可以看到，如果x非空，seq(x)与seq-along(x)的结果相同，但如果x为空，seq(x)正确地计算出空值NULL，导致上面的循环迭代0次。

2.4.5 使用rep()重复向量常数

rep()（由repeat得出）函数让我们可以方便地把同一常数放在长向量中。调用的格式是rep(x, times)，即创建times*length(x)个元素的向量，这个向量由是x重复times次构成。例如：

```
> x <- rep(8,4)
> x
[1] 8 8 8 8
> rep(c(5,12,13),3)
[1]  5 12 13  5 12 13  5 12 13
> rep(1:3,2)
[1] 1 2 3 1 2 3
```

rep()函数还有一个参数each，与times参数不同的是，它指定x交替重复的次数。

```
> rep(c(5,12,13),each=2)
[1]  5  5 12 12 13 13
```

2.5 使用all()和any()

any()和all()函数非常方便快捷，它们分别报告其参数是否至少有一个或全部为TRUE。

```
> x <- 1:10
> any(x > 8)
[1] TRUE
> any(x > 88)
[1] FALSE
> all(x > 88)
[1] FALSE
> all(x > 0)
[1] TRUE
```

例如，假设R执行下列代码：

```
> any(x > 8)
```

第一步计算x>8，得到：

```
(FALSE,FALSE,FALSE,FALSE,FALSE,FALSE,FALSE,FALSE,TRUE,TRUE)
```

any()函数判断这些值是否至少一个为TURE。all()函数的功能类似，它判断这些值是否全部为TRUE。

2.5.1 扩展案例：寻找连续出现1 的游程

假设一个向量由若干0 和1 构成，我们想找出其中连续出现1 的游程[⊖]。例如，对于向量(1,0,0,1,1,1,0,1,1)，从它第4索引处开始有长度为3的游程，而长度为2的游程分别始于第4，第5和第8索引的位置。因此，用语句findruns(c(1,0,0,1,1,1,0,1,1),2)调用下面展示的函数，返回结果(4,5,8)。代码如下：

```
1  findruns <- function(x,k) {
2     n <- length(x)
3     runs <- NULL
4     for (i in 1:(n-k+1)) {
5        if (all(x[i:(i+k-1)]==1)) runs <- c(runs,i)
6     }
7     return(runs)
8  }
```

⊖ 在一个0和1组成的序列中，一个由连续的0或1构成的串称为一个游程（run）。——译者注第五行，我们需要判断从x[i]开始的连续k个值，即x[i],x[i+1],...,x[i+k-1]的值，是否全部为1。表达式x[i:(i+k-1)]语句给出了上述子向量的值，然后使用all()函数检验它是否是一个游程。

我们对它进行一下测试：

```
> y <- c(1,0,0,1,1,1,0,1,1)
> findruns(y,3)
[1] 4
> findruns(y,2)
[1] 4 5 8
> findruns(y,6)
NULL
```

尽管前面的代码中使用all()比较好，但建立向量runs的过程并不理想。向量的内存分配过程比较耗时，由于调用c(runs,i)时给新的向量分配了内存空间，每次执行时都会减慢代码的运行速度。（这与新向量赋值给runs无关，我们仍然给向量分配了内存空间。）

```
runs <- c(runs,i)
```

在较短的循环中，这样做可能没问题，但当应用程序的运行性能受到重点关注时，这里有更好的方法。

一种替代方法是预先分配的内存空间，像这样：

```
1  findruns1 <- function(x,k) {
2     n <- length(x)
3     runs <- vector(length=n)
4     count <- 0
5     for (i in 1:(n-k+1)) {
6        if (all(x[i:(i+k-1)]==1)) {
7           count <- count + 1
8           runs[count] <- i
9        }
10    }
11    if (count > 0) {
12       runs <- runs[1:count]
13    } else runs <- NULL
14    return(runs)
15 }
```

在第3行，我们给一个长度为n的向量分配了内存空间。这意味着在执行循环的过程中，可以避免分配新的内存。第8行代码做的只是填充runs。在退出函数之前，我们在第12行重新定义runs，来删除该向量中没用的部分。

这种方法更好，第一版代码可能会有很多次内存分配，而第二版代码将之减少为两次。如果我们确实需要提高速度，可能考虑使用C语言重新编码，这会在第14章中讨论。

2.5.2 扩展案例：预测离散值时间序列

假设我们观察到取值为0或1的数据，每个时刻一个值。为了了解具体应用，假设这是每天的天气数据：1代表有雨，0代表没有雨。假设已经知道最近几天是否下雨，我们希望预测明天是否会下雨。具体而言，对于某个k值，我们会根据最近k天的天气记录来预测明天的天气。我们将使用“过半数规则”（majority rule:）：如果在最近k期里1的数量大于等于k/2，那么预测下一个值为1，否则，预测下一个值为0。例如如果k=3，最近三期的数据为1、0、1，则预测下一期值为1。

但是，我们应该如何选择k？显然，如果选择的值太小，则给我们用以预测的样本量太小。如果取值过大，导致我们使用过于早期的数据，而这些数据只有很少或根本没有预测价值。

一个解决方案是针对已知的数据（称为训练集），变换不同的k值，看看预测效果如何。

在天气的例子中，假设我们有500天的数据，假设我们考虑使用k=3。为了评价k值的预测能力，我们基于前三天的数据来“预测”每天的数据，然后将预测值与已知值进行对比。以此类推，对于k=1、k=2、k=4，我们做同样的事情，直到k值足够大。然后，我们使用训练数据中表现最好的k值，用于未来的预测。

那么我们如何编写R代码？这里有一个简单的方法：

```
1  preda <- function(x,k) {
2     n <- length(x)
3     k2 <- k/2
4     # the vector pred will contain our predicted values
5     pred <- vector(length=n-k)
6     for (i in 1:(n-k)) {
7        if (sum(x[i:(i+(k-1))]) >= k2) pred[i] <- 1 else pred[i] <- 0
8     }
9     return(mean(abs(pred-x[(k+1):n])))
10 }
```

这段代码的核心在第7行。此处要预测第i+k天的值（预测结果保存在pred[i]），利用的是之前k天的值，也即第i天，……，第i+k-1天的值。因此，我们需要算出这些天中1的个数。由于我们处理的是0-1数据，1的数量可以简单地使用这些天x[j]的总和，它可以很方便地用以下方法获取：

```
sum(x[i:(i+(k-1))])
```

使用sum()函数和向量索引使得计算更简捷，避免了循环，因此它更简单更快速。这是R语言典型的用法。

第 9 行的表达式也是同样的道理：

```
mean(abs(pred-x[(k+1):n]))
```

在这里，pred包含预测值，而x[(k+1):n]是这些天的实际值。前者减去后者，得到的值要么为0，要么为1，或-1。在这里，1或-1对应两个方向的预测误差，即当真实值为1时预测值为0，或者真实值为0时预测为1。再用abs()函数求出绝对值，得到0和1的序列，后者表示预测有误差。

这样，我们就能知道哪些天的预测有误差，然后使用mean()来计算错误率，在这里我们应用了这一数学原理：即0-1数据的均值是1的比例。这是R语言的一个常见技巧。

上述preda()的编码是相当直截了当的，它的优点是简单和紧凑。然而，它可能很慢。我们可以尝试用向量化循环来加快速度，正如2.6节所讨论的那样。然而在这里它不能解决加速的主要障碍，即这些代码中所有的重复计算都不能避免。在循环中对于i的相邻两个取值，调用sum()函数求和的向量只相差两个元素。这会减慢速度，除非k值非常小。

所以，我们重写代码，计算过程中利用上一步计算的结果。在循环的每一次迭代中，将更新前一次得到的总和，而不是从头开始计算新的总和。

```
1  predb <- function(x,k) {
2     n <- length(x)
3     k2 <- k/2
4     pred <- vector(length=n-k)
5     sm <- sum(x[1:k])
6     if (sm >= k2) pred[1] <- 1 else pred[1] <- 0
7     if (n-k >= 2) {
8        for (i in 2:(n-k)) {
9           sm <- sm + x[i+k-1] - x[i-1]
10          if (sm >= k2) pred[i] <- 1 else pred[i] <- 0
11       }
12    }
13    return(mean(abs(pred-x[(k+1):n])))
14 }
```

关键在第9行。在这里从总和sm里减去最早的元素x[i-1]，再加上新的元素(x[i+k-1])，从而更新sm。

另一种方法是使用R函数cumsum()，它能计算向量的累积和（cumulative sums）。这里是一个例子：

```
> y <- c(5,2,-3,8)
> cumsum(y)
[1]  5  7  4 12
```

在这里，y的累加和是5=5，5+2=7，$5+2+(-3)=4$，$5+2+(-3)+8=12$，这些值由cumsum()返回。

在上面的例子里，建议用cumsum()的差值替代preda()中的表达式sum(x[i:(i+(k-1))])。

```
predc <- function(x,k) {
   n <- length(x)
   k2 <- k/2
   # the vector red will contain our predicted values
   pred <- vector(length=n-k)
   csx <- c(0,cumsum(x))
   for (i in 1:(n-k)) {
      if (csx[i+k] - csx[i] >= k2) pred[i] <- 1 else pred[i] <- 0
   }
   return(mean(abs(pred-x[(k+1):n])))
}
```

在求x中连续k个元素（称为窗口）之和的时候，没有像下面这样使用sum()函数：

```
sum(x[i:(i+(k-1))
```

而是计算窗口的结束和开头处的累积和之差，像这样：

```
csx[i+k] - csx[i]
```

注意，我们在向量的累积和前面添加了0：

```
csx <- c(0,cumsum(x))
```

这是为了保证在i=1时能计算出正确的值。

predb()函数里每次循环迭代要做两次减法运算，对predc()来说只需要做一次。

2.6 向量化运算符

假设我们希望对向量x中的每一个元素使用函数f()。在很多情况下，我们可以简单地对x调用f()就能完成。

这可以简化我们的代码，不仅如此，还能将代码运行效率显著提高到数百倍甚至更多。

提高R代码执行速度的有效方法之一是向量化（vectorize），这意味着应用到向量上的函数实际上应用在其每一个元素上。

2.6.1 向量输入，向量输出

之前在本章你已经看到向量化运算的一些例子，即+和*运算符。另一个例子是>。

```
> u <- c(5,2,8)
> v <- c(1,3,9)
> u > v
[1]  TRUE FALSE FALSE
```

在这里，>函数分别运用在u[1] 和v[1]，得到结果TRUE，然后是u[2] 和 v[2]，得到结果FALSE，以此类推。

关键在于，如果一个函数使用了向量化的运算符，那么它也被向量化了，从而使速度提升成为可能。下面有一个例子：

```
> w <- function(x) return(x+1)
> w(u)
[1] 6 3 9
```

在这里，w()使用了向量化的运算符+，从而w()也是向量化的。正如你看到的，存在无数个向量化的函数，因为用简单的向量化函数可以构建更复杂的函数。

注意，甚至超越函数——（平方根、对数、三角函数等）也是向量化的。

```
> sqrt(1:9)
[1] 1.000000 1.414214 1.732051 2.000000 2.236068 2.449490 2.645751 2.828427
[9] 3.000000
```

这也适用于其他许多内置的R函数。例如，让我们对向量y应用round()函数，其作用是四舍五入到最近整数：

```
> y <- c(1.2,3.9,0.4)
> z <- round(y)
> z
[1] 1 4 0
```

上例的关键在于，round()函数能应用到向量y中的每一个元素上。记住，标量实际上是一元向量，所以通常情况下对单个数值使用round()函数，只是一种特殊情形。

```
> round(1.2)
[1] 1
```

在这里，我们使用内置的函数round()，但用你自己编写的函数同样可以做到这点。

正如前面提到过的，诸如+这样的运算符实际上也是函数。例如，考虑下面的代码

```
> y <- c(12,5,13)
> y+4
[1] 16  9 17
```

上例中三元向量的每个元素都加上了4，原因在于+实际上也是函数！下面这样写就看得明显了：

```
> '+'(y,4)
[1] 16  9 17
```

同时也要注意，循环补齐在这里起了关键作用，4被循环补齐为(4,4,4)。

我们知道R有没有标量，那么我们考察一下那些看上去有标量参数的向量化函数。

```
> f
function(x,c) return((x+c)^2)
> f(1:3,0)
[1] 1 4 9
> f(1:3,1)
[1]  4  9 16
```

在这里定义的f()，我们希望c是一个标量，但实际上它当然是一个长度为1的向量。即使我们调用f()时给c指定的是单个数值，在f()计算x+c时，它也会通过循环补齐的方式延展为一个向量。因此对于本例中调用的f(1:3,1)，x+c的值变为如右所示：

$$\begin{pmatrix} 1 \\ 2 \\ 3 \end{pmatrix} + \begin{pmatrix} 1 \\ 1 \\ 1 \end{pmatrix}$$

这带来了代码安全性的问题。f()中没有什么告知我们不能使用显式的向量给c赋值，例如：

```
> f(1:3,1:3)
[1]  4 16 36
```

你需要通过计算确认（4,16,36）是否的确是期望的输出。

如果你确实想把c限制为标量，则需要插入一些判断语句，比如这样：

```
> f
function(x,c) {
if (length(c) != 1) stop("vector c not allowed")
   return((x+c)^2)
}
```

2.6.2 向量输入，矩阵输出

到目前为止，我们涉及的向量化函数应用于标量时返回值也是标量。对单个数值调用sqrt()函数得到的结果也是单个数值，如果我们将此函数应用到八元向量，则得到的输出结果也是八个数组成的向量。

但如果函数本身的返回值就是向量会怎么样呢？例如这里的z12()：

```
z12 <- function(z) return(c(z,z^2))
```

对5使用函数z12()，将得到二元向量(5,25)，如果我们将它应用在八元向量，则它生成16个数值：

```
x <- 1:8
> z12(x)
 [1]  1  2  3  4  5  6  7  8  1  4  9 16 25 36 49 64
```

把结果排列成8×2的矩阵可能会更自然，可以用matrix函数来实现：

```
> matrix(z12(x),ncol=2)
     [,1] [,2]
[1,]    1    1
[2,]    2    4
[3,]    3    9
[4,]    4   16
[5,]    5   25
[6,]    6   36
[7,]    7   49
[8,]    8   64
```

但我们可以用sapply()（它是*simplify apply*的缩写）来简化这一切。调用sapply(x,f)即可对x的每一个元素使用函数f()，并将结果转化为矩阵。下面是一个例子：

```
> z12 <- function(z) return(c(z,z^2))
> sapply(1:8,z12)
      [,1] [,2] [,3] [,4] [,5] [,6] [,7] [,8]
[1,]     1    2    3    4    5    6    7    8
[2,]     1    4    9   16   25   36   49   64
```

我们得到2×8而不是8×2维的矩阵，但它同样是有用的。第4章将进一步讨论sapply()函数。

2.7　NA与NULL值

用过其他脚本语言的读者也许会知道“查无此物”的值，例如Python中的None和Perl中的undefined。R有两个类似值：NA和NULL。

在统计数据集，我们经常遇到缺失值，在R中表示为NA。而NULL代表不存在的值，而不是存在但未知的值。让我们看看它们在具体情形下是怎么用的。

2.7.1　NA的使用

在R的很多统计函数中，我们要求函数跳过缺失值（也就是NA）。如下例所示：

```
> x <- c(88,NA,12,168,13)
> x
[1]  88  NA  12 168  13
> mean(x)
[1] NA
> mean(x,na.rm=T)
[1] 70.25
> x <- c(88,NULL,12,168,13)
> mean(x)
[1] 70.25
```

在第一个调用中，因为x中有一个缺失值NA，导致mean()无法计算均值。但通过把可选的参数na.rm（意思为移除NA）设置为真（T），可以计算其余元素的均值。相比之下，R会自动跳过空值NULL，我们将在下一节介绍。

下面几个NA值的模式都不一样：

```
> x <- c(5,NA,12)
> mode(x[1])
[1] "numeric"
> mode(x[2])
[1] "numeric"
> y <- c("abc","def",NA)
> mode(y[2])
[1] "character"
> mode(y[3])
[1] "character"
```

2.7.2　NULL的使用

NULL的一个用法是在循环中创建向量，其中每次迭代都在这个向量上增加一个元素。在这个简单的例子中，我们建立了偶数向量：

```
# build up a vector of the even numbers in 1:10
> z <- NULL
> for (i in 1:10) if (i %%2 == 0) z <- c(z,i)
> z
[1]  2  4  6  8 10
```

回顾第1章，%%是模运算符（modulo operator），它给出除法运算的余数。例如13除以4的余数是1，即13 %% 4 =1。（算术和逻辑运算符列表见7.2节。）因此，例子中的循环开始于一个空向量，然后依次向其中添加2、4等元素。

当然，这只是一个人为的例子，并且这里有更好的方法完成这件事。下面是寻找1:10中偶数的另外两种方法：

```
> seq(2,10,2)
[1]  2  4  6  8 10
> 2*1:5
[1]  2  4  6  8 10
```

这里关键是为了阐述NA与NULL的区别。如果在前例中使用NA而不是用NULL，则会得到多余的NA：

```
> z <- NA
> for (i in 1:10) if (i %%2 == 0) z <- c(z,i)
> z
[1] NA  2  4  6  8 10
```

这里你可以看到，NULL值被作为不存在而计数：

```
> u <- NULL
> length(u)
[1] 0
> v <- NA
> length(v)
[1] 1
```

NULL是R的一种特殊对象，它没有模式。

2.8　筛选

反映R函数式语言特性的另一个特征是“筛选”（filtering）。这使我们可以提取向量中满足一定条件的元素。筛选是R中常用的运算之一，因为统计分析往往关注满足一定条件的数据。

2.8.1　生成筛选索引

我们先看一个简单的例子：

```
> z <- c(5,2,-3,8)
> w <- z[z*z > 8]
> w
[1] 5 -3  8
```

查看这段代码，凭直觉想想 “我们的目的是什么？”。可以看出我们要求R提取z中平方大于8的所有元素，然后将这些元素构成的子向量赋值给w。

筛选是R中很关键的运算，因此我们有必要从技术细节上探究一下R是怎样实现上述意图的。我们来逐步研究：

```
> z <- c(5,2,-3,8)
> z
[1]  5  2 -3  8
> z*z > 8
[1]  TRUE FALSE  TRUE  TRUE
```

表达式z*z > 8得出的是布尔值向量。对你而言，弄清楚这个结果如何产生是非常重要的。首先，注意表达式z*z > 8中所有东西都是向量或向量运算符：

- 因为z是向量，所以z*z同样是向量（并且长度与z一致）。
- 通过循环补齐，这里的数字8（长度为1的向量）补齐为向量(8,8,8,8)。
- 运算符>，像+一样，实际上是个函数。

对于最后这一点，我们看个例子：

```
> ">"(2,1)
[1] TRUE
> ">"(2,5)
[1] FALSE
```

因此，下面的

```
z*z > 8
```

实际上是

```
">"(z*z,8)
```

换句话说，我们对向量使用函数——它也是向量化的另一个例子，与你看到的其他向量化一样。在本例中，结果是一个布尔值向量。然后用得到的布尔值向量筛选出z中所需的元素：

```
> z[c(TRUE,FALSE,TRUE,TRUE)]
[1]  5 -3  8
```

下一个例子将更有针对性。在这里，我们将再次用z定义提取条件，但接着用该结果从另一个向量y，而不是从z中提取子向量，如下所示：

```
> z <- c(5,2,-3,8)
> j <- z*z > 8
> j
[1]  TRUE FALSE  TRUE  TRUE
> y <- c(1,2,30,5)
> y[j]
[1]  1 30  5
```

或者，可以像下面这样写更简洁：

```
> z <- c(5,2,-3,8)
> y <- c(1,2,30,5)
> y[z*z > 8]
[1]  1 30  5
```

再次强调，这个例子要说的是，我们使用向量z决定筛选另一个向量y的索引。相反，前面的例子是使用z筛选它自身。

下面是另一个例子，其中涉及赋值。设我们有一个向量x，要将其中所有比3大的元素替换为0。事实上，我们可以非常简洁地使用一行代码。

```
> x[x > 3] <- 0
```

让我们检查一下：

```
> x <- c(1,3,8,2,20)
> x[x > 3] <- 0
> x
[1] 1 3 0 2 0
```

2.8.2　使用subset()函数筛选

也可以使用subset()函数做筛选。当对向量使用该函数时，它与普通的筛选方法的区别在于处理NA值的方式上。

```
> x <- c(6,1:3,NA,12)
> x
[1]  6  1  2  3 NA 12
> x[x > 5]
[1]  6 NA 12
> subset(x,x > 5)
[1]  6 12
```

我们使用前一节提到的普通筛选方法，R会认为“x[5]是未知的，因此其平方是否大于5同样是未知的。”但也许你不希望NA出现在结果中。当你希望在结果中剔除NA值时，使用subset()将免去自己移除NA的麻烦。

2.8.3　选择函数which()

正如你所看到的，筛选是从向量z中提取满足一定条件的元素。但是，在某些情况下，我们希望找到z中满足条件元素所在的位置。此时可以使用which()，如下所示：

```
> z <- c(5,2,-3,8)
> which(z*z > 8)
[1] 1 3 4
```

结果表明z中的第一、第三和第四元素平方大于8。

和筛选一样，了解前面的代码到底发生了什么是很重要的。下面的表达式：

```
z*z > 8
```

计算得到（TRUE,FALSE,TRUE,TRUE）。which()函数简单地报告出在后面的表达式中哪些元素为TRUE。

which()有一个非常方便（尽管有点浪费）的用法，是在一个向量中找出满足一定条件的元素首次出现的位置。例如，回顾本书2.1.2节代码，找出向量中的第一个1。

```
first1 <- function(x) {
   for (i in 1:length(x)) {
      if (x[i] == 1) break  # break out of loop
   }
   return(i)
}
```

这里有另一种写法能达成目标：

```
first1a <- function(x) return(which(x == 1)[1])
```

调用which()产生x中所有1的索引。这些索引将以向量形式给出，然后我们取该向量中的第一个元素，即是第一个1的索引。

这一代码更加简洁。但另一方面，它也比较浪费，因为它找出了x中所有的1，而我们只需要第一个。因此，尽管它是向量化方法，可能更快，但如果x中第一个1出现在靠前的位置，则此方法实际上要慢一些。

2.9 向量化的ifelse()函数

除了多数语言中常见的if-then-else结构，R还有一个向量化的版本：ifelse()函数。它的形式如下：

```
ifelse(b,u,v)
```

其中b是一个布尔值向量，而u和v是向量。

该函数返回的值也是向量，如果b[i]为真，则返回值的第i个元素为u[i]，如果b[i]为假，则返回值的第i个元素为v[i]。这一概念相当抽象，因此我们看一个例子：

```
> x <- 1:10
> y <- ifelse(x %% 2 == 0,5,12)  # %% is the mod operator
> y
 [1] 12  5 12  5 12  5 12  5 12  5
```

在这里，我们希望产生一个向量，这个向量在x中对应元素为偶数的位置取值是5，且在x中对应元素为奇数的位置取值12。因此，对应到形式参数b的实际参数是（F,T,F,T,F,T,F,T,F,T）。对应到u的第二个实际参数5，通过循环补齐成为(5,5,...)（十个5）。第三个参数12，同样循环补齐为(12,12,...)。

这里有另一个例子：

```
> x <- c(5,2,9,12)
> ifelse(x > 6,2*x,3*x)
[1] 15  6 18 24
```

我们返回的向量由x的元素乘以2或3构成，到底是乘以2还是乘以3，取决于该元素是否大于6。

再次申明，弄明白这里真正发生了什么很重要。表达式x>6是一个布尔值向量。如果第i个元素为真，则返回值的第i个元素将被设定为2*x的第i个元素，否则，它将被设定为3*x[i]，以此类推。

ifelse()相对于标准的if-then-else结构的优点是，它是向量化语句，因此有可能快很多。

2.9.1 扩展案例：度量相关性

评估两个变量的统计关系时，除了标准相关性度量方法（Pearson级差相关系数）之外，还有几种备选方法。一些读者可能听过的Spearman秩相关。这些度量方法有不同的目标，比如针对异常值的稳健性，异常值指的是那些取值很极端的数据，即很有可能出错的数据。

在这里，我们提出一种新的度量方法，这不是统计学上的新发现（实际上它与广泛使用的Kendall's τ方法有关），只是为了阐述本章中的一些R编程技术，尤其是ifelse()。

考虑向量x和y，它们是时间序列，比如它们是每小时收集的气温和气压测量值。我们定义两者的相关性为x和y同时上升或下降次数占总观测数的比例，即y[i+1]-y[i]与x[i+1]-x[i]符号相同时的次数占总数i的比例。以下是代码：

```
1   # findud() converts vector v to 1s, 0s, representing an element
2   # increasing or not, relative to the previous one; output length is 1
3   # less than input
4   findud <- function(v) {
5      vud <- v[-1] - v[-length(v)]
6      return(ifelse(vud > 0,1,-1))
7   }
8
9   udcorr <- function(x,y) {
10     ud <- lapply(list(x,y),findud)
11     return(mean(ud[[1]] == ud[[2]]))
12  }
```

这里有一个例子：

```
> x
 [1]  5 12 13  3  6  0  1 15 16  8 88
> y
 [1]  4  2  3 23  6 10 11 12  6  3  2
> udcorr(x,y)
[1] 0.4
```

在本例中，x和y在10次中同时上升3次（第一次同时上升是12到13，2到3），并同时下降1次。得到相关性的估计为4/10=0.4。

让我们看看它是如何工作的。首先需要把x和y的值编码为1和-1，1代表当前观测值较上期增加。这是在第5行和第6行进行。

例如，当我们对16个元素的v，调用findud()函数，想想看在第5行发生了什么。v[-1]会是一个15元素的向量，它从v的第2个元素开始。同样，v[-length(v)]也将是一个15元素的向量，它从v的第1个元素开始。结果是我们用右移一个时间段的序列值减去原始序列值。这个差值序列给我们提供了每个时间段序列增长/减少的状态——这正是我们想要的。

然后，我们需要依据差值的正负来把差值变换成1和-1。调用ifelse()可以简单而简洁地做到，并且它比循环版本的代码耗费更短的执行时间。

这里本应该写两个调用findud()的语句，一次对x，另一次对y。但实际上，我们把x和y放入列表中，然后使用lapply()函数，这样可以避免重复的代码。如果我们对很多向量采用相同操作，而不是只用两个，尤其是对于向量个数可变的情况，像这样使用lapply()可以使代码更加简洁明了，并且它可能稍快一些。

然后计算匹配的比例，如下所示：

```
return(mean(ud[[1]] == ud[[2]]))
```

需要注意的是lapply()返回一个列表。其组件是以1或-1编码的向量。语句ud[[1]] == ud[[2]]返回一个向量，其值由TRUE和FALSE构成，它们分别被mean()视作1和0。取均值就求出我们要的比例。

更高级的版本将使用R的diff()函数，该函数对向量做“滞后”运算。举例来说，我们可能要比较每个元素与它后面第三个元素（用术语说就是“滞后三期”）。默认的滞后期是一期，也就是我们这里所需的：

```
> u
[1] 1 6 7 2 3 5
> diff(u)
[1]  5  1 -5  1  2
```

前面例子中的第5个行代码可以改写成：

```
vud <- diff(d)
```

R的另一个高级函数sign()可以使代码更简洁，它根据其参数向量中的数值是正值、零或负值，将其分别转化为1、0、或-1。这里有一个例子：

```
> u
[1] 1 6 7 2 3 5
> diff(u)
[1]  5  1 -5  1  2
> sign(diff(u))
[1]  1  1 -1  1  1
```

使用sign()，我们能把undcorr()函数改写为一行，如下所示：

```
> udcorr <- function(x,y) mean(sign(diff(x)) == sign(diff(y)))
```

这无疑比最初的版本简短得多。但哪一个更好？对于大多数人，可能会用更长的时间才能想到这么写。并且尽管代码变短，但其实变得更难理解了。

所有的R程序员需要在简洁和清晰之间找到“恰到好处”的平衡点。

2.9.2 扩展案例：对鲍鱼数据集重新编码

由于其参数向量化的特性，ifelse()函数可以嵌套使用。下面的例子是鲍鱼的数据集，性别被编码为M、F或I（是Infant的缩写，这里意为幼虫）。我们希望将这些字符重新编码为1、2或3。实际的数据集包含超过4000条的观测值，但对于我们的例子，我们假设只有很少的数据存储在g中：

```
> g
[1] "M" "F" "F" "I" "M" "M" "F"
> ifelse(g == "M",1,ifelse(g == "F",2,3))
[1] 1 2 2 3 1 1 2
```

嵌套的ifelse()实际上做了什么？让我们仔细看一下。首先，为了表述更具体一些，我们找出函数ifelse()中形式参数的名字：

```
> args(ifelse)
function (test, yes, no)
NULL
```

记住，对test中每一个取值为真的元素，函数使用yes中对应的元素作为结果。同样，如果test[i]值为假，则函数计算结果为no[i]。这样生成的所有值组成一个向量作为返回值。

在我们的例子中，R首先执行外层的ifelse()，其中的test是g=="M"，yes是1（会被循环补齐）；no将是（之后）执行ifelse(g=="F",2,3)得到的结果。现在由于test[1]取真，则生成yes[1]，也就是1。因此，外部函数调用所得的返回值第一个元素是1。

下一步，R将计算test[2]，该值为假，因此R需要计算no[2]。R现在需要执行内部的ifelse()调用。之前并没有这样做，因为直到现在才需要它。R使用“惰性求值”（*lazy evaluation*）的原则，这意味着只有当需要时表达式才被计算，否则不计算。

R现在将计算ifelse(g=="F",2,3)，得到(3,2,2,3,3,3,2)，这是外部ifelse()的参数no，因此后者返回的第二个元素将是(3,2,2,3,3,3,2)中的第二个元素，即2。

当外层ifelse()函数调用执行到test[4]时，其取值为假，因此将返回no[4]。由于R已经计算过no，它有所需的值，即3。

需要注意，涉及的向量可能是矩阵的列，这是一个非常常见的情况。假设鲍鱼数据存储在矩阵ab中，性别是它的第一列。如果我们想像前例一样对其重新编码的话，可以这样做：

```
> ab[,1] <- ifelse(ab[,1] == "M",1,ifelse(ab[,1] == "F",2,3))
```

假设我们希望按照性别形成子集。可以使用which()来寻找M、F和I对应元素的编号。

```
> m <- which(g == "M")
> f <- which(g == "F")
> i <- which(g == "I")
```

```
> m
[1] 1 5 6
> f
[1] 2 3 7
> i
[1] 4
```

更进一步，我们可以把这些子集保存在一个列表中，像如下这样：

```
> grps <- list()
> for (gen in c("M","F","I")) grps[[gen]] <- which(g==gen)
> grps
$M
[1] 1 5 6

$F
[1] 2 3 7

$I
[1] 4
```

需要注意的是，R的for()循环可以对字符串向量进行循环，我们正是利用了这一事实。（在4.4节中，你会看到一种更有效的方法。）

我们可以使用编码后的数据来绘制一些图形，探索鲍鱼数据集中的各种变量。通过给文件添加以下表头来概括变量的性质：

```
Gender,Length,Diameter,Height,WholeWt,ShuckedWt,ViscWt,ShellWt,Rings
```

例如，可以分雄雌两组，针对直径和长度作图。使用以下代码：

```
aba <- read.csv("abalone.data",header=T,as.is=T)
grps <- list()
for (gen in c("M","F")) grps[[gen]] <- which(aba[,1]==gen)
abam <- aba[grps$M,]
abaf <- aba[grps$F,]
plot(abam$Length,abam$Diameter)
plot(abaf$Length,abaf$Diameter,pch="x",new=FALSE)
```

首先，我们读取数据集，将其赋值给变量aba为了提示我们这是鲍鱼[㊀]数据）。read.csv()类似于在第1章使用过的read.table()，我们将在第6章和第10章讨论。然后构造abam和abaf，分别是aba下对应雄性和雌性的两个子矩阵。

接下来，我们来作图。第一条作图命令绘制了雄性鲍鱼直径对长度的散点图。第二

㊀ 鲍鱼的英文为abalone。——译者注

条命令绘制的是雌性的图。因为希望此图与雄性的叠加在同一张图形上，我们设置参数new=FALSE，告诉R不要创建一个新的图形。参数pch="x"意思是我们希望绘制在雌性图形上的字符用x，而不是默认的o字符。

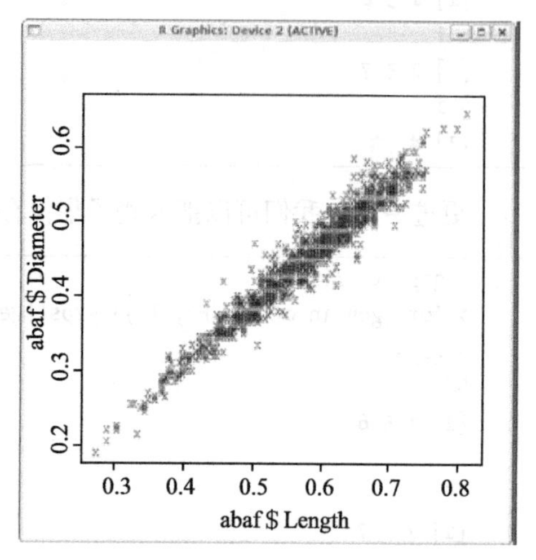

图2-1 鲍鱼的直径和长度，按性别分组

图2-1显示了（整个数据集的）图形。顺便说一句，它并不十分让人满意。显然，直径和长度具有很强的相关性，以至于这些点密集地填充了部分图形，雄性和雌性的图形几乎完全一致（尽管雄性具有更多的变化）。这在统计图形中是一个常见的问题。更精细的图形分析会更有启发性，但至少我们看到了强相关的证据，而相关性在性别上的差距并不是很大。

在前面的例子中，我们可以用ifelse来压缩绘图代码。利用这样一个事实：pch参数可以是向量而不仅仅是单个字符。换句话说，我们可对每个点绘制不同的字符。

```
pchvec <- ifelse(aba$Gender == "M","o","x")
plot(aba$Length,aba$Diameter,pch=pchvec)
```

（在这里，我们省略了重新编码为1、2和3的过程，但出于某些原因，你可能希望保留它。）

2.10 测试向量相等

假设我们要测试两个向量是否相等，使用==的朴素方法将不可行：

```
> x <- 1:3
> y <- c(1,3,4)
> x == y
[1]  TRUE FALSE FALSE
```

发生什么了？问题在于，我们处理的是向量化。与R中其他运算符一样，==是一个函数。

```
> "=="(3,2)
[1] FALSE
> i <- 2
> "=="(i,2)
[1] TRUE
```

事实上，==是一个向量化的函数。语句x==y是将函数==()应用到x和y的每一组元素上，得到一个布尔值的向量。

那么我们可以做什么呢？一种选择是结合==的向量化本质，应用函数all()：

```
> x <- 1:3
> y <- c(1,3,4)
```

```
> x == y
[1]  TRUE FALSE FALSE
> all(x == y)
[1] FALSE
```

对==的结果应用all()函数会询问其所有元素是否全为真，它与询问x与y是否完全一致有同样的效果。

甚至更好地是，我们可以简单地使用identical函数，像这样：

```
> identical(x,y)
[1] FALSE
```

但要小心，因为正如identical这个词的字面意思，identical函数判断的是两个对象是否完全一样。看看下面这个R会话：

```
> x <- 1:2
> y <- c(1,2)
> x
[1] 1 2
> y
[1] 1 2
> identical(x,y)
[1] FALSE
> typeof(x)
[1] "integer"
> typeof(y)
[1] "double"
```

因此，符号:产生的是整数，而c()产生的是浮点数。但是谁能直接看出来呢？

2.11　向量元素的名称

可以给向量元素随意指定名称。例如，假设有一个50个元素组成的向量，表示美国每个州的人口。可以用州的名称给每个元素命名，如“Montana”和“New Jersey”。也可以给图形里的点命名，以此类堆。

可以用name()函数给向量中的元素命名，或查询向量元素的名称。

```
> x <- c(1,2,4)
> names(x)
NULL
> names(x) <- c("a","b","ab")
> names(x)
[1] "a"  "b"  "ab"
> x
 a  b ab
 1  2  4
```

把向量元素名称赋值为NULL，可以将其移除。

```
> names(x) <- NULL
> x
[1] 1 2 4
```

甚至可以用名称来引用向量中的元素。

```
> x <- c(1,2,4)
> names(x) <- c("a","b","ab")
> x["b"]
b
2
```

2.12 关于c()的更多内容

在本节中，我们将讨论与连接函数c()相关的一些其他内容，有时经常用到。

如果传递到c()中的参数有不同的类型，则它们将被降级为同一类型，该类型最大限度地保留它们的共同特性，如下所示：

```
> c(5,2,"abc")
[1] "5"   "2"   "abc"
> c(5,2,list(a=1,b=4))
[[1]]
[1] 5

[[2]]
[1] 2
$a
[1] 1

$b
[1] 4
```

在第一个例子中，我们混合了整数型和字符型，R会选择把它们都转换为后者的类型。在第二个例子中，对于混合的表达式，R认为列表类型有较低的优先级。本书4.3节将对这一点作深入探讨。

你可能不会写如此组合的代码，但你可能会遇到发生这种情况的代码，因此理解它的效果显得尤为重要。

另一个需要注意的关键点是，c()函数对向量有扁平化的效果，就像该例：

```
> c(5,2,c(1.5,6))
[1] 5.0 2.0 1.5 6.0
```

熟悉诸如Python等其他语言的人，可能预期前面这段代码会生成一个两层的对象。在R语言中这种事不会发生在向量上，尽管存在两层的列表，这在第4章将会看到。

在下一章，我们将接着讲解向量的两个非常重要的特例，即矩阵和数组。

第③章

矩阵和数组

矩阵（matrix）是一种特殊的向量，包含两个附加的属性：行数和列数。所以矩阵也和向量一样，有模式的概念，例如数值型和字符型。（但反过来，向量却不能看作是只有一列或一行的矩阵。）

数组（array）是R里更一般的对象，矩阵是数组的一个特殊情形。数组可以是多维的。例如一个三维的数组可以包含行、列和层（layer），而一个矩阵只有行和列两个维度。本章主要讨论矩阵，本章最后一节会简述更高维的数组。

R的强大之处就在于它丰富的矩阵运算。本章主要讲述这些运算，尤其注重类似于向量的取子集和向量化运算方面。

3.1 创建矩阵

矩阵的行和列的下标都从1开始。例如矩阵a左上角的元素记作a[1, 1]。矩阵在R中是按列存储的，也就是说先存储第一列，再存储第二列，以此类推，如2.1.3小节所示。

创建矩阵的方法之一就是使用matrix()函数：

```
> y <- matrix(c(1,2,3,4),nrow=2,ncol=2)
> y
     [,1] [,2]
[1,]    1    3
[2,]    2    4
```

这里把第一列（即1和2）与第二列（3和4）连接在一起。因此数据是（1,2,3,4）。然后我们给出行数和列数。由于R是按列存储的，这就决定了这四个数在矩阵中的位置。

上例指定了矩阵中全部的4个元素，因此没必要同时设定列数ncol和行数nrow这两个参数，只需要给出其中一个就够了。4个元素排成两行，就意味着列数为2。

```
> y <- matrix(c(1,2,3,4),nrow=2)
> y
     [,1] [,2]
[1,]    1    3
[2,]    2    4
```

注意，当我们打印输出y时，R向我们展示了它表示行和列的记号。例如[, 2]表示矩阵第二列，如下：

```
> y[,2]
[1] 3 4
```

另外一种创建矩阵的方法是为矩阵的每一个元素赋值：

```
> y <- matrix(nrow=2,ncol=2)
> y[1,1] <- 1
> y[2,1] <- 2
> y[1,2] <- 3
> y[2,2] <- 4
> y
     [,1] [,2]
[1,]    1    3
[2,]    2    4
```

用这种方法需要事先向R声明y是一个矩阵，并且给出它的行数和列数。

尽管R的矩阵是按列存储的，但是可以通过把matrix()的byrow参数设置为TRUE，使矩阵元素按行排列。以下是使用byrow的一个例子：

```
> m <- matrix(c(1,2,3,4,5,6),nrow=2,byrow=T)
> m
     [,1] [,2] [,3]
[1,]    1    2    3
[2,]    4    5    6
```

需要注意的是，尽管这样设置，但是矩阵本身依然是按列存储的，参数byrow改变的只是数据输入的顺序。当读取的数据文件是按这种方式组织时，可能会更方便。

3.2 一般矩阵运算

前面介绍了创建矩阵的基本方法，现在我们来看一些常用的矩阵运算，包括线性代数运算、矩阵索引和矩阵元素筛选。

3.2.1 线性代数运算

你可以对矩阵进行各种线性代数运算，比如矩阵相乘、矩阵数量乘法和矩阵加法。针对以前例子中的y，以下为这三种运算的实例：

```
> y %*% y  # mathematical matrix multiplication
     [,1] [,2]
[1,]    7   15
[2,]   10   22
> 3*y  # mathematical multiplication of matrix by scalar
     [,1] [,2]
[1,]    3    9
```

```
[2,]    6   12
> y+y  # mathematical matrix addition
     [,1] [,2]
[1,]    2    6
[2,]    4    8
```

关于矩阵线性代数运算的更多细节请参见8.4节。

3.2.2 矩阵索引

2.4.2节中的向量运算同样适用于矩阵，例如：

```
> z
     [,1] [,2] [,3]
[1,]    1    1    1
[2,]    2    1    0
[3,]    3    0    1
[4,]    4    0    0
> z[,2:3]
     [,1] [,2]
[1,]    1    1
[2,]    1    0
[3,]    0    1
[4,]    0    0
```

这里我们提取了矩阵z中第2、3列的所有元素组成了一个子矩阵。

下面的例子提取的是矩阵的行：

```
> y
     [,1] [,2]
[1,]   11   12
[2,]   21   22
[3,]   31   32
> y[2:3,]
     [,1] [,2]
[1,]   21   22
[2,]   31   32
> y[2:3,2]
[1] 22 32
```

还可以对一个矩阵的子矩阵进行赋值：

```
> y
     [,1] [,2]
[1,]    1    4
[2,]    2    5
[3,]    3    6
> y[c(1,3),] <- matrix(c(1,1,8,12),nrow=2)
```

```
> y
     [,1] [,2]
[1,]    1    8
[2,]    2    5
[3,]    1   12
```

这里给y的第1、3行赋了新的值。

下面是另一个给子矩阵赋值的例子：

```
> x <- matrix(nrow=3,ncol=3)
> y <- matrix(c(4,5,2,3),nrow=2)
> y
     [,1] [,2]
[1,]    4    2
[2,]    5    3
> x[2:3,2:3] <- y
> x
     [,1] [,2] [,3]
[1,]   NA   NA   NA
[2,]   NA    4    2
[3,]   NA    5    3
```

向量的负值索引用来排除掉某些元素，这种操作同样适用于矩阵。

```
> y
     [,1] [,2]
[1,]    1    4
[2,]    2    5
[3,]    3    6
> y[-2,]
     [,1] [,2]
[1,]    1    4
[2,]    3    6
```

命令第二行的意思是，取出矩阵y中除第二行外的所有行。

3.2.3　扩展案例：图像操作

图像文件本质上就是矩阵，因为像素点也都是按行和列排列的。一张灰度图像会把每一个像素点的亮度存储为矩阵的一个元素。例如，图像中位于第28行、第88列的像素点的灰度值就存储在矩阵的第28行、第88列。如果图像是彩色的话，就需要三个矩阵来存储，分别记录红、黄、蓝的强度值。这里我们只以灰度图像为例。

以一张拉什莫尔山国家纪念公园的照片为例，我们用pixmap包读取图像。（附录B介绍了下载和安装R包的方法。）

```
> library(pixmap)
> mtrush1 <- read.pnm("mtrush1.pgm")
> mtrush1
Pixmap image
  Type          : pixmapGrey
  Size          : 194x259
  Resolution    : 1x1
  Bounding box  : 0 0 259 194
> plot(mtrush1)
```

读取文件mtrush1.pgm，并返回一个pixmap类的对象。再把这个对象在R里画出来，如图3-1所示。

图3-1 读取拉什莫尔山图片文件

我们来看一下pixmap类的组成内容：

```
> str(mtrush1)
Formal class 'pixmapGrey' [package "pixmap"] with 6 slots
  ..@ grey    : num [1:194, 1:259] 0.278 0.263 0.239 0.212 0.192 ...
  ..@ channels: chr "grey"
  ..@ size    : int [1:2] 194 259
...
```

pixmap类属于S4类型，它用符号@来访问各个组件，而不是用符号$。S3和S4的问题将在第9章讨论，不过这里最关键的是灰度矩阵mtrush1@grey。在这个例子里，这个矩阵有194行和259列。

这个例子的灰度是用0.0到1.0之间的数值表示的，0.0表示黑色，1.0表示白色，中间值代表不同程度的灰色。例如，图片第28行、第88列的点非常亮。

```
> mtrush1@grey[28,88]
[1] 0.7960784
```

为了演示矩阵操作，我们将罗斯福总统的脸覆盖上（对不起了，总统先生，我对你没有个人恩怨）。使用R中locator()函数来找到需要盖住部分的行号和列号。当调用这个函数时，R会等待用户点击图片上的任意点，然后返回该点的准确坐标。用这种方式可以找到罗斯福总统的脸对应区域是从84行到163行，从135列到177列。（注意，pixmap对象的行编号和locator()是相反的：pixmap是自上而下递增的，而locator()恰恰相反。）于是，为了把这部分图像覆盖上，我们把这一区域的所有像素点取值设为1.0。

```
> mtrush2 <- mtrush1
> mtrush2@grey[84:163,135:177] <- 1
> plot(mtrush2)
```

效果如图3-2所示。

图3-2　拉什莫尔山的图片，覆盖住罗斯福总统的头像之后

如果只是想将罗斯福总统的脸模糊掉，而不是去掉，可以在图片上增加随机噪声。代码如下：

```
# adds random noise to img, at the range rows,cols of img; img and the
# return value are both objects of class pixmap; the parameter q
# controls the weight of the noise, with the result being 1-q times the
# original image plus q times the random noise
blurpart <- function(img,rows,cols,q) {
  lrows <- length(rows)
  lcols <- length(cols)
  newimg <- img
  randomnoise <- matrix(nrow=lrows, ncol=ncols,runif(lrows*lcols))
  newimg@grey <- (1-q) * img@grey + q * randomnoise
  return(newimg)
}
```

如注释所显示的，我们生成随机噪声，然后把目标像素点矩阵和噪声进行加权平均。参数q控制噪声的权重，q值越大就越模糊。随机噪声取自U(0,1)，即区间(0,1)上的均匀分布。注意，下面是矩阵操作：

```
newimg@grey <- (1-q) * img@grey + q * randomnoise
```

调用上面的函数尝试一下：

```
> mtrush3 <- blurpart(mtrush1,84:163,135:177,0.65)
> plot(mtrush3)
```

效果如图3-3所示。

图3-3 拉什莫尔山图片，罗斯福总统的头像模糊处理之后

3.2.4 矩阵元素筛选

和向量一样，矩阵也可以做筛选。但是需要注意一下语法上的不同。首先来看一个简单的例子：

```
> x
     x
[1,] 1 2
[2,] 2 3
[3,] 3 4
> x[x[,2] >= 3,]
     x
[1,] 2 3
[2,] 3 4
```

下面来分析一下这条命令，正如我们在第2章所讲那样：

```
> j <- x[,2] >= 3
> j
[1] FALSE  TRUE  TRUE
```

首先判断x的第二列向量x[，2]的哪些元素大于等于3，把结果赋值给布尔向量j。

然后在x中使用j：

```
> x[j,]
     x
[1,] 2 3
[2,] 3 4
```

x[j，]的行与向量j中的取值为TRUE的行对应，也就对应于矩阵第二列中元素大于等于3的行。

于是就有了本例一开始的结果：

```
> x
     x
[1,] 1 2
[2,] 2 3
[3,] 3 4
> x[x[,2] >= 3,]
     x
[1,] 2 3
[2,] 3 4
```

为了提高性能，需要注意的是，计算j时使用的是完全向量化运算。这是因为：

- x[,2]是向量。
- 运算符>=用于比较两个向量。
- 数值3被自动重复，变成一个由数值3组成的向量。

还需要注意，虽然这个例子中j是通过x定义且用于提取x中的元素，但事实上筛选规则可以基于除被筛选变量之外的变量。以下例子同样使用上述的x：

```
> z <- c(5,12,13)
> x[z %% 2 == 1,]
             [,1] [,2]
[1,]            1    4
[2,]            3    6
```

表达式 z %% 2 ==1用于判断z的每个元素是否是奇数，返回的结果是(TRUE，FALSE，TRUE)。因此我们提取出了x的第一、三行。

再看另外一个例子：

```
> m
     [,1] [,2]
[1,]    1    4
[2,]    2    5
[3,]    3    6
```

```
> m[m[,1] > 1 & m[,2] > 5,]
[1] 3 6
```

这里也是同样的做法，但是使用了稍微复杂的条件来提取矩阵的行。（用类似的方式可以提取列或子矩阵。）首先表达式m[,1] > 1把m的第一列的每个元素同1进行比较，返回（FALSE, TRUE, TRUE）。类似的是，第二个表达式m[,2] > 5返回（FALSE, FALSE, TRUE）。对（FALSE, TRUE, TRUE）和（FALSE, TRUE, TRUE）进行逻辑“与”运算，得到（FALSE, FALSE, TRUE）。以运算后的向量为行索引，得到矩阵m的第三行。

注意，这里需要使用 & 运算符，而不是 &&，前者是向量的逻辑“与”运算，后者是用于if语句的标量逻辑“与”运算。想了解更多可以参见7.2节中的运算符列表。

细心的读者可能注意到前面的例子中有一些反常的地方。我们要得到的是一个1行2列的子矩阵，可是返回的却是一个由两个元素组成的向量。元素是正确的，可是数据类型却不对。如果把返回值输入到其他的矩阵函数里可能会导致错误。解决办法是通过设定参数drop，告诉R让返回结果保持数据的二维属性。3.6节会介绍如何避免意外降维，并详细讲解drop的用法。

由于矩阵也是向量，所以向量的运算也适用于矩阵。例如：

```
> m
     [,1] [,2]
[1,]    5   -1
[2,]    2   10
[3,]    9   11
> which(m > 2)
[1] 1 3 5 6
```

这行命令说明，从向量索引的角度来看，m的第1、3、5、6个元素大于2。第5个元素指的是m第2行第2列的元素，即10，的确比2大。

3.2.5 扩展案例：生成协方差矩阵

这个例子演示row()和col()函数，这两个函数的参数都是矩阵。例如对于矩阵a，row(a[2,8])返回a中对应元素的行号，即2。然而，显然我们知道row(a[2,8])在第2行，那么这个函数有什么用途呢？

先来看一个例子。如果我们想要用MASS库的mvrnorm()函数生成多元正态分布的随机数，需要指定协方差矩阵。协方差矩阵是对称的，就是说矩阵中第1行第2列的元素等于第2行第1列的元素。

假如我们在处理一个n元正态分布，它的协方差矩阵有n行n列。我们希望这n个随机变量方差都为1，每两个变量间的相关性都是rho。例如当n=3,rho=0.2时，需要的矩阵就是：

$$\begin{pmatrix} 1 & 0.2 & 0.2 \\ 0.2 & 1 & 0.2 \\ 0.2 & 0.2 & 1 \end{pmatrix}$$

下面就是生成这种矩阵的代码：

```
1  makecov <- function(rho,n) {
2     m <- matrix(nrow=n,ncol=n)
3     m <- ifelse(row(m) == col(m),1,rho)
4     return(m)
5  }
```

下面来解释它的运算过程。首先col()返回的是矩阵元素的列号，和row()功能相似。然后第三行的row(m)返回一个由整数组成的矩阵，每个整数代表矩阵m中对应元素的行号。例如：

```
> z
     [,1] [,2]
[1,]    3    6
[2,]    4    7
[3,]    5    8
> row(z)
     [,1] [,2]
[1,]    1    1
[2,]    2    2
[3,]    3    3
```

因此表达式row(m) == col(m)返回一个由FALSE和TRUE组成的矩阵，矩阵的对角线位置是TRUE，其他位置是FALSE。再次提醒一下读者，本例中的二目运算符"=="是一个函数，row()和col()也是函数。因此，下面这个表达式：

```
row(m) == col(m)
```

会作用到矩阵m的每一个元素上，最后返回一个由FALSE和TRUE组成的矩阵，其行数和列数与m的相同。表达式ifelse()同样是一个函数调用。

```
ifelse(row(m) == col(m),1,rho)
```

在本例中，刚才提到的由TRUE和FALSE组成的矩阵传递给ifelse()函数做参数，返回一个矩阵，对角线元素为1，其他位置为0。

3.3 对矩阵的行和列调用函数

*apply()函数系列是R中最受欢迎同时也是最常用的，该函数系列包括apply()、tapply()和lapply()。这里我们主要介绍apply()。apply()函数允许用户在矩阵的各行或各列上调用指定的函数。

3.3.1 使用apply()函数

以下是apply()函数的一般形式：

```
apply(m,dimcode,f,fargs)
```

参数解释如下：

- m 是一个矩阵。
- dimcode 是维度编号，若取值为1代表对每一行应用函数，若取值为2代表对每一列应用函数。
- f是应用在行或列上的函数。
- fargs是f的可选参数集。

例如，对矩阵z的每一列应用函数mean()：

```
> z
     [,1] [,2]
[1,]    1    4
[2,]    2    5
[3,]    3    6
> apply(z,2,mean)
[1] 2 5
```

本例也可以用colMeans()函数直接实现，不过这里主要为了提供使用apply()的简单示例。

apply()里也可以使用用户自己定义的函数，就和使用R内部函数（比如mean()）一样。下面是使用自定义函数f的例子：

```
> z
     [,1] [,2]
[1,]    1    4
[2,]    2    5
[3,]    3    6
> f <- function(x) x/c(2,8)
> y <- apply(z,1,f)
> y
     [,1]  [,2] [,3]
[1,]  0.5 1.000 1.50
[2,]  0.5 0.625 0.75
```

f()函数把一个向量除以(2,8)。（如果向量x的长度大于2，那么(2,8)就会循环补齐）。apply()函数则对z的每一行分别调用f()。z的第一行是(1,4)，所以在调用f()时，形式参数x对应的实际参数是(1,4)。然后R计算(1,4)/(2,8)的值，这在R中是向量对应元素运算，得到(0.5,0.5)。对其他两行的计算与此类似。

你可能会惊讶，所得结果y是一个2×3的矩阵而非3×2的。第一行的计算结果(0.5, 0.5)构成apply()函数输出结果的第一列，而不是第一行。这就是apply()函数的默认方式。如果所调用的函数返回的是一个包含k个元素的向量，那么apply()的结果就有k行。如果需要的话，可以使用转置函数t()，例如：

```
> t(apply(z,1,f))
     [,1]  [,2]
[1,]  0.5 0.500
[2,]  1.0 0.625
[3,]  1.5 0.750
```

如果所调用的函数只返回一个标量（即单元素向量），那么apply()的结果就是一个向量，而非矩阵。

在用apply()时，待调用的函数至少需要一个参数。上例中，f()的形式参数在这里对应的实际参数就是矩阵的一行（或一列）。有时，待调用函数需要多个参数，用apply()调用这类函数时，需要把这些额外的参数列举在函数名字后面，用逗号隔开。

例如，我们有一个由0和1组成的矩阵，想要生成如下向量：向量每个元素对应矩阵的每行，如果该行前d个元素中1较多，向量的对应元素就取1，反之取0。其中d是可以变的参数。程序可以这样写：

```
> copymaj
function(rw,d) {
   maj <- sum(rw[1:d]) / d
   return(if(maj > 0.5) 1 else 0)
}
> x
     [,1] [,2] [,3] [,4] [,5]
[1,]    1    0    1    1    0
[2,]    1    1    1    1    0
[3,]    1    0    0    1    1
[4,]    0    1    1    1    0
> apply(x,1,copymaj,3)
[1] 1 1 0 1
> apply(x,1,copymaj,2)
[1] 0 1 0 0
```

这里3和2是函数copymaj()中形式参数d的实际取值。矩阵的第一行是(1,0,1,1,0)，当d取3时，前d个元素是(1,0,1)。1占多数，因此copymaj()返回1。所以apply()返回的第一个元素就是1。

使用apply()函数并不像很多人以为的那样，能使程序的运行速度加快。其优点是使程序更紧凑，更易于阅读和修改，并且避免产生使用循环语句时可能带来的bug。此外，并行运算是R目前发展的方向之一，apply()这类函数会变得越来越重要。例如，snow包中的clusterApply()函数能够把子矩阵的数据分配到多个网络节点上，在每个网络节点上对子矩阵调用给定的函数，达到并行计算的目的。

3.3.2 扩展案例：寻找异常值

在统计学中，“异常值”（outlier）指的是那些和大多数观测值离得很远的少数点。所以异常值要么是有问题（例如数字写错了），要么是不具有代表性（例如比尔盖茨的收入和华盛顿州居民的收入相比）。检测异常值有很多方法，我们这里构造一个非常简单的方法。

假如矩阵rs用来存储零售业销售数据，每行对应一家商店，一行里的观测值对应每天的销售数据。我们用非常简单的方法识别出每家商店数据中偏离最远的观测值，也就是与中位数差别最大的观测值。代码如下：

```
1  findols <- function(x) {
2     findol <- function(xrow) {
3        mdn <- median(xrow)
4        devs <- abs(xrow-mdn)
5        return(which.max(devs))
6     }
7     return(apply(x,1,findol))
8  }
```

像这样调用函数：

```
findols(rs)
```

那么上述中的findols(rs)是如何运作的？首先需要定义一个函数，作为调用apply()函数时的参数。

该函数要应用于销售数据矩阵的每一行，并返回该行中最异常的元素所在位置。函数findol()就是为完成此目的而定义的，请看代码的第4、5行。（注意，我们在一个函数的内部又定义了另一个函数。如果内部函数很短的话，这么做是很常见的。）在表达式xrow-mdn中，向量xrow减去单元素向量mdn，而前者的长度通常大于1，因此在做向量减法运算之前，mdn被循环补齐（recycling），扩展到与xrow的长度一致。

代码第五行使用R函数which.max()，而不是max()。因为max()返回的是向量元素的最大值，而which.max()返回最大值所在位置（即索引）。这正是我们需要的。

最后在第七行，对x的每一行调用findol()，得到各行“异常值”所在位置。

3.4 增加或删除矩阵的行或列

严格来说，矩阵的长度和维度是固定的，因此不能增加或删除行或列。但是可以给矩阵重新赋值，这样可以得到和增加或删除一样的效果。

3.4.1 改变矩阵的大小

回忆之前通过重新赋值改变向量大小的方法：

```
> x
[1] 12  5 13 16  8
> x <- c(x,20)  # append 20
> x
[1] 12  5 13 16  8 20
> x <- c(x[1:3],20,x[4:6])  # insert 20
> x
[1] 12  5 13 20 16  8 20
> x <- x[-2:-4]  # delete elements 2 through 4
> x
[1] 12 16  8 20
```

第一个例子里，x原来长度为5，通过拼接和重新赋值，将其长度变为6。事实上我们没有改变x的长度，而是生成一个新的向量，然后赋值给x。

注意　重新赋值的过程可能会在用户看不见的情况下进行，在14章我们将会介绍。例如，即使是x[2]<-12这种小操作事实上都是一个重新赋值的过程。

类似的操作可以用来改变矩阵的大小。例如，函数rbind()（代表row bind，按行组合）和函数cbind()（代表column bind，按列组合）可以给矩阵增加行或列。

```
> one
[1] 1 1 1 1
> z
     [,1] [,2] [,3]
[1,]    1    1    1
[2,]    2    1    0
[3,]    3    0    1
[4,]    4    0    0
> cbind(one,z)
[1,]1 1 1 1
[2,]1 2 1 0
[3,]1 3 0 1
[4,]1 4 0 0
```

这里，cbind()把一列由1组成的向量和z组合在一起，创建了一个新矩阵。上面我们只是直接输出了结果，实际上也可以把这个新的矩阵赋值给z（或其他变量），如下所示：

```
z <- cbind(one,z)
```

注意，有时也会用到循环补齐（recycling）：

```
> cbind(1,z)
     [,1] [,2] [,3] [,4]
[1,]    1    1    1    1
[2,]    1    2    1    0
[3,]    1    3    0    1
[4,]    1    4    0    0
```

在这里，1被循环补齐为由四个1组成的向量。

函数cbind()和rbind()还可以用来快速生成一些小的矩阵，例如：

```
> q <- cbind(c(1,2),c(3,4))
> q
     [,1] [,2]
[1,]    1    3
[2,]    2    4
```

不过，请谨慎使用cbind()！和创建向量一样，创建一个新的矩阵是很耗时间的（毕竟矩阵也属于向量）。在下面的代码中，cbind()创建了一个新矩阵：

```
z <- cbind(one,z)
```

新的矩阵正好被赋值给z，也就是说我们给这个新矩阵取名为z，与原来的矩阵同名，而原来的矩阵被覆盖了）。问题是创建新矩阵会减低程序速度，如果在循环中重复创建矩阵，将浪费大量的时间。

因此在循环中每次往矩阵中添加一行（列），最后矩阵会变成一个大矩阵，这种做法是不可取的，最好一开始就定义好一个大矩阵。这个事先定义的矩阵是空的，但是在循环过程中逐行或列进行赋值，这种做法避免了循环过程中每次进行耗时的矩阵内存分配。

也可以通过重新赋值来删除矩阵的行或列：

```
> m <- matrix(1:6,nrow=3)
> m
     [,1] [,2]
[1,]    1    4
[2,]    2    5
[3,]    3    6
> m <- m[c(1,3),]
> m
     [,1] [,2]
[1,]    1    4
[2,]    3    6
```

3.4.2 扩展案例：找到图中距离最近的一对端点

计算图中多个端点之间距离是计算机或统计学中常见的例子。这类问题在聚类算法和基因问题中经常出现。

我们以计算城市之间的距离为例，这比计算DNA链间距离更直观。

假设有一个距离矩阵，其第i行第j列的元素代表城市i和城市j间的距离。我们需要写一个函数，输入城市距离矩阵，输出城市间最短的距离，以及对应的两个城市。代码如下：

```
1  # returns the minimum value of d[i,j], i != j, and the row/col attaining
2  # that minimum, for square symmetric matrix d; no special policy on ties
3  mind <- function(d) {
4     n <- nrow(d)
5     # add a column to identify row number for apply()
6     dd <- cbind(d,1:n)
7     wmins <- apply(dd[-n,],1,imin)
8     # wmins will be 2xn, 1st row being indices and 2nd being values
9     i <- which.min(wmins[2,])
10    j <- wmins[1,i]
11    return(c(d[i,j],i,j))
12 }
```

```
13
14  # finds the location, value of the minimum in a row x
15  imin <- function(x) {
16     lx <- length(x)
17     i <- x[lx]  # original row number
18     j <- which.min(x[(i+1):(lx-1)])
19     k <- i+j
20     return(c(k,x[k]))
21  }
```

以下是一个调用该函数的例子：

```
> q
     [,1] [,2] [,3] [,4] [,5]
[1,]    0   12   13    8   20
[2,]   12    0   15   28   88
[3,]   13   15    0    6    9
[4,]    8   28    6    0   33
[5,]   20   88    9   33    0
> mind(q)
[1] 6 3 4
```

最小值是6，位于在第3行第4列。可以看到apply()函数在这里起重要作用。

我们的任务很简单：找到矩阵中最小的非零元素。首先找到每行中的最小值——仅一个命令apply()即可对所有行达到此目的——然后找到这些最小值中最小的那一个。但如你所见，这段代码的逻辑还是略微有些复杂。

注意一个很关键的地方，这个矩阵是对称的，因为城市i到城市j的距离与从城市j到城市i的距离相等。因此在找第i行最小值时，只需要在第i+1,i+2,……n等元素中搜索（n是矩阵的总列数）。因此在调用apply()时，矩阵d的最后一行是可以跳过不用管的。

由于矩阵可能很大，如果有1000个城市的话，那么矩阵就有100万个元素。所以我们要利用矩阵的对称性来节省时间。但是这样也带来一个问题：在计算每行最小值时，我们需要知道该行在原矩阵中的行号， 而apply()函数不能直接提供给它所调用的函数。所以在代码的第6行，我们给原矩阵增加了一列，为相应的行号，目的是让apply()函数所调用的函数能够识别出行号。

apply()所调用的函数是imin()函数，它的定义开始于代码第15行，该函数寻找形式参数x所代表的这一行的最小元素及其所在位置的索引。例如，对例子中矩阵q的第一行调用函数imin()，可求出最小值是8，出现在该行第4列的位置。为求得最小元素的位置，第18行使用了函数which.min()，这是R语言中非常方便的函数。

请注意第19行。之前我们利用矩阵的对称性，在寻找最小值的时候跳过了每行的前半部分，这一点可从第18行表达式中的(i+1):(lx-1)看出。但是这也意味着which.min()返回的最小值的位置索引是相对于范围(i+1): (lx-1)的。例如在q的第三行，尽管第4个元素最小，但是which.min()返回的是1。因此我们需要在which.min()的结果上增加i，如第19行所示。

最后，要正确使用apply()的输出结果需要费点儿功夫。对于上面例子中的矩阵q,apply()

函数将会返回一个矩阵wmins:

$$\begin{pmatrix} 4 & 3 & 4 & 5 \\ 8 & 15 & 6 & 33 \end{pmatrix}$$

这个矩阵的第二行包含d矩阵的上三角部分各行最小值，第一行则是这些值的索引。例如wmins的第一列表明，q的第一行中最小值是8，位于第4列。

第9行代码选出整个矩阵最小值所在的行号i，在矩阵q的例子中结果为6。第10行则求出该行最小值在第j列，在矩阵q的例子中结果为4。就是说整个矩阵的最小值在第i行第j列，这个信息在11行将会被用到。

同时，apply()输出结果的第一行是各行最小值所在的列。这样我们就可以找出距离最近的城市分别是什么了。我们已经知道城市3是两个城市之一，而wmins第一行第三列对应的是4，因此城市3和城市4是距离最近的，程序第9行和第10行表示了这一推理过程。

如果该矩阵中最小值是唯一的，那么就有更简单的方法：

```
minda <- function(d) {
   smallest <- min(d)
   ij <- which(d == smallest,arr.ind=TRUE)
   return(c(smallest,ij))
}
```

这个方法可行，但是有一些潜在的问题。上面这段新代码中最关键的一行是：

```
ij <- which(d == smallest,arr.ind=TRUE)
```

这段代码直接找到d的最小元素的所在位置。其中参数arr.ind=TRUE指定，which()函数返回的坐标必须是矩阵下标——也就是行号和列号，而不是一个单一的向量索引。如果没有这个参数，d就会被当作向量来处理。

前面提到过，这段新代码只有当最小值唯一时才有用。如果此条件不成立，which()函数会返回多个行/列数对，与我们的目标相悖。如果我们用原来那版代码，当d有多个最小值时，只会返回其中一个。

另外一个问题是效率。新的代码实质上包含两个（隐性的）循环：一个是计算最小值smallest，另一个是调用which()。因此新的代码会比原来那版更慢。

在这两种方法中，如果特别关注运行速度，并且可能有多个最小值，那么最好选择原来那版代码，否则就选用另一个。而后者的简洁性使之更容易阅读和维护。

3.5 向量与矩阵的差异

在本章开始的时候，我说过矩阵就是一个向量，只是多了两个属性：行数和列数。这里，我们再深入说明这个问题。考虑以下例子：

```
> z <- matrix(1:8,nrow=4)
> z
     [,1] [,2]
```

```
[1,]    1    5
[2,]    2    6
[3,]    3    7
[4,]    4    8
```

因为z是向量，因此我们可以求它的长度：

```
> length(z)
[1] 8
```

但是作为一个矩阵，z不仅仅是一个向量：

```
> class(z)
[1] "matrix"
> attributes(z)
$dim
[1] 4 2
```

换句话说，从面向对象编程的角度说，矩阵类（matrix class）是实际存在的。如第1章所说，R的大部分类都是S3类，用$符号就可访问其各组件。矩阵类有一个dim属性，是一个由矩阵的行数和列数组成的向量。本书第9章讲详细介绍关于类的更多细节问题。

以用dim()函数访问dim属性：

```
> dim(z)
[1] 4 2
```

行数和列数还可以分别用nrow()和ncol()函数访问：

```
> nrow(z)
[1] 4
> ncol(z)
[1] 2
```

这些其实都是对dim函数的一个简单封装。我们之前提到，在交互式模式中，只要直接输入对象名称就可以看见它的内容：

```
> nrow
function (x)
dim(x)[1]
```

当要写一个以矩阵为参数的通用库函数，上面这几个函数将会很有用。因为能直接得到该矩阵的行数和列数，就不再需要两个额外的参数来输入行数和列数，这样更省事。这是面向对象编程的好处之一。

3.6 避免意外降维

在统计学领域，“降维”（dimension reduction）是有益的，也存在很多降维的统计学方法。假设我们需要处理10个变量，如果能把变量个数降到3，却还能保留数据的主要信息，何乐而不为呢？

但是在R里，降维指的完全是另外一件事情，而且通常要避免。比如我们有一个4行的矩阵，提取其中的一行：

```
> z
     [,1] [,2]
[1,]    1    5
[2,]    2    6
[3,]    3    7
[4,]    4    8
> r <- z[2,]
> r
[1] 2 6
```

这个看似没有问题，但是注意看r的显示格式，是向量的格式，而非矩阵的格式。也就是说，r是一个长度为2的向量，而不是一个1乘2的矩阵。我们可以用几种方法来验证它的确已经变成向量了：

```
> attributes(z)
$dim
[1] 4 2
> attributes(r)
NULL
> str(z)
 int [1:4, 1:2] 1 2 3 4 5 6 7 8
> str(r)
 int [1:2] 2 6
```

可以看到z是有行数与列数的，但是r没有。类似的，str()显示z的行索引区间为1:4，列索引区间为1:2。而r的索引区间是1:2。毫无疑问，r是一个向量而非矩阵。

把r变成向量看似没有问题，但在某些涉及大量矩阵操作的程序中会引起错误。也许程序在大部分情况下都能正常运行，但在少数情况下就是通不过。例如某个程序从一个给定的矩阵里提取一个子矩阵，然后对这个子矩阵进行一些矩阵操作。如果这个子矩阵只有一行，R会把它当作向量处理，后面的矩阵操作无法运行在这个向量上，程序会出错。

幸好R里有办法禁止矩阵自动减少维度：使用drop参数。仍以上述矩阵z为例：

```
> r <- z[2,, drop=FALSE]
> r
     [,1] [,2]
[1,]    2    6
> dim(r)
[1] 1 2
```

现在r是一个1乘以2的矩阵而非由两元素组成的向量。

因此，需要经常性地在矩阵操作代码里使用参数drop=FALSE。

为什么说drop是一个参数呢？因为 [事实上也是一个函数，跟+等操作符一样。请看以下代码：

```
> z[3,2]
[1] 7
> "["(z,3,2)
[1] 7
```

对原本就是向量的对象，可以使用as.matrix()函数将其转化为矩阵，如下所示：

```
> u
[1] 1 2 3
> v <- as.matrix(u)
> attributes(u)
NULL
> attributes(v)
$dim
[1] 3 1
```

3.7 矩阵的行和列的命名问题

访问矩阵元素最直接的方法是通过行号和列号，但也可以使用行名与列名。例如：

```
> z
     [,1] [,2]
[1,]    1    3
[2,]    2    4
> colnames(z)
NULL
> colnames(z) <- c("a","b")
> z
     a b
[1,] 1 3
[2,] 2 4
> colnames(z)
[1] "a" "b"
> z[,"a"]
[1] 1 2
```

如上例所示，这些名称可以用来访问指定的列。rownames()函数的功能与此类似。

一般在编写R代码时，给行和列命名并不是那么重要，但在分析某些数据时会很有用。

3.8 高维数组

在统计学领域，R语言中典型的矩阵用行表示不同的观测，比如不同的人，而用列表示不同变量，比如体重血压等，因此矩阵一般都是二维的数据结构。但是假如我们的数据采集自不同的时间，也就是每个人每个变量每个时刻记录一个数。时间就成为除了行和列之外的第三个维度。在R中，这样的数据称为数组（arrays）。

举个简单的例子，考虑学生和考试成绩的数据。假设每次考试分为两个部分，因此每次考试需要给每个学生记录两个分数。假设有两次考试，只有三个学生。第一次考试的数据是：

```
> firsttest
     [,1] [,2]
[1,]   46   30
[2,]   21   25
[3,]   50   50
```

学生1在第一次考试中得分为46和30分，学生2得21和25分。第二次考试的成绩是：

```
> secondtest
     [,1] [,2]
[1,]   46   43
[2,]   41   35
[3,]   50   50
```

现在要把两次考试的成绩合并到一个数据结构里，命名为tests。tests共分为两个数据层（layer），一层对应一次考试，每层都是三行两列。firsttest在第一层，sedondtest在第二层。

第一层的三行对应于第一次考试的三个学生，每行的两列对应于考试的两个部分成绩。用array()函数创建这个数据结构：

```
> tests <- array(data=c(firsttest,secondtest),dim=c(3,2,2))
```

参数dim=c(3,2,2) 指明数据共有两层（第二个2），每层分别有三行两列。这个参数最后会成为数组的dim属性。

```
> attributes(tests)
$dim
[1] 3 2 2
```

tests中的每个元素现在都有三个下标，比矩阵多一个。这三个下标按顺序与$dim向量中的三个元素一一对应。例如，学生3在第一次考试的第二个部分中的得分如下：

```
> tests[3,2,1]
[1] 48
```

print函数会逐层显示出数组的内容：

```
> tests
, , 1

     [,1] [,2]
[1,]   46   30
```

```
[2,]   21   25
[3,]   50   48

, , 2

     [,1] [,2]
[1,]   46   43
[2,]   41   35
[3,]   50   49
```

我们之前把两个矩阵合并成一个三维数组，同样，也可以把两个或更多个三维数组合并成四维的数组，以此类推。

数组的一个最常用的场合是表（table）的计算。参见6.3节中三维表的例子。

第④章

列　表

向量的元素要求都是同类型的，而列表（list）与向量不同，可以组合多个不同类型的对象。如果读者了解其他编程语言的话，可能会觉得R中的列表像python中的字典，也像Perl中的哈希表，或像C中的结构体（struct）类型。列表在R中扮演着一个至关重要的角色，是数据框和面向对象编程的基础。

这章将会讲到如何创建列表以及如何操作它。与向量和矩阵一样，列表也有索引运算。虽然类似，但列表的索引还是与向量和矩阵中的有些不同。列表也有与apply()功能类似的函数。另外我们还会讲到列表的拆分。

4.1　创建列表

从技术上讲，列表就是向量。之前我们接触过的普通向量都称为“原子型”（atomic）向量，就是说，向量的元素已经是最小的、不可再分的。而列表则属于“递归型”（recursive）向量。

以一个雇员数据库作为第一个例子。对于每个雇员，我们存储其姓名、工资，以及一个布尔变量，表示是否工会成员。这三个变量有三个不同的类型：字符串、数值和逻辑值，因此可以使用列表。整个数据库可以是一个由列表组成的列表，或者是数据框（数据框也是一种列表，但这里暂时不讨论数据框的问题）。

创建一个列表来表示某个雇员Joe，如下：

```
j <- list(name="Joe", salary=55000, union=T)
```

打印出j：

```
> j
$name
[1] "Joe"

$salary
[1] 55000

$union
[1] TRUE
```

R语言中列表各组件的名称叫做**标签**（tags），例如上面代码中的salary。实际上标签是可选的，也可以不指定。上面这段代码也可以这样写：

```
> jalt <- list("Joe", 55000, T)
> jalt
[[1]]
[1] "Joe"

[[2]]
[1] 55000

[[3]]
[1] TRUE
```

但是一般来说推荐为各个部分取名而不用这些默认的数值，这样使代码更清晰而且不容易犯错误。

在使用的时候，标签的名字可以简写，只写出前几个字母，只要不引起歧义，R都能识别：

```
> j$sal
[1] 55000
```

因为列表是向量，因此可以用vector()来创建列表。

```
> z <- vector(mode="list")
> z[["abc"]] <- 3
> z
$abc
[1] 3
```

4.2 列表的常规操作

前面已经举了一个创建列表的例子，现在来看看如何访问和使用列表。

4.2.1 列表索引

访问列表的组件有多种方法：

```
> j$salary
[1] 55000
> j[["salary"]]
[1] 55000
> j[[2]]
[1] 55000
```

还可以像在向量中一样，使用数字索引访问列表的组件，但是注意需要使用双重中括号，而不是单中括号。

因此总共有三种方法访问列表lst中的组件c，返回值是c的数据类型：

- lst$c
- lst[["c"]]
- lst[[i]]，i是c在lst中的数字编号

在后面的例子将会看到，上面这三种方法各有用处。注意前文中有“返回值是c的数据类型”这句话。事实上和上面后两种方法对应还有另外两种：

- lst["c"]
- lst[i]，i是c在lst中的数字编号

使用单中括号和双重中括号都可以提取列表的元素。但是与普通（原子型）向量索引相比，两者存在很大不同。使用单中括号[]返回的是一个新的列表，它是原列表的子列表。例如，继续上面的例子：

```
> j[1:2]
$name
[1] "Joe"

$salary
[1] 55000
> j2 <- j[2]
> j2
$salary
[1] 55000
> class(j2)
[1] "list"
> str(j2)
List of 1
 $ salary: num 55000
```

对原列表的取子集操作返回一个新的列表，新的列表由原列表的前两个元素组成。这里说“返回”是因为中括号也是一个函数。就类似于“+”这种操作符，看起来不像函数，但实际上都是函数。

而双重中括号“[[ ]]”一次只能提取列表的一个组件，返回值是组件本身的类型，而不是列表。

```
> j[[1:2]]
Error in j[[1:2]] : subscript out of bounds
> j2a <- j[[2]]
> j2a
[1] 55000
> class(j2a)
[1] "numeric"
```

4.2.2 增加或删除列表元素

很多情形下，需要增加和删除列表元素，尤其是涉及由列表组成的数据类型时，比如数据框和R中的类（class）。

列表创建之后可以添加新的组件：

```
> z <- list(a="abc",b=12)
> z
$a
[1] "abc"
$b
[1] 12

> z$c <- "sailing" # add a c component
> # did c really get added?
> z
$a
[1] "abc"

$b
[1] 12

$c
[1] "sailing"
```

还可以使用索引添加组件：

```
> z[[4]] <- 28
> z[5:7] <- c(FALSE,TRUE,TRUE)
> z
$a
[1] "abc"

$b
[1] 12

$c
[1] "sailing"

[[4]]
[1] 28

[[5]]
[1] FALSE

[[6]]
[1] TRUE

[[7]]
[1] TRUE
```

要删除列表元素可以直接把它的值设为NULL。

```
> z$b <- NULL
> z
$a
[1] "abc"
$c
[1] "sailing"

[[3]]
[1] 28

[[4]]
[1] FALSE

[[5]]
[1] TRUE

[[6]]
[1] TRUE
```

注意，删掉z$b之后，它之后的元素索引全部减1，例如原来的z[[4]]变成了z[[3]]。

还可以把多个列表拼接成一个。

```
> c(list("Joe", 55000, T),list(5))
[[1]]
[1] "Joe"

[[2]]
[1] 55000

[[3]]
[1] TRUE

[[4]]
[1] 5
```

4.2.3 获取列表长度

由于列表是向量，可以使用length()得到列表的组件个数。

```
> length(j)
[1] 3
```

4.2.4 扩展案例：文本词汇索引

网络搜索和其他形式的文本挖掘现在越来越热门了。我们用这个领域的例子演示列表的使用方法。

我们先写一个`findwords()`的函数来找到一个文本文件中的全部单词，并且标出各个单词所在位置。这个函数在语境分析中很有用。

假设输入文件为testconcord.txt的内容如下（这些内容来自于本书的英文版）：

```
The [1] here means that the first item in this line of output is
item 1. In this case, our output consists of only one line (and one
item), so this is redundant, but this notation helps to read
voluminous output that consists of many items spread over many
lines.  For example, if there were two rows of output with six items
per row, the second row would be labeled [7].
```

为了识别单词，我们把非字母字符替换成空格，并把大写字母替换为小写的。这些工作使用第11章介绍的字符串函数可以完成，但为了简洁，这里不展示代码。替换后*testconcorda.txt*文件就变成这样：

```
the      here means that the first item in this line of output is
item     in this case  our output consists of only one line  and one
item   so this is redundant  but this notation helps to read
voluminous output that consists of many items spread over many
lines   for example  if there were two rows of output with six items
per row  the second row would be labeled
```

例如`item`这个单词出现在第7、14和27个单词的位置。

调用`findwords()`之后的部分结果如下：

```
> findwords("testconcorda.txt")
Read 68 items
$the
[1]  1  5 63

$here
[1] 2

$means
[1] 3

$that
[1]  4 40

$first
[1] 6

$item
[1]  7 14 27
...
```

列表的每个组件对应文章中的一个单词，组件的取值就是该单词在文件中出现的位置。

例如item出现在第7、14和27个单词的位置。

在解释代码之前，首先解释一下选择列表而不是用矩阵的原因。如果使用矩阵，矩阵的每行对应记录一个单词出现的位置，并用rownames()函数为各行命名。例如，item这个单词对应的行包含7、14和27，其余都是0。但是使用矩阵有以下诸多缺点：

- 矩阵的列数不好确定。如果文本中频率最高的单词共出现10次，那么矩阵需要10列，但是事先我们无法知道频率最高的单词是什么已经出现了多少次。我们也可以不事先给出列数，而是每次在需要的时候使用cbind()来增加列数（而且每次出现一个新的单词，还需要使用rbind()来增加矩阵的行）。我们还可以事先把整个文本扫描一遍，找出频率最高单词出现次数。但是这些方法都会增加代码的复杂度，也可能增加运行时间。
- 这种存储方法非常浪费内存，因为这样大部分的行都包含很多0。也就是说这个矩阵是稀疏的（稀疏矩阵在数值分析的问题中很常见）。

因此我们选择使用列表而不是矩阵。以下是findowords()函数的代码。

```
1  findwords <- function(tf) {
2     # read in the words from the file, into a vector of mode character
3     txt <- scan(tf,"")
4     wl <- list()
5     for (i in 1:length(txt)) {
6        wrd <- txt[i]  # ith word in input file
7        wl[[wrd]] <- c(wl[[wrd]],i)
8     }
9     return(wl)
10 }
```

使用scan()读取文件中的所有单词（单词可以理解为由空格分隔的字母组合）。读写文件的操作细节将留在第10章介绍，这里我们只需要知道txt现在是一个字符串向量：字符串与文件中的单词一一对应。txt的内容如下：

```
> txt
 [1] "the"        "here"       "means"      "that"       "the"
 [6] "first"      "item"       "in"         "this"       "line"
[11] "of"         "output"     "is"         "item"       "in"
[16] "this"       "case"       "our"        "output"     "consists"
[21] "of"         "only"       "one"        "line"       "and"
[26] "one"        "item"       "so"         "this"       "is"
[31] "redundant"  "but"        "this"       "notation"   "helps"
[36] "to"         "read"       "voluminous" "output"     "that"
[41] "consists"   "of"         "many"       "items"      "spread"
[46] "over"       "many"       "lines"      "for"        "example"
[51] "if"         "there"      "were"       "two"        "rows"
[56] "of"         "output"     "with"       "six"        "items"
[61] "per"        "row"        "the"        "second"     "row"
[66] "would"      "be"         "labeled"
```

第4至第8行的列表操作创建列表对象wl（代表word list）。然后对文本中的所有单词循环一遍，当前单词记为wrd。

下面我们解释第七行代码的过程，假设现在i=4，在本例的testconcorda.txt文件中对应有wrd="that"。此时wl[["that"]]尚不存在，因此wl[["that"]]=NULL，因此我们可以直接把它和4拼接在一起，得到只有一个元素的向量（4）。然后，当i=40的时候，wl[["that"]]就会变成（4, 40），意思是文件的第4个和第40个单词都是"that"。可以看到使用列表元素的名字访问列表内容在这种场合下非常方便，正如wl[["that"]]。

这个问题还可以使用split()函数，用更简洁的方式完成，如6.2.2节所示。

4.3 访问列表元素和值

如果一个列表的各元素含有标签，就可以使用names()获取它的标签，以4.1节中的j为例：

```
> names(j)
[1] "name"   "salary" "union"
```

还可以使用unlist()来获取列表的值：

```
> ulj <- unlist(j)
> ulj
   name  salary   union
  "Joe" "55000"  "TRUE"
> class(ulj)
[1] "character"
```

unlist()返回的值是一个向量——在本例中是一个字符串向量。而且向量的元素名就来自原列表的标签。如果用一个数作为开始，那么就得到数。

另一方面，如果列表内都是数值，那么unlist()返回的也就是数值向量。

```
> z <- list(a=5,b=12,c=13)
> y <- unlist(z)
> class(y)
[1] "numeric"
> y
 a  b  c
 5 12 13
```

在上面这个例子中，unlist()的输出为数值向量。如果列表中既有字符串又有数值又会怎样呢？

```
> w <- list(a=5,b="xyz")
> wu <- unlist(w)
> class(wu)
[1] "character"
> wu
    a     b
  "5" "xyz"
```

可见在混合类型的情形下R选择了这些类型中能最大程度地保留它们共同特性的类型：字符串。也就是说，R的各种类型之间有优先级结构。如unlist()的帮助文件所说：

在去列表化的时候，只要有可能，列表的元素都被强制转换成一种共同存储模式。因此unlist()的结果通常都是字符串向量。各种类型的优先级排序是NUll < raw< 逻辑类型 < 整型 < 实数类型 < 复数类型 < 列表 <表达式（把配对列表（pairlist）当作普通列表）。

但是这里还有些问题要处理。尽管wu是一个向量不是列表，但R依然给它赋予了元素名。可以用2.11节提到的方法把元素名设为NULL：

```
> names(wu) <- NULL
> wu
[1] "5"   "xyz"
```

也可以使用unname()函数直接去掉元素名：

```
> wun <- unname(wu)
> wun
[1] "5"   "xyz"
```

这样做就不用去掉wu的元素名了，省得去掉以后又需要用。当然如果之后不再需要wu的元素名，直接把函数结果赋值给wu就可以了，不用赋值给wun。

4.4 在列表上使用apply系列函数

使用lapply()和sapply()这两个函数，可以很方便地在列表上应用函数。

4.4.1 lapply()和sapply()的使用

lapply()（代表list apply）与矩阵的apply()函数的用法相似，对列表（或强制转换成列表的向量）的每个组件执行给定的函数，并返回另一个列表。例如：

```
> lapply(list(1:3,25:29),median)
[[1]]
[1] 2

[[2]]
[1] 27
```

R对分别对1:3和25:29求中位数，返回由2和27组成的列表。

在某些情况下，lapply()返回的列表可以转化为矩阵或向量的形式。这时候可以选择使用sapply()（代表 simplified [l]apply）：

```
> sapply(list(1:3,25:29),median)
[1]  2 27
```

在2.6.2节中的例子里，我们在一个向量上执行一个向量化的函数，返回一个新的向量，然后将向量整理成矩阵的形式。如果使用sapply()函数就可以直接输出矩阵。

4.4.2 扩展案例：文本词汇索引（续）

4.2.4节中的findwords()函数创建一个列表，记录各个单词的位置。下面我们介绍几种方法对这个列表进行排序。

在前面的例子里，输入testconcorda.txt文本，然后得到以下输出：

```
$the
[1]  1  5 63

$here
[1] 2
$means
[1] 3

$that
[1]  4 40
...
```

以下代码把列表中单词按字母顺序排列：

```
1  # sorts wrdlst, the output of findwords() alphabetically by word
2  alphawl <- function(wrdlst) {
3     nms <- names(wrdlst) # the words
4     sn <- sort(nms)  # same words in alpha order
5     return(wrdlst[sn])  # return rearranged version
6  }
```

因为文本里的单词就是列表的组件名，所以可以直接用names()函数提取单词。将提取到的单词按字母顺序排序。代码的第5行，把排序后的组件名作为列表索引，返回排序后的列表。注意对列表取子集必须使用单括号而不是双重中括号（也可以用order()函数而不是sort()，详见8.3节）。

代码如下：

```
> alphawl(wl)
$and
[1] 25

$be
[1] 67

$but
[1] 32

$case
[1] 17

$consists
[1] 20 41
```

```
$example
[1] 50
...
```

将单词and排在第一个，然后是be，以此类推。

同样，我们还可以根据词频来排序：

```
1  # orders the output of findwords() by word frequency
2  freqwl <- function(wrdlst) {
3     freqs <- sapply(wrdlst,length)  # get word frequencies
4     return(wrdlst[order(freqs)])
5  }
```

wrdlst列表存储的每个单词出现的位置，因此在列表每个元素上使用length()函数得到的是该单词出现的次数。第3行代码调用sapply()就会得到由词频组成的向量。

这里依然用的是sort()函数，但是用order()其实更直接。order()返回的是排序后向量在原向量中的索引，例如：

```
> x <- c(12,5,13,8)
> order(x)
[1] 2 4 1 3
```

输出结果显示x[2]是x中最小的元素，而x[4]是第二小的，以此类推。同样的，用order()可以把列表中的单词按词频排序，找到频率最低的单词、第二低的单词等等。把单词的排序索引代入到列表中，就可以得到按词频排序的单词列表。

```
> freqwl(wl)
$here
[1] 2

$means
[1] 3

$first
[1] 6
...
$that
[1]  4 40

$`in`
[1]  8 15

$line
[1] 10 24
...
$this
```

```
[1]  9 16 29 33

$of
[1] 11 21 42 56

$output
[1] 12 19 39 57
```

可见，结果的确是按词频从低到高的顺序排序的。

可以把按词频排序的结果展示在图形中。下面的代码使用的是纽约时报在2009年1月刊登的一篇文章《Data Analysts Captivated by R's Power》：

```
> nyt <- findwords("nyt.txt")
Read 1011 items
> snyt <- freqwl(nyt)
> nwords <- length(ssnyt)
> freqwl<-sapply(ssnyt[round(0.9*nwords):nwords], length)
> barplot(freqs9)
```

我的目的是把文章中出现频率排名占前10%的单词画在图上，结果如图4-1所示。

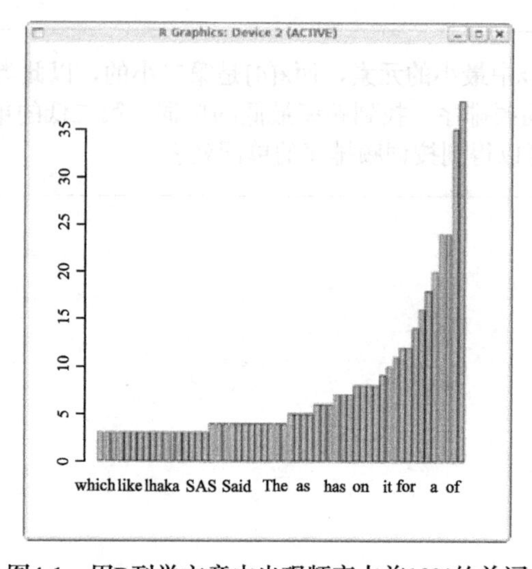

图4-1　用R列举文章中出现频率占前10%的单词

4.4.3　扩展案例：鲍鱼数据

本例在2.9.2节的鲍鱼性别数据上使用lapply()函数。在2.9.2节我们曾经希望找三种性别（雄性、雌性、幼虫）的鲍鱼分别有哪些。作为简单演示，用一个由M、F、I三种性别组成的向量做测试：

```
g <- c("M","F","F","I","M","M","F")
```

要完成我们的目标，一个比较简洁的方式是：

```
> lapply(c("M","F","I"),function(gender) which(g==gender))
[[1]]
[1] 1 5 6

[[2]]
[1] 2 3 7

[[3]]
[1] 4
```

lapply()函数的第一个参数通常是列表。但在这里例子里却是一个向量，lapply()会把这个向量强制转换成列表的形式。lapply()的第二个参数要求是一个函数，可以使一个函数名，也可以是一段代码。这个例子就是用的一段代码，我们称之为匿名函数，详见7.13节。

然后lapply()首先在"M"上调用该匿名函数，接着在"F"上，最后在"I"上。当在"M"上调用该匿名函数时，函数计算which(g=="M")，返回一个索引向量，指示g中哪几个元素是"M"，也就确定了哪些鲍鱼是雄性。确定了雌性和幼虫的索引之后，最后lapply()返回三个索引向量组成的列表。

注意，尽管我们关注的对象是性别向量g，但是lapply()的第一个参数却不是g。我们定义了一个新的向量记录三个性别编号作为lapply()的第一个参数，而g反而只在匿名函数内出现一次。这是R语言中一种常见的做法。6.2.2节会介绍一种更好的方法。

4.5 递归型列表

列表可以是递归的（recursive），即列表的组件也可以是列表。例如：

```
> b <- list(u = 5, v = 12)
> c <- list(w = 13)
> a <- list(b,c)
> a
[[1]]
[[1]]$u
[1] 5

[[1]]$v
[1] 12


[[2]]
[[2]]$w
[1] 13


> length(a)
[1] 2
```

这段代码生成一个包含两个组件的列表，每个组件本身也都是列表。

拼接函数c()有一个可选参数 recursive，决定在拼接列表的时候，是否把原列表“压平”，就是把所有组件的元素都提取出来，组合成一个向量。

```
> c(list(a=1,b=2,c=list(d=5,e=9)))
$a
[1] 1

$b
[1] 2

$c
$c$d
[1] 5

$c$e
[1] 9
> c(list(a=1,b=2,c=list(d=5,e=9)),recursive=T)
  a   b c.d c.e
  1   2   5   9
```

第一条命令中，recursive参数取默认值FALSE，得到一个递归型列表，其中组件c是另一个列表。第二个命令把recursive参数为TRUE，得到一个向量（也可以说是列表），只有名称还带有原来递归的特征。（注意recursive为TRUE反而得到非递归的列表，不要弄混。）

其实，本章第一个例子是一个雇员的数据库，其中每个雇员的数据都是一个列表，因此整个数据库就是一个列表组成的列表。这是一个递归型列表的实际例子。

第⑤章

数　据　框

从直观上看，数据框类似矩阵，有行和列这两个维度。然而，数据框与矩阵不同的是，数据框的每一列可以是不同的模式（mode）。例如，某列可能由数字组成，另一列可能由字符串组成。正如列表可以类比为一维的向量，数据框则可以类比二维数据的矩阵，这里所说的类比是异质性的，也就是说每个组件（Component）的数据类型不同。

就技术层面而言，数据框是每个组件长度都相等的列表。实际上，R允许列表的组件是其他对象类型，包括其他数据框。这样就可以得到数组的异质性类比。但是数据框的这种用法在实际中很少用到，所以在本书中，假设数据框的每个组件都是向量。

本章会给出很多数据框的例子，以方便读者熟悉R中数据框的各种用法。

5.1　创建数据框

回顾一下1.4.5节中一个关于数据框的简单例子：

```
> kids <- c("Jack","Jill")
> ages <- c(12,10)
> d <- data.frame(kids,ages,stringsAsFactors=FALSE)
> d  # matrix-like viewpoint
  kids ages
1  Jack   12
2  Jill   10
```

出现在data.frame()中的前两个参数意义很好理解：用kids和ages这两个向量来生成一个数据框。然而第三个参数stringsAsFactors=FALSE还需要做更多解释。

如果没有给定参数stringsAsFactors的值，那么stringsAsFactors就会取默认值TRUE。（可以用options()来设定相反的默认值。）这意味着如果用字符向量（比如本例中的kids）创建数据框，R会将向量转换为“因子”（factor）。由于后面的操作更倾向于把字符数据当做向量，而不是因子，所以把stringsAsFactors的值设定为FALSE。本书第6章将讲解因子。

5.1.1　访问数据框

假设现在有一个数据框，我们来查看一下。由于d是个列表，就可以通过组件的索引值或者组件名来访问数据框的组件：

```
> d[[1]]
[1] "Jack" "Jill"
> d$kids
[1] "Jack" "Jill"
```

也可以用类似矩阵的方式来访问。例如，查看第一列：

```
> d[,1]
[1] "Jack" "Jill"
```

用str()函数查看d的内部结构，可以看出d具有矩阵的特征。

```
> str(d)
'data.frame':   2 obs. of  2 variables:
 $ kids: chr  "Jack" "Jill"
 $ ages: num  12 10
```

在这里，R告诉我们d有两个观测（两行），储存在两个变量中（两列）。

有三种方式访问数据框的第一列：d[[1]]、d[,1]、d$kids。其中第三种方式更简明，而且更重要的是，会比前两种方式更安全。这种方式可以更好地指定列，并且减少出错的可能性。但是在写一般的代码时，比如在写R包时，矩阵式的记号d[,1]也是需要的，这在需要提取子数据框的时候用起来很方便（5.2节将介绍如何提取子数据框）。

5.1.2　扩展案例：考试成绩的回归分析（续）

回顾一下1.5节中课程考试成绩的数据。那时的数据没有表头，而现在的例子中，数据的前几行是这样的：

```
"Exam 1" "Exam 2" Quiz
2.0      3.3      4.0
3.3      2.0      3.7
4.0      4.0      4.0
2.3      0.0      3.3
2.3      1.0      3.3
3.3      3.7      4.0
```

正如你看到的，数据的每一行包含一名学生的三门考试成绩。这是经典的二维文件概念，正如前文用str()剖析的结果。在这里，文件的每一行包含数据集中一个观测的数据。数据框的概念是要连同变量名一起把此类数据封装在对象中。

注意，这里是用空格来分隔不同的字段。也可以指定其他分隔符，例如逗号分隔值文件（Commas-separated value， CSV）中的逗号（5.2.5节将详细介绍）。第一行记录指定变量名，且必须用跟分隔数据一样的符号来分隔，例如本例用空格来分隔。如果变量名本身包含空格，如本例显示的那样，则用括号将变量括起来。

之前读取过这个文件，但是在本例需要声明文件中有表头：

```
examsquiz <- read.table("exams",header=TRUE)
```

将会显示列名，且用句点代替其中的空格：

```
> head(examsquiz)
  Exam.1 Exam.2 Quiz
1    2.0    3.3  4.0
2    3.3    2.0  3.7
3    4.0    4.0  4.0
4    2.3    0.0  3.3
5    2.3    1.0  3.3
6    3.3    3.7  4.0
```

5.2 其他矩阵式操作

各种矩阵操作也可以应用到数据框对象。其中的大多数操作是非常有用的，可以筛选并提取出各种感兴趣的子数据框。

5.2.1 提取子数据框

正如前文所述，数据框可以看作是行和列组成的，因此，可以按行或列提取子数据框。如下例：

```
> examsquiz[2:5,]
  Exam.1 Exam.2 Quiz
2    3.3      2  3.7
3    4.0      4  4.0
4    2.3      0  3.3
5    2.3      1  3.3
> examsquiz[2:5,2]
[1] 2 4 0 1
> class(examsquiz[2:5,2])
[1] "numeric"
> examsquiz[2:5,2,drop=FALSE]
  Exam.2
2      2
3      4
4      0
5      1
> class(examsquiz[2:5,2,drop=FALSE])
[1] "data.frame"
```

注意，在第二条命令中，因为examsquiz[2:5,2]是向量，R会创建一个向量而不是另一个数据框。设定参数drop=FALSE，可以得到一个一列的数据框，这与在3.6节针对矩阵的情形相同。

也可以做筛选。下面这个例子描述如何提取出第一门考试成绩不低于3.8的所有学生组成的子数据框：

```
> examsquiz[examsquiz$Exam.1 >= 3.8,]
   Exam.1 Exam.2 Quiz
3       4    4.0  4.0
9       4    3.3  4.0
11      4    4.0  4.0
14      4    0.0  4.0
16      4    3.7  4.0
19      4    4.0  4.0
22      4    4.0  4.0
25      4    4.0  3.3
29      4    3.0  3.7
```

5.2.2　缺失值的处理

假设缺失第一个学生的第二门考试成绩。在准备数据文件的时候相应的那行是这样录入的：

```
2.0 NA 4.0
```

在后续的统计分析中，R总是尽量处理缺失数据。然而，在有些情况下，需要设置选项na.rm=TRUE来明确告诉R忽略缺失值。例如，在有缺失值的情况下，用R的mean()函数计算第二门考试的平均成绩将会跳过第一个学生的成绩然后再求平均值。否则R计算的均值只会是NA。

下面是个小例子：

```
> x <- c(2,NA,4)
> mean(x)
[1] NA
> mean(x,na.rm=TRUE)
[1] 3
```

2.8.2节介绍了subset()函数，使用这个函数不用自己设定na.rm=TRUE，这省去了很多麻烦。可以把它应用在数据框上来选择行。列名称将从给定数据框中获取。在本例中，代替这条语句：

```
> examsquiz[examsquiz$Exam.1 >= 3.8,]
```

可以运行下面的语句：

```
> subset(examsquiz,Exam.1 >= 3.8)
```

注意，可以不用这样写：

```
> subset(examsquiz,examsquiz$Exam.1 >= 3.8)
```

在有些情况下，希望从数据框中去掉含有一个以上缺失值NA的观测。要达到这个目的，用complete.cases()函数比较方便。

```
> d4
     kids states
1    Jack     CA
2    <NA>     MA
3 Jillian     MA
4    John   <NA>
> complete.cases(d4)
[1]  TRUE FALSE  TRUE FALSE
> d5 <- d4[complete.cases(d4),]
> d5
     kids states
1    Jack     CA
3 Jillian     MA
```

案例2和案例4是不完全的，这两个也就是complete.cases(d4)输出的结果里值为FALSE所代表的行。这样就可以利用上面的输出结果来选择完整的行。

5.2.3 使用rbind()和cbind()等函数

3.4节介绍的矩阵函数rbind()和cbind()也同样可以应用于数据框，前提是两个数据框有相同的行数或者列数。例如，可以用cbind()向数据框中添加新的列，要求新的列与原有的列长度相同。

用rbind()添加新行的时候，添加的行通常是数据框或者列表的形式：

```
> d
  kids ages
1 Jack   12
2 Jill   10
> rbind(d,list("Laura",19))
   kids ages
1  Jack   12
2  Jill   10
3 Laura   19
```

也可以用原有的列创建新的列。例如，增加一个表示第一门与第二门考试成绩之差的变量：

```
> eq <- cbind(examsquiz,examsquiz$Exam.2-examsquiz$Exam.1)
> class(eq)
[1] "data.frame"
> head(eq)
  Exam.1 Exam.2 Quiz examsquiz$Exam.2 - examsquiz$Exam.1
1 2.0 3.3 4.0 1.3
2 3.3 2.0 3.7 -1.3
3 4.0 4.0 4.0 0.0
```

```
4 2.3 0.0 3.3 -2.3
5 2.3 1.0 3.3 -1.3
6 3.3 3.7 4.0 0.4
```

新变量的名称过于笨拙：太长了，并且包含空格。可以用names()函数修改变量名称，不过最好还是利用数据框的列表属性，用下面的方式给原来的数据框添加一个长度相同的新列：

```
> examsquiz$ExamDiff <- examsquiz$Exam.2 - examsquiz$Exam.1
> head(examsquiz)
  Exam.1 Exam.2 Quiz ExamDiff
1    2.0    3.3  4.0      1.3
2    3.3    2.0  3.7     -1.3
3    4.0    4.0  4.0      0.0
4    2.3    0.0  3.3     -2.3
5    2.3    1.0  3.3     -1.3
6    3.3    3.7  4.0      0.4
```

这里做了什么呢？由于任何时候都可以给现有的列表添加新的组件，上面例子只是在列表/数据框examsquiz中添加了个组件ExamDiff。

利用循环补齐，可以向数据框添加长度不同的列：

```
> d
  kids ages
1 Jack   12
2 Jill   10
> d$one <- 1
> d
  kids ages one
1 Jack   12   1
2 Jill   10   1
```

5.2.4 使用apply()

如果数据框的每一列的数据类型相同，则可以对该数据框使用apply()函数。例如，可以查找每个学生的最高得分，如下所示：

```
> apply(examsquiz,1,max)
[1] 4.0 3.7 4.0 3.3 3.3 4.0 3.7 3.3 4.0 4.0 4.0 3.3 4.0 4.0 3.7 4.0 3.3 3.7 4.0
[20] 3.7 4.0 4.0 3.3 3.3 4.0 4.0 3.3 3.3 4.0 3.7 3.3 3.3 3.7 2.7 3.3 4.0 3.7 3.7
[39] 3.7
```

5.2.5 扩展案例：工资研究

在一项关于工程师和程序员的研究中，关注的问题是“最好的和最有前途的员工，也就是具有杰出才能的员工，到底有多少？”（一些细节现在有所改变）。

可用的政府数据非常有限。一种判别员工是否具有杰出才能的方法是查看实际工资与该地区该职位的普遍工资的比率，尽管这种方法也不是很完美。如果这个比率高于1.0很多，则可以认为员工是高水平人才。

我用R来预处理并分析了数据，本节将展示预处理过程的主要代码。首先，从文件中读取数据：

```
all2006 <- read.csv("2006.csv",header=TRUE,as.is=TRUE)
```

除了输入数据是电子数据表导出的CSV格式以外，read.csv()函数本质上跟read.table()是一样的，而美国劳工部（US Department of Labor， DOL）提供的数据集就是电子数据表的形式。参数as.is与5.1节提到的参数stringsAsFactors相反，所以在这里as.is设置为TRUE仅仅是stringsAsFactors=FALSE的另一种方式。

此时得到了数据框all2006，它包含2006年的全部数据。做如下筛选：

```
all2006 <- all2006[all2006$Wage_Per=="Year",] # exclude hourly-wagers
all2006 <- all2006[all2006$Wage_Offered_From > 20000,] # exclude weird cases
all2006 <- all2006[all2006$Prevailing_Wage_Amount > 200,] # exclude hrly prv wg
```

这些操作是典型的数据清理。多数大规模数据集都包含异常值——有的数据明显错误，有的数据统计口径不一致。必须在做分析之前纠正这些问题。

还需要创建一个新列，表示实际工资与普遍工资的比率：

```
all2006$rat <- all2006$Wage_Offered_From / all2006$Prevailing_Wage_Amount
```

由于后面要计算很多子数据集里这个新列的中位数，事先定义下面的函数来完成这项工作：

```
medrat <- function(dataframe) {
   return(median(dataframe$rat,na.rm=TRUE))
}
```

注意：缺失值（NA）在政府数据集中经常出现，需要先剔除。

为便于分析，提取关注的三种职业的子数据集：

```
se2006 <- all2006[grep("Software Engineer",all2006),]
prg2006 <- all2006[grep("Programmer",all2006),]
ee2006 <- all2006[grep("Electronics Engineer",all2006),]
```

这里使用了grep()函数来识别含有给定职位名称的行。关于这个函数的详细介绍请看第11章。

从公司的角度分析也是我们的关注点。定义下面的函数来提取给定公司的子数据集：

```
makecorp <- function(corpname) {
   t <- all2006[all2006$Employer_Name == corpname,]
   return(t)
}
```

然后创建若干公司的子数据集（在这里只显示了几家公司）。

```
corplist <- c("MICROSOFT CORPORATION","ms","INTEL CORPORATION","intel","
   SUN MICROSYSTEMS, INC.","sun","GOOGLE INC.","google")

for (i in 1:(length(corplist)/2)) {
   corp <- corplist[2*i-1]
   newdtf <- paste(corplist[2*i],"2006",sep="")
   assign(newdtf,makecorp(corp),pos=.GlobalEnv)
}
```

上面的代码有几点需要讨论。首先，我希望新创建的变量是顶级的（全局的）变量，经常在这个层面做交互分析。其次，用字符串创建新变量名，比如"intel2006"。由于这些原因,assign()函数非常好用。它既可以通过变量名的字符串来赋值，又能设置变量为顶级变量（7.8.2节将讨论这个问题）。

paste()函数用来拼接字符串，参数sep=""指定了不用任何字符来连接要拼接的字符串。

5.3　合并数据框

在关系型数据库的世界里，最重要的一个操作是合并：两张表根据某个共同变量的值组合到一起。相似地，R语言里两个数据框也可以用merge()函数合并在一起。

最简单的形式如下：

```
merge(x,y)
```

假设数据框x和y有一个或多个同名的列，上面这条语句可以合并这两个数据框。这有个例子：

```
> d1
     kids states
1    Jack     CA
2    Jill     MA
3 Jillian     MA
4    John     HI
> d2
  ages    kids
1   10    Jill
2    7 Lillian
3   12    Jack
> d <- merge(d1,d2)
> d
  kids states ages
1 Jack     CA   12
2 Jill     MA   10
```

这两个数据框都有变量kids。R在两个数据框里查找kids变量值相同的行（即Jack和Jill对应的行）。再用查找到的行和两个数据框里所有列（kids、states、ages）然后创建新的数据框。

函数merge()有两个参数by.x和by.y，用于标示出两个数据框里含有相同信息但名称不同的两个变量。例子如下：

```
> d3
  ages    pals
1   12    Jack
2   10    Jill
3    7 Lillian
> merge(d1,d3,by.x="kids",by.y="pals")
  kids states ages
1 Jack     CA   12
2 Jill     MA   10
```

虽然在两个数据框里，两个变量一个名为kids一个名为pals，但两个变量包含相同的信息，所以这样合并是有意义的。

重复匹配会在结果中全部出现，有时会得出错误的结果。

```
> d1
     kids states
1    Jack     CA
2    Jill     MA
3 Jillian     MA
4    John     HI
> d2a <- rbind(d2,list(15,"Jill"))
> d2a
  ages    kids
1   12    Jack
2   10    Jill
3    7 Lillian
4   15    Jill
> merge(d1,d2a)
  kids states ages
1 Jack     CA   12
2 Jill     MA   10
3 Jill     MA   15
```

在d2a中有两个Jill，一个是d1中住在马萨诸塞州（Massachusetts，MA）的Jill，而另一个Jill的居住地未知。在前面的例子中，merge(d1,d2)得出的只有一个Jill，且在两个数据框中为同一个人。在现在这个例子中，调用merge(d1,d2a)得出的结果按道理应该只能有一个Jill（住在马萨诸塞州的），但是现在却有两个Jill。这个小例子说明：选择匹配变量时必须小心谨慎。

扩展案例：员工数据库

下面的例子改编自我做过的一个咨询项目。讨论的主题是年老的员工是否跟年轻的员工有一样的绩效。数据包含了年龄和绩效得分，用以比较年老员工和年轻员工。数据中还有员工编号，这在连接两个数据文件DA和DB时非常重要。DA文件的文件头是这样的：

```
"EmpID","Perf 1","Perf 2","Perf 3","Job Title"
```

包括员工编号、三个绩效得分和职位名称的变量名。DB没有文件头，数据变量依次是雇员编号、入职时间和离职时间。

两个文件都是CVS格式的。数据清理阶段的部分工作是检查每一条记录所包含字段的个数是否正确。例如，DA的每条记录应该有5个字段，代码如下：

```
> count.fields("DA",sep=",")
 [1] 5 5 5 5 5 5 5 5 5 5 5 5 5 5 5 5 5 5 5 5 5 5 5 5 5 5 5 5 5 5 5 5 5 5
5 5 5 5
...
```

这里指定了文件DA的字段由逗号分隔。上面的函数报告了每条记录包含字段的个数，恰好都是5。

最好用all()函数来检查，而不是用眼睛直接看，代码如下：

```
all(count.fields("DA",sep=",") >= 5)
```

返回值是TRUE的话说明一切正常。或者采用下面这种形式：

```
table(count.fields("DA",sep=","))
```

这样可以得到包含五个字段、四个字段、六个字段……的记录的个数。

检查完之后，从文件里读取数据框：

```
da <- read.csv("DA",header=TRUE,stringsAsFactors=FALSE)
db <- read.csv("DB",header=FALSE,stringsAsFactors=FALSE)
```

还想检查字段里面是否有拼写错误，就要运行下面的代码：

```
for (col in 1:6)
   print(unique(sort(da[,col])))
```

将会给出每一列中不同取值的列表，这样就可以逐一查看，以寻找拼写错误。

以雇员编号作为匹配变量合并两个数据框，运行下面的代码：

```
mrg <- merge(da,db,by.x=1,by.y=1)
```

这里设定了两个数据框的第一列为合并变量（前面提到过，这里最好还是用变量名，而不是数字）。

5.4 应用于数据框的函数

与列表一样，lapply和sapply函数也可以应用于数据框。

5.4.1 在数据框上应用lapply()和sapply()函数

数据框是列表的特例，数据框的列构成了列表的组件。在数据框上应用lapply()函数，指定函数是f()。f()函数会作用于数据框的每一列，然后将返回值置于一个列表中。

例如，在前面的例子中，可以这样用lapply函数：

```
> d
  kids ages
1 Jack   12
2 Jill   10
> dl <- lapply(d,sort)
> dl
$kids
[1] "Jack" "Jill"

$ages
[1] 10 12
```

dl是由两个向量构成的列表，这两个向量是排序后的kids和ages。

注意，dl现在只是列表，而不是数据框。可以把它强制转化为数据框，如下：

```
as.data.frame(dl)
  kids ages
1 Jack   10
2 Jill   12
```

但是这样做没有意义，丢失了名字和年龄的对应关系。例如，Jack在这个列表里是10岁而不是12岁（如果想按照某一列的数值来给数据框排序，并且保持变量间的对应关系，则可以用6.3.3节中的方法）。

5.4.2 扩展案例：应用Logistic模型

现在用2.9.2节提到的鲍鱼数据建立Logistic模型，每次用高度、重量、环数等8个变量中的一个来预测性别。

Logistic模型用一个或多个解释变量预测0-1随机变量Y。函数值表示给定解释变量时Y=1的概率。假设只有一个解释变量X。则模型形式如下：

$$Pr(Y=1|X=t)=\frac{1}{1+\exp[-(\beta_0+\beta_1 t)]}$$

与线性回归模型类似，使用函数glm()并设置参数family=binomial，带入数据就可以估计出β_i值。

可以用sapply()来拟合8个单变量模型，针对除性别以外的8个变量，每个变量一个模型，拟合的过程只用一行代码：

```
1  aba <- read.csv("abalone.data",header=T)
2  abamf <- aba[aba$Gender != "I",]  # exclude infants from the analysis
3  lftn <- function(clmn) {
4     glm(abamf$Gender ~ clmn, family=binomial)$coef
5  }
6  loall <- sapply(abamf[,-1],lftn)
```

第1行和第2行代码读取数据框并剔除了幼鱼的观测值。第6行代码在子数据框上应用了sapply()函数，该子数据框是原数据框剔除第一列名为Gender的变量得到的。换句话说，这个八列的数据框是由八个解释变量组成的。然后在子数据框的每一列上都调用了lftn()函数。

第4行从数据框中取了一列作为输入，传递到形式参数clmn，用这列数据作为解释变量拟合了一个Logistic模型来预测性别。1.5节曾经提到普通回归函数lm()返回一个"lm"对象，它包含很多组件，其中一个组件是β_i的估计值$coefficients。glm()的返回值中也有这个组件。在不致混淆的情况下列表的组件名称可以缩写，所以把coefficients缩写成coef。

在最后，第6行返回八对β_i的估计值。请看：

```
> loall
               Length    Diameter  Height    WholeWt    ShuckedWt  ViscWt
(Intercept)  1.275832  1.289130  1.027872  0.4300827  0.2855054  0.4829153
clmn        -1.962613 -2.533227 -5.643495 -0.2688070 -0.2941351 -1.4647507
               ShellWt     Rings
(Intercept)  0.5103942  0.64823569
col         -1.2135496 -0.04509376
```

得到了一个2行8列的矩阵，矩阵的第j列是用第j个解释变量做Logistic回归时得到的β_i的一对估计值。

也可以用针对普通矩阵或数据框的apply()函数来得到相同的结果，不过经过测试，这种方法稍微慢些。差别可能在于矩阵分配时消耗的时间。

查看glm()的返回值是什么类：

```
> class(loall)
[1] "glm" "lm"
```

这说明loall实际有两个类："glm" 和"lm"。这是因为"glm"是"lm"的子类。第9章将详细介绍类。

5.4.3 扩展案例：学习中文方言的辅助工具

标准中文，在中国以外被称作Mandarin，官方称之为“普通话”或“国语”。如今大多数中国居民和许多海外华裔人士都会说普通话。不过，粤语、上海话等方言还在广泛使用。所以，一个想去香港做生意的北京商人会发现学点粤语会很有帮助。同样，许多香港商人也希望提高他们的普通话水平。来看看R是如何帮助学习者缩短学习过程吧。

方言之间的差异有时大得惊人。汉字“下”在普通话里发音是xia，在粤语里是ha，在上海话里是wu。由于这些读音的差异和语法的差异，许多语言学家干脆把这些语言当做不同的语言，而不仅仅是方言。（原书在这里用fangyan来指代方言，意为“区域性语言”，而不用英文dialect表示。——译者注）

来看看R如何帮助一种方言的使用者学习另一种方言。问题的关键在于方言之间的对应关系通常有某些模式。例如，上一段中“下”字经常出现声母的变换x → h，读音的变换相应为xia → ha，同理“香”字在普通话里读音是xiang，而在粤语里读音为heung。注意，这里提到的韵母变换iang → eung也是经常出现的。懂得这些变换可以提高普通话使用者学习粤语的学习速度，这是本节阐述的背景。

我们到现在还没有提到声调。所有的方言都是有声调之分的，有时它们之间也有对应的模式，这就有可能给方言学习者提供进一步的帮助。不过，本节并不会沿着这条路走。本节代码中会涉及声调，但并不试图分析如何从一种方言的声调变换到另一种方言的声调。为简单起见，本节不考虑元音开头的汉字、多音字、无声调的汉字以及其他特殊情况。

尽管普通话中的声母x经常变换到h，如前面的例子所示，但它有时也会变换到s或y，以及其他声母。例如，中文中著名的短语“谢谢”中的“谢”字，在普通话里读音为xie，而在粤语里读音是je。在这里，声母的变换是x → j。

获得一份语音变换和出现频率的列表对学习者来说是非常有帮助的。用R做这项工作非常合适。本章稍后展示的函数mapsound()就能完成这项工作。它所依赖的其他函数也将在后面展示出来。

为了解释mapsound()函数的功能，需要引入了几个术语，术语的含义用前面x → h的例子可以说明。称x为源值，称h和s等等为映射值。（这里的映射和前面讲的变换是同一个意思，下同——译者注。）

以下是正式的参数：

- df：由两种方言的读音数据组成的数据框。
- fromcol和tocol：df中源列和映射列的名称。
- sourceval：待映射的源值，如前面例子中的x。

canman8是典型的由两种方言组成的数据框，将用做df参数，下面是它的前6行：

```
> head(canman8)
  Ch char    Can    Man Can cons Can sound Can tone Man cons Man sound Man tone
1       一   yat1    yi1        y        at        1        y         i 1
2       丁 ding1  ding1        d       ing        1        d       ing 1
3       七  chat1    qi1       ch        at        1        q         i 1
4       丈 jeung6 zhang4        j      eung        6       zh       ang 4
5       上 seung5 shang3        s      eung        5       sh       ang 3
6       下    ha5   xia4        h         a        5        x        ia 4
```

函数将返回一个列表，包含两个组件：

- counts：整数向量，以映射值为索引，显示这些映射值的个数。向量的元素是根据映射值来命名的。
- images：汉字向量的列表。同样，列表的索引也是映射值，每个向量包含给定映射值所对应的所有汉字。

为了更具体说明，请看下面的例子：

```
> m2cx <- mapsound(canman8,"Man cons","Can cons","x")
> m2cx$counts
ch  f  g  h  j  k kw  n  s  y
15  2  1 87 12  4  2  1 81 21
```

可以看到x有15次映射到ch，有2次映射到f，以此类推。注意，我们可以对m2cx$counts调用sort()函数来按顺序排列映射的像，按照频率从高到低的顺序。

如果说普通话的人在学粤语时，想知道以普通话拼音x开头的字的粤语发音，那么很可能读作h或s。像这样的小工具可以给学习过程带来一点帮助。

为了识别更多的模式，例如学习者可能希望知道在哪些汉字里x映射到ch。从前面的例子的结果可知这样的汉字有六个。是哪六个呢？

这个信息保存在images里。正如前面提到的，images是向量的列表。我们现在感兴趣的是与ch对应的向量：

```
> head(m2cx$images[["ch"]])
     Ch char   Can  Man Can cons Can sound Can tone Man cons Man sound Man tone
613       嗅 chau3 xiu4       ch        au        3        x        iu 4
982       尋 cham4 xin2       ch        am        4        x        in 2
1050      巡 chun3 xun2       ch        un        3        x        un 2
1173      徐 chui4  xu2       ch        ui        4        x         u 2
1184      循 chun3 xun2       ch        un        3        x        un 2
1566      斜  che4 xie2       ch         e        4        x        ie 2
```

让我们查看一下代码。在查看mapsound()函数的代码之前，来看看另一个辅助的函数。这里假设输入到mapsound()的数据框df是由两个方言的数据框合并而成的。例如，本例中输入的粤语数据框的前几行是这样的：

```
> head(can8)
  Ch char   Can
1      一  yat1
2      乙 yuet3
3      丁 ding1
4      七 chat1
5      乃 naai5
6      九  gau2
```

普通话的数据框和它类似。需要把这两个数据框合并成前文所说的canman8。下文列出的代码不仅合并了数据框，还把汉字的拼音分隔成了声母、韵母和声调。例如，把ding1分隔为d、ing和1。

也可以从相反的方向探索变换的模式，即从粤语到普通话，这里涉及汉字的韵母部分。例如，用下面的命令寻找哪些汉字的粤语读音的韵母含有eung：

```
> c2meung <- mapsound(canman8,c("Can cons","Man cons"),"eung")
```

接着可以研究相应的普通话读音。

下面的代码用来完成上述工作：

```
1  # merges data frames for 2 fangyans
2  merge2fy <- function(fy1,fy2) {
3     outdf <- merge(fy1,fy2)
4     # separate tone from sound, and create new columns
5     for (fy in list(fy1,fy2)) {
6        # saplout will be a matrix, init cons in row 1, remainders in row
7        # 2, and tones in row 3
8        saplout <- sapply((fy[[2]]),sepsoundtone)
9        # convert it to a data frame
10       tmpdf <- data.frame(fy[,1],t(saplout),row.names=NULL,
11          stringsAsFactors=F)
12       # add names to the columns
13       consname <- paste(names(fy)[[2]]," cons",sep="")
14       restname <- paste(names(fy)[[2]]," sound",sep="")
15       tonename <- paste(names(fy)[[2]]," tone",sep="")
16       names(tmpdf) <- c("Ch char",consname,restname,tonename)
17       # need to use merge(), not cbind(), due to possibly different
18       # ordering of fy, outdf
19       outdf <- merge(outdf,tmpdf)
20    }
21    return(outdf)
22 }
23
24 # separates romanized pronunciation pronun into initial consonant, if any,
25 # the remainder of the sound, and the tone, if any
26 sepsoundtone <- function(pronun) {
27    nchr <- nchar(pronun)
28    vowels <- c("a","e","i","o","u")
29    # how many initial consonants?
30    numcons <- 0
31    for (i in 1:nchr) {
32       ltr <- substr(pronun,i,i)
33       if (!ltr %in% vowels) numcons <- numcons + 1 else break
34    }
35    cons <- if (numcons > 0) substr(pronun,1,numcons) else NA
36    tone <- substr(pronun,nchr,nchr)
37    numtones <- tone %in% letters  # T is 1, F is 0
38    if (numtones == 1) tone <- NA
39    therest <- substr(pronun,numcons+1,nchr-numtones)
40    return(c(cons,therest,tone))
41 }
```

即使是合并过程的代码也并不简单。这段代码做了若干简化的假设，不包括一些重要的情况。文本分析永远不适合内心脆弱的人。

见第3行代码，合并的过程是以调用merge()函数开始的，这并不意外。这一步创建了新的数据框outdf，随后将把分隔开的语音元素当做新的列添加到outdf中。

那么现在的工作就是把拼音分隔成语音元素。为此，第5行代码针对两个输入的数据框做了个循环。在每次迭代中，把当前数据框分隔为语音元素，并把结果添加到outdf里，如第19行代码所示。注意，在这行之前有行注释，提示在这种情况下使用cbind()并不合适。

实际的分隔过程是在第8行代码完成的。选取一列拼音，如下所示：

```
yat1
yuet3
ding1
chat1
naai5
gau2
```

把它分隔成3列，依次为声母、韵母和声调。例如，把yat1分隔成y、at和1。

非常自然地会想到用apply类的函数来处理，于是在第8行使用了sapply()函数。当然，这需要我们写一个合适的函数来使用。（如果运气好的话，在R里存在现成的函数就可以完成任务，但经常没那么好运）从第26行开始，用到的函数是sepsoundtone()。

sepsoundtone()函数大量用到R的substr()函数（用来提取子字符串），这个函数将在第11章详细介绍。第31行的循环，直到收集到所有的声母（例如ch）才停止。在第40行，返回值包含从参数pronun代表的拼音中提取出来的三个语音元素。

第37行用到了R内置的常量letters。这里用到它是为了检测给定的字符是否为数字，即是否为声调。有的拼音是没有声调的。

第8行返回一个3行1列的矩阵，每行包含3个语音元素的一个。第10行把这个矩阵转化为数据框，以便在第19行与outdf合并。

这里调用了矩阵转置函数t()来把信息放入列中，而不是放入行中。这样做是必要的，因为数据框是按列存储。数据框里还包括fy[,1]，即汉字本身，这样就和outdf有相同的列，以便在第19行调用merge()函数。

回到代码查看一下mapsound()函数，它其实比前面合并过程的代码更简单。

```
1  mapsound <- function(df,fromcol,tocol,sourceval) {
2     base <- which(df[[fromcol]] == sourceval)
3     basedf <- df[base,]
4     # determine which rows of basedf correspond to the various mapped
5     # values
6     sp <- split(basedf,basedf[[tocol]])
7     retval <- list()
8     retval$counts <- sapply(sp,nrow)
9     retval$images <- sp
10    return(retval)
11 }
```

参数df是两种方言组成的数据框，它也是merge2fy()函数的输出。参数fromcol和tocol是源列和映射列的名称。字符串sourceval是待映射的源值。具体来说，前面例子中的sourceval就是x。

第一项任务是确定df中的哪些行与sourceval相对应。第2行直接应用which()函数就完成了这项任务。得到的信息在第3行中用来提取相关的子数据框。

在后一个数据框里，考虑basedf[[tocol]]在第6行采用的形式。这些是x映射成为的值，也就是ch、h等。第6行的作用是决定basedf的哪些行包含哪些映射值。在这里使用了R的split()函数。本书6.2.2节将详细介绍split()函数，不过这里最突出的特点是：sp是由数据框组成的列表，这些数据框分别对应的是ch、h等。

这给第8行做了准备。由于sp是数据框的列表，每个数据框对应的是映射值，通过使用sapply()在每个数据框上应用nrow()函数可以求得每个映射值所对应汉字的个数，比如映射x → ch对应的汉字个数（在前面的例子中为15）。

这段代码有一定的复杂性，正好可以借机讲讲编程风格。有的读者可能会指出，第2行和第3行可以用下面这行代替：

```
basedf <- df[df[[fromcol]] == sourceval,]
```

这很正确，但是对我来说，上面这行有太多括号了，比较难读。我个人的偏好是，如果操作太复杂，就拆分成几步做。

同理，最后几行代码也可以压缩成一行：

```
list(counts=sapply(sp,nrow),images=sp)
```

除此以外，这里没有调用return()，可认为是为了提高代码运行速度。在R中，就算不调用return()，函数定义中最后计算的值会自动返回。尽管如此，这里节省的时间是微不足道的，而且我个人认为加上return()会更清楚些。

第 ⑥ 章

因子和表

因子（factor）是R语言中许多强大运算的基础，包括许多针对表格数据的运算。因子的设计思想来源于统计学中的名义变量（nominal variables），或称之为分类变量（categorical variables），这种变量的值本质上不是数字，而是对应为分类，例如民主党、共和党和无党派，尽管可以用数字对它们编码。

我们在本章开头部分介绍如何寻找因子中包含的额外信息，然后重点介绍与因子有关的函数。我们也将探讨表[㊀]及其常用运算。

6.1 因子与水平

在R中，因子可以简单地看作一个附加了更多信息的向量（尽管它们内部机理是不同的，如下所示）。这额外的信息包括向量中不同值的记录，称为“水平”（level）。下面是一个例子：

```
> x <- c(5,12,13,12)
> xf <- factor(x)
> xf
[1] 5  12 13 12
Levels: 5 12 13
```

xf中的不同数值（5、12、13）就是水平。

让我们看看xf的内部：

```
> str(xf)
 Factor w/ 3 levels "5","12","13": 1 2 3 2
> unclass(xf)
[1] 1 2 3 2
attr(,"levels")
[1] "5"  "12" "13"
```

这是具有启发性的。这里xf的核心不是(5,12,13,12)而是(1,2,3,2)。后者意味着我们的数据是由水平1的值、接着水平2和水平3的值，最后是水平2的值构成。因此数据已经重新编码为水平。当然水平本身也被记录，尽管是记作字符，例如"5"，而不是数值5。

㊀ 在本章，“表”是频数表和列联表的总称。——译者注

因子的长度定义为数据的长度，而不是水平的个数。

```
> length(xf)
[1] 4
```

我们可以提前插入新的水平，如下所示：

```
> x <- c(5,12,13,12)
> xff <- factor(x,levels=c(5,12,13,88))
> xff
[1] 5  12 13 12
Levels: 5 12 13 88
> xff[2] <- 88
> xff
[1] 5  88 13 12
Levels: 5 12 13 88
```

最初，xff不包含值88，但在定义它的时候，我们就允许了将来这种可能性。接下来，我们的确增加了这个值。

由于同样的原因，你不能添加一个“非法”的水平。如果这样做的时候，会出现这样的提示：

```
> xff[2] <- 28
Warning message:
In `[<-.factor`(`*tmp*`, 2, value = 28) :
  invalid factor level, NAs generated
```

6.2 因子的常用函数

对于因子的操作，我们还有apply函数家族的另一个成员，tapply。接下来介绍该函数以及用于因子的另外两个常用函数：split()和by()。

6.2.1 tapply函数

我们假设有一个关于选民年龄的向量x，以及一个因子f，表示这些选民的一些非数值特征，例如党派（民主党、共和党、无党派）。我们希望找到x中每个党派的平均年龄。

在典型的用法中，调用tapply(x,f,g)需要向量x、因子或因子列表f以及函数g。在上面这个小例子中，函数g()是R语言的内置函数mean()。如果我们想用党派以及另一个因子（例如性别）分组，则我们需要f由党派和性别这两个因子构成。

在f中每个因子需要与x具有相同的长度。根据上面这个选民的例子，这是有道理的；我们需要与年龄同样多的党派数据。如果f的一部分是向量，则需要用函数as.factor()强制将其转化为因子。

tapply()执行的操作是，（暂时）将x分组，每组对应一个因子水平（或在多重因子的情况下对应一组因子水平的组合），得到x的子向量，然后这些子向量应用函数g()。

这里是一个例子：

```
> ages <- c(25,26,55,37,21,42)
> affils <- c("R","D","D","R","U","D")
> tapply(ages,affils,mean)
 D  R  U
41 31 21
```

让我们看看发生了什么。函数tapply()把向量("R","D","D","R","U","D")作为具有水平"D"、"R"和"U"的因子。它注意到"D"出现在索引2、3、6的位置；"R"出现在索引1、4的位置，"U"出现在索引5的位置。为了方便起见，我们分别用x、y、z指代这三个索引向量(2,3,6)、(1,4)和(5)。然后，tapply()计算mean(u[x])、mean(u[y])和mean(u[z])，并将这些均值返回到三元向量。该向量的元素名称分别为"D"、"R"和"U"，反映出tapply()函数所调用的因子水平。如果我们有两个或两个以上的因子呢？则每个因子将产生一系列的组，如前面这个例子那样，这些组会被结合在一起。作为一个例子，假设有一个经济数据集，其中包含性别、年龄和收入的变量。在这里，调用tapply(x,f,g)可以是令x为收入，f为一对因子：一个因子性别，另一个因子为此人年龄是否大于25的编码。我们感兴趣的是找出按性别和年龄划分的人群平均收入。如果我们设置g()为mean()，tapply将返回这四个子组每一组的平均收入。

- 25岁以下的男性
- 25岁以下的女性
- 25岁以上的男性
- 25岁以上的女性

这里是该设定下的代码：

```
> d <- data.frame(list(gender=c("M","M","F","M","F","F"),
+    age=c(47,59,21,32,33,24),income=c(55000,88000,32450,76500,123000,45650)))
> d
  gender age income
1      M  47  55000
2      M  59  88000
3      F  21  32450
4      M  32  76500
5      F  33 123000
6      F  24  45650
> d$over25 <- ifelse(d$age > 25,1,0)
> d
  gender age income over25
1      M  47  55000      1
2      M  59  88000      1
3      F  21  32450      0
4      M  32  76500      1
5      F  33 123000      1
6      F  24  45650      0
> tapply(d$income,list(d$gender,d$over25),mean)
      0         1
F 39050 123000.00
M    NA  73166.67
```

我们设定了两个因子，一个是性别，另一个是指示变量，表征年龄是否大于25。由于这两个因子每个都有两个水平，tapply()会将收入数据分为四组，每一组代表性别和年龄的一种组合，然后对每一组应用函数mean()。

6.2.2 split()函数

tapply()是将向量分割为组，然后针对每个组应用指定的函数，与之不同的是，split()在第一步就停止了，只是形成分组。

除去花哨的参数，其基本形式是split(x,f)，这里的x和f与tapply(x,f,g)中的意义类似，即x为向量或数据框，f为因子或因子的列表。该函数可以把x划分为组，并返回分组的列表（注意，x在split()中可以是数据框，而在tapply()中不可以）。

让我们试试前面的例子：

```
> d
  gender age income over25
1      M  47  55000      1
2      M  59  88000      1
3      F  21  32450      0
4      M  32  76500      1
5      F  33 123000      1
6      F  24  45650      0
> split(d$income,list(d$gender,d$over25))
$F.0
[1] 32450 45650

$M.0
numeric(0)

$F.1
[1] 123000

$M.1
[1] 55000 88000 76500
```

split()的输出是一个列表，回顾前文可知列表中的组件要用美元符号来调用。因此，例子中最后一个向量的名称为"M.1"，表明它是结合第一因子中"M"和第二因子中"1"的结果。

来看另一个例子，考虑在2.9.2中提到的鲍鱼数据。我们希望确定向量中雄性、雌性和幼虫的元素索引。在那个小例子中，把由七个观测值构成的向量数据("M","F","F","I","M","M","F")赋值给g。这可以使用split()迅速地完成任务。

```
> g <- c("M","F","F","I","M","M","F")
> split(1:7,g)
$F
[1] 2 3 7

$I
```

```
[1] 4

$M
[1] 1 5 6
```

结果显示雌性出现在第2、3和第7条记录；幼虫出现在第4条记录；而雄性出现在记录1、5和6。

让我们一步一步分析。向量g，作为因子，有三个水平"M"、"F"和"I"。对应到第一水平的索引值为1、5和6，这意味着g[1]、g[5]和g[6]具有值"M"。因此，输出结果中的组件M为向量1:7的第1、5和第6元素，即向量(1,5,6)。

我们可以采用类似的方法来简化4.2.4节中文本词汇索引例子的代码。在那个例子中，输入一个文本文件，希望程序能确定文本中有哪些单词，然后输出一个列表，给出单词和它们在文本中的位置。可以使用split()来简短地编写代码，如下：

```
1  findwords <- function(tf) {
2     # read in the words from the file, into a vector of mode character
3     txt <- scan(tf,"")
4     words <- split(1:length(txt),txt)
5     return(words)
6  }
```

调用scan()读取文件tf，将读入的单词以列表txt的形式返回。因此，txt[[1]]包含从文件读入的第一个单词，txt[[2]]包含第二个单词，以此类推。length(txt)因此将是读取到的单词总数。例如假设单词总数为220。

同时，txt本身，作为split()的第二个参数，将被视为因子。该因子的水平将是文件中的不同单词。例如，假设该文件包含6个“world”和10个“climate”，则“world”和“climate”是txt的两个水平。调用split()将确定这些单词在txt中出现的位置。

6.2.3 by()函数

假设在鲍鱼例子中，我们希望对不同的性别编码组（即雄性、雌性和幼虫）分别做直径对长度的回归分析。乍一看，似乎函数tapply()很适合这项任务，但该函数的第一个参数必须是向量，而不是矩阵或数据框。被调用的函数可以是多变量函数，例如range()，但输入必须是向量。然而回归的输入是一个至少两列的矩阵（或数据框）：一列是被预测的变量（predicted variable），另一列或多列是预测变量（predictor variables）。在我们的鲍鱼数据应用中，矩阵由一列直径数据和一列长度数据构成。

这里可以使用by()函数。它与tapply()（实际上它是在内部调用的）的运作方式类似，但by()应用于对象而不仅是向量。如何用它做回归分析，如下代码所示：

```
> aba <- read.csv("abalone.data",header=TRUE)
> by(aba,aba$Gender,function(m) lm(m[,2]~m[,3]))
aba$Gender: F
Call:
lm(formula = m[, 2] ~ m[, 3])
```

```
Coefficients:
(Intercept)       m[, 3]
    0.04288      1.17918

------------------------------------------------------------
aba$Gender: I

Call:
lm(formula = m[, 2] ~ m[, 3])

Coefficients:
(Intercept)       m[, 3]
    0.02997      1.21833

------------------------------------------------------------
aba$Gender: M

Call:
lm(formula = m[, 2] ~ m[, 3])

Coefficients:
(Intercept)       m[, 3]
    0.03653      1.19480
```

by()的调用方式看上去与tapply()非常相似，第一个参数指定数据，第二个为分组因子，第三个是应用于每组的函数。

正如tapply()根据因子的水平构建索引的分组，函数by()会查找出数据框aba不同分组的行号。从而产生三个子数据框：分别对应于三个性别水平雄性（M）、雌性（F）和幼虫（I）。

我们定义的匿名函数，把矩阵参数m的第二列对第三列做回归。该函数会被调用三次，每一次都作用于前面创建的子数据框，这样就进行了三个回归分析。

6.3 表的操作

首先，通过下面的例子来探索一下R语言中的表（table）：

```
> u <- c(22,8,33,6,8,29,-2)
> fl <- list(c(5,12,13,12,13,5,13),c("a","bc","a","a","bc","a","a"))
> tapply(u,fl,length)
   a bc
5  2 NA
12 1  1
13 2  1
```

正如你在前文看到过的，函数tapply()在这里又临时将向量u划分成6个子向量，然后把函数length()应用到每个子向量（注意，求长度的运算不依赖于u有什么元素，所以现在只用关注因子）。那些子向量的长度是两个因子的6种组合中每种情况的出现次数。例如，5出现了两次"a"，没出现过"bc"；因此，在运行结果的第一行就是2和NA。在统计学中，这称为列联表（*contingency table*）。

然而，在这个例子中存在一个问题：缺失值NA。事实上，这个值应该是0，意思是没有第一因子是5且第二因子是"bc"的案例。用table()函数创立了表如下：

```
> table(fl)
    fl.2
fl.1 a bc
  5  2  0
  12 1  1
  13 2  1
```

函数table()第一个参数是因子或者因子的列表。这里，两个因子是(5,12,13,12,13,5,13)和("a","bc","a","a","bc","a","a")。在这种情况下，一个能被当做因子的对象的频数就为1。

数据框通常作为table()的数据参数。例如，对于一个民意选举数据文件ct.dat，其中，候选人X正在竞选连任。这份ct.dat文件如下:

```
"Vote for X" "Voted For X Last Time"
"Yes" "Yes"
"Yes" "No"
"No" "No"
"Not Sure" "Yes"
"No" "No"
```

在通常的统计学中，文件中每行都表示一个受访者。在这种例子中，我们已经针对下面的两个问题询问了5个人：

- 你会投票给候选人X吗?
- 上一次选举你选了候选人X吗?

这在数据文件中呈现的是5行。

先来读入数据：

```
  > ct <- read.table("ct.dat",header=T)
  > ct
  Vote.for.X Voted.for.X.Last.Time
1        Yes                   Yes
2        Yes                    No
3         No                    No
4   Not Sure                   Yes
5         No                    No
```

我们用table()函数来生成该数据的表：

```
> cttab <- table(ct)
> cttab
         Voted.for.X.Last.Time
Vote.for.X No Yes
```

```
No        2  0
Not Sure  0  1
Yes       1  1
```

举例来说，此表左上角的2表明有两个人对第一个和第二个问题都回答了“No”。中间右侧的1表明有一个人对第一个问题回答“不确定”，而对第二个问题回答“Yes”。

用下面的操作，还可以得到一维的频数表，也就是每个因子的频数：

```
> table(c(5,12,13,12,8,5))

5  8 12 13
2  1  2  1
```

下面还有个三维表的例子，涉及投票人的性别、种族（包括白种人、黑种人、亚裔等）以及政治观点（自由派或保守派）：

```
> v # the data frame
  gender race pol
1 M W L
2 M W L
3 F A C
4 M O L
5 F B L
6 F B C
> vt <- table(v)
> vt
, , pol = C
      race
gender A B O W
     F 1 1 0 0
     M 0 0 0 0

, , pol = L

      race
gender A B O W
     F 0 1 0 0
     M 0 0 1 2
```

R把三维表以一系列二维表的形式打印出来。在这里例子中，R生成了保守派的性别和种族的表，以及自由派的表。例如，第二个二维表显示出存在两个白人男性自由派。

6.3.1 表中有关矩阵和类似数组的操作

正如大多数（非数学的）矩阵/数组运算可以用在数据框上，这些运算也能用于表中。（并不奇怪，因为table对象中单元格频数部分就是数组。）

例如，我们可以使用矩阵符号来访问表的单元格频数。以之前的投票数据为例：

```
> class(cttab)
[1] "table"
> cttab[1,1]
[1] 2
> cttab[1,]
 No Yes
  2   0
```

尽管第一条命令已经显示出cttab属于table类，但是在第二条命令当中，我们还是将它作为矩阵进行处理，并打印出它的“[1,1]元素”。继续这个想法，第三条命令打印出了该“矩阵”的第一列。

我们可以用标量乘以这个矩阵。例如，下面代码的目的是等比例改变单元格的频数：

```
> cttab/5
          Voted.for.X.Last.Time
Vote.for.X  No Yes
  No       0.4 0.0
  Not Sure 0.0 0.2
  Yes      0.2 0.2
```

在统计学中，变量的边际值就是保持该变量为常数时对其他变量求和所得的结果。在票选的例子中，Vote.for.X 变量的边际值是2 + 0 = 2, 0 + 1 = 1,和1 + 1 = 2。当然，我们可以通过矩阵apply()函数来获取这些：

```
> apply(cttab,1,sum)
      No Not Sure      Yes
       2        1        2
```

需要注意的是，这里的标签，如No，是来自矩阵的行名称，而这是由table()函数产生的。

但是，R提供了一个函数addmargins()来解决计算边际值的问题。具体例子如下：

```
> addmargins(cttab)
          Voted.for.X.Last.Time
Vote.for.X No Yes Sum
  No        2   0   2
  Not Sure  0   1   1
  Yes       1   1   2
  Sum       3   2   5
```

此时，我们一次性获得两个维度的边际数据，并且非常方便地叠加在原来的表中。

我们可以使用函数dimnames()获得维度的名称和水平值，具体如下：

```
> dimnames(cttab)
$Vote.for.X
[1] "No"       "Not Sure" "Yes"

$Voted.for.X.Last.Time
[1] "No"  "Yes"
```

6.3.2 扩展案例：提取子表

下面继续用选举的例子：

```
> cttab
           Voted.for.X.Last.Time
Vote.for.X No Yes
  No        2   0
  Not Sure  0   1
  Yes       1   1
```

假定我们需要在一个会议中展示数据，重点关注的是那些知道自己在本次选举中将会投票给X的调查对象。换句话说，我们希望消除不确定（Not Sure）的条目，然后呈现类似于下面的子表：

```
           Voted.for.X.Last.Time
Vote.for.X No Yes
  No        2   0
  Yes       1   1
```

下文提出的函数subtable()可以完成子表的提取。它有两个参数：

- tbl：感兴趣的表，它是“table”类的对象。
- subnames：是一个列表，用来设定想要提取的子表。该列表的每个组件都是以tbl的某个维度命名，组件的值是所需水平的名称向量。

因此，在看具体代码之前，先看一下这个例子有什么。参数cttab将是一个二维表，维度的名字分别是Voted.for.X和Voted.for.X.Last.Time。在这两个维度中，第一维中各水平的名称是No、Not Sure和Yes，第二维中各水平的名称是N和Yes。其中，我们希望剔除Not Sure的案例，所以形式参数subnames的实际值为：

```
list(Vote.for.X=c("No","Yes"),Voted.for.X.Last.Time=c("No","Yes"))
```

现在我们调用函数subtable()：

```
> subtable(cttab,list(Vote.for.X=c("No","Yes"),
+     Voted.for.X.Last.Time=c("No","Yes")))
           Voted.for.X.Last.Time
Vote.for.X No Yes
       No   2   0
       Yes  1   1
```

现在我们大致知道函数具体是做什么的。下面来看一下它的内部结构：

```
1  subtable <- function(tbl,subnames) {
2     # get array of cell counts in tbl
3     tblarray <- unclass(tbl)
4     # we'll get the subarray of cell counts corresponding to subnames by
5     # calling do.call() on the "[" function; we need to build up a list
6     # of arguments first
```

```
7      dcargs <- list(tblarray)
8      ndims <- length(subnames) # number of dimensions
9      for (i in 1:ndims) {
10        dcargs[[i+1]] <- subnames[[i]]
11     }
12     subarray <- do.call("[",dcargs)
13     # now we'll build the new table, consisting of the subarray, the
14     # numbers of levels in each dimension, and the dimnames() value, plus
15     # the "table" class attribute
16     dims <- lapply(subnames,length)
17     subtbl <- array(subarray,dims,dimnames=subnames)
18     class(subtbl) <- "table"
19     return(subtbl)
20  }
```

那么，这里发生了什么？在写这段代码之前，我首先研究了一下“table”类的对象的结构。通过看table()函数的代码，可以发现它的核心在于，“table”类的对象由一个数组构成，该数组的元素就是表的单元格频数。因此，编写代码的策略就是先提取所需的子数组，然后给子数组添加维度名称，最后给结果赋予“table”类的属性。

上面这段代码，第一项任务就是构建与用户所需子表对应的子数组，这占到了全部代码的大部分。最后，在第3行，我们首先提取整个单元格频数数组，并将其储存在tblarray中。问题就在于如何用它寻找所需的子数组。原则上，这是很容易的，但是，实际上没那么简单。

为得到所需的子数组，需要用到数组tblarray子集的表达式，具体如下：

```
tblarray[some index ranges here]
```

在票选的例子中，表达式如下：

```
tblarray[c("No","Yes"),c("No","Yes")]
```

这个概念虽然简单，但很难直接用。因为tblarray可能有不同的维数（2、3或者是其他）。前文提到过，R的数组下标运算（英文是array subscripting，也就是提取子数组的运算，也称为数组筛选——译者注）是通过一个名为"["()的函数来完成的。这个函数的参数个数可变，比如对二维数组有两个参数，对三维数组有三个参数，以此类推。

这个问题可以用R的函数do.call()来解决。这个函数有下面的基本形式：

```
do.call(f,argslist)
```

这里，f是一个函数，而argslist是函数f()的参数列表。换句话说，之前的代码基本是这样做的：

```
f(argslist[[1],argslist[[2]],...)
```

这使得调用参数个数可变的函数变得很简单。

在我们的例子中，需要建立一个列表，该列表第一项是tblarray，接下来是用户所需的每个维度的水平，如下：

```
list(tblarray,Vote.for.X=c("No","Yes"),Voted.for.X.Last.Time=c("No","Yes"))
```

从第7行到第11行的代码建起了一般情形下的参数列表。然后得到我们需要的子数组。接下来，我们需要给子数组设置维度名称，并给它赋予“table”类的属性。前一个操作是通过R中的函数array()完成，具体如下：

- data：存放到新数组中的数据。本例中为subarray。
- dim：维度的长度（行数、列数、层数等）。在本例中，这个参数的值是第16行代码计算出的ndims。
- dimnames：维度的名称和水平的名称，已经由用户提供的参数subnames所指定。

虽然这个函数的概念稍微有些复杂，不过一旦你掌握了“table”类的内部结构，编写它的代码就会变得更容易一些。

6.3.3 扩展案例：在表中寻找频数最大的单元格

如果一张表有很多行或很多维的话，浏览它的数据是比较困难的。一种方法是关注频数最大的单元格。这就是下文将给出的函数tabdom()的目的，它表示了一个表中最显著的频数。下面是一个简单的调用：

```
tabdom(tbl,k)
```

函数会给出表tbl中频数占前k位的单元格。

下面是一个例子：

```
> d <- c(5,12,13,4,3,28,12,12,9,5,5,13,5,4,12)
> dtab <- table(d)
> tabdom(dtab,3)
   d Freq
3  5    4
5 12    4
2  4    2
```

函数的结果显示数值5和12是d中频数最大的前两个，都出现了4例，下一个频数最大的数值是4，出现了2例。（左边的3、5和2实际上是多余信息；这是在把表转化为数据框的时候产生的，详见后文的讨论。）

再举一个例子，考虑前面章节提到的表cttab：

```
> tabdom(cttab,2)
  Vote.for.X Voted.For.X.Last.Time Freq
1         No                    No    2
3        Yes                    No    1
```

因此，No-No组合的频数最大，有两例，Yes-No组合的频数是第二大的，有一例[⊖]。

那么，这是怎么做到的呢？看起来似乎很复杂，但是实际上只用了一个小技巧就轻松完成了，这个技巧是这样的：可以用数据框的形式展现表。下面再用表cttab做解释：

```
> as.data.frame(cttab)
  Vote.for.X Voted.For.X.Last.Time Freq
1         No                    No    2
2   Not Sure                    No    0
3        Yes                    No    1
4         No                   Yes    0
5   Not Sure                   Yes    1
6        Yes                   Yes    1
```

需要注意的是，这已经不是从构建cttab表时的原始数据框ct。这只是表本身的不同表现形式。对于因子每个组合，只有一行数据与之对应，并且多了个Freq列表示每个组合中案例的频数。后面这一点使得我们的任务变得容易多了。

```
1  # finds the cells in table tbl with the k highest frequencies; handling
2  # of ties is unrefined
3  tabdom <- function(tbl,k) {
4     # create a data frame representation of tbl, adding a Freq column
5     tbldf <- as.data.frame(tbl)
6     # determine the proper positions of the frequencies in a sorted order
7     freqord <- order(tbldf$Freq,decreasing=TRUE)
8     # rearrange the data frame in that order, and take the first k rows
9     dom <- tbldf[freqord,][1:k,]
10    return(dom)
11 }
```

代码的注释已经很好地解释了代码的意思。

第7行使用函数order()做排序的方法，是一种对数据框排序的标准方法（推荐记住该函数，因为经常会用到）。

这里将表转化为数据框的方法，也可以在6.3.2节中使用。不过，你需要小心，从因子中去除水平，以避免单元格中出现0。

6.4　其他与因子和表有关的函数

除了前面提到的函数之外，R语言还有一系列可以方便地处理表和因子函数。我们将在这里讨论其中两个：aggregate()与cut()。

⊖　但是，Not Sure-Yes组合和Yes-Yes组合都只有一个案例，难道不应该和Yes-No一起并列第二位吗？当然是这样的。我的代码忽略了并列的情况，鼓励读者按照这个方向自己来完善我的代码。

注意 Hadley Wickham的reshape包"让你可以只需使用两个函数melt和cast，就能灵活地重构和汇总数据"。此包可能需要一段时间来学习，但它非常强大。他的plyr包也具有很多用途。你可以从R的CRAN中下载这两个软件包。有关下载和安装软件包的详细信息，请参见附录B。

6.4.1 aggregate()函数

aggregate()函数对分组中的每一个变量调用tapply()函数。例如，在鲍鱼数据中，按性别分组，我们可以找到每个变量的中位数，如下所示：

```
> aggregate(aba[,-1],list(aba$Gender),median)
  Group.1 Length Diameter Height WholeWt ShuckedWt ViscWt ShellWt Rings
1       F  0.590    0.465  0.160 1.03850   0.44050 0.2240   0.295 10
2       I  0.435    0.335  0.110 0.38400   0.16975 0.0805   0.113 8
3       M  0.580    0.455  0.155 0.97575   0.42175 0.2100   0.276 10
```

第一个参数，aba[,-1]，是除了第一列（Gender即性别）之外的整个数据框。第二个参数必须是一个列表，也就是前面提到的性别因子Gender。最后，第三个参数告诉R对按因子分组所生成的数据框计算每一列的中位数。本例有三个分组，因此aggregate()函数的输出结果有三行。

6.4.2 cut()函数

cut()函数是生成因子的一种常用方法，尤其是常用于表的操作。该函数需要一个数据向量x和由向量b定义的一组区间，函数将确定x中每个元素将落入哪个区间。

下面就是该函数的调用形式：

```
y <- cut(x,b,labels=FALSE)
```

这里将区间定义为半开半闭区间(b[1],b[2]], (b[2],b[3]]，……下面是一个例子：

```
> z
[1] 0.88114802 0.28532689 0.58647376 0.42851862 0.46881514 0.24226859 0.05289197
[8] 0.88035617
> seq(from=0.0,to=1.0,by=0.1)
 [1] 0.0 0.1 0.2 0.3 0.4 0.5 0.6 0.7 0.8 0.9 1.0
> binmarks <- seq(from=0.0,to=1.0,by=0.1)
> cut(z,binmarks,labels=F)
[1] 9 3 6 5 5 3 1 9
```

这就是说z[1]，即0.88114802，落入第9个区间，即(0,0,0.1]；z[2]，即0.28532689，落入第3个区间；以此类推。

最后，函数返回一个向量，就像例子中看到的结果那样。但是，我们可以把它转换为因子，然后用它构建表。例如，可以用这个函数编写自己定义的直方图函数。（可考虑用R的函数findInterval()。）

第 7 章 R语言编程结构

R是一种块状结构程序语言，这也是C、C++、Python、Perl等ALGOL编程语言家族的风格。正如你看到的，块（block）由大括号划分，不过当块只包含一条语句时大括号可以省略。程序语句由换行符或者分号分隔。

在本章中，我们把R当做一种编程语言来看待，介绍了R语言编程的基本结构。我们将会探讨循环等主题的细节，然后直接进入函数的主题，这占了本章的大部分内容。

本章特别地介绍了变量作用域，这是个非常重要的主题。和许多脚本语言一样，R语言不需要“声明”变量。熟悉其他语言（比如C语言）的程序员，一开始会在R语言中发现似曾相识的地方，但随后会发现R有更丰富的作用域结构。

7.1 控制语句

R语言的控制语句跟前文提到的ALGOL语言家族的非常相近。接下来，我们将会讨论循环语句以及if-else语句。

7.1.1 循环

在1.3节，我们定义了oddcount()函数。在这个函数中，Python程序员应该能马上认出下面这行：

```
for (n in x) {
```

这表示该循环对于向量x中的每个元素都会有一次迭代，n会取遍x的各个元素值——在第一次迭代中，n=x[1]；在第二次迭代中，n=x[2]，以此类推。例如，下面这段代码使用了这个结构，输出向量中各个元素的平方：

```
> x <- c(5,12,13)
> for (n in x) print(n^2)
[1] 25
[1] 144
[1] 169
```

C语言中的while和repeat在R中也是适用的，并且也可以用break语句跳出循环。下面这个例子涉及了这三者：

```
> i <- 1
> while (i <= 10) i <- i+4
> i
[1] 13
>
> i <- 1
> while(TRUE) {  # similar loop to above
+    i <- i+4
+    if (i > 10) break
+ }
> i
[1] 13
>
> i <- 1
> repeat {  # again similar
+    i <- i+4
+    if (i > 10) break
+ }
> i
[1] 13
```

在第一个代码片段中，在循环执行过程中，变量i依次取值为1、5、9和13。最后当i=13时条件i<=10不成立，于是跳出循环。

这段代码向我们展示了完成同一操作的三种方式，其中break在第二种和第三种方法中发挥了很关键的作用。

要注意repeat没有逻辑判断退出条件。必须利用break（或者类似return()）的语句。当然，break也可以用在for循环中。

另外一个重要的语句是next，它会告诉解释器跳过本次迭代的剩余部分，直接进入循环的下一次迭代。这避免了使用复杂的if-then-else嵌套结构，不致让代码混乱不清。接下来看一个使用next语句的例子，这段代码来自第8章的一个扩展案例：

```
1  sim <- function(nreps) {
2     commdata <- list()
3     commdata$countabsamecomm <- 0
4     for (rep in 1:nreps) {
5        commdata$whosleft <- 1:20
6        commdata$numabchosen <- 0
7        commdata <- choosecomm(commdata,5)
8        if (commdata$numabchosen > 0) next
9        commdata <- choosecomm(commdata,4)
10       if (commdata$numabchosen > 0) next
11       commdata <- choosecomm(commdata,3)
12    }
13    print(commdata$countabsamecomm/nreps)
14 }
```

在第8和第10行中有next语句。让我们看看它们是怎么运作的，与其他方法比，它们又是如何改善算法效率的。这两个next语句出现在从第4行开始的循环体中。当第8行的if条件成立时，第9行到第11行的代码会被跳过，程序将会返回到第4行继续执行。第10行的情况与之类似。

如果不使用next语句，则需要使用嵌套的if语句，类似以下代码所示：

```
1  sim <- function(nreps) {
2     commdata <- list()
3     commdata$countabsamecomm <- 0
4     for (rep in 1:nreps) {
5        commdata$whosleft <- 1:20
6        commdata$numabchosen <- 0
7        commdata <- choosecomm(commdata,5)
8        if (commdata$numabchosen == 0) {
9           commdata <- choosecomm(commdata,4)
10          if (commdata$numabchosen == 0)
11             commdata <- choosecomm(commdata,3)
12       }
13    }
14    print(commdata$countabsamecomm/nreps)
15 }
```

因为这个简单的例子只嵌套了两层if结构，还不算太糟糕。然而，当有更多层时，嵌套的if语句会使代码变得非常混乱。

for结构可以用在任何向量上，无论向量是什么模式。例如，可以在文件名向量上执行循环。比如一个名为*file1*的文件包含以下内容：

```
1
2
3
4
5
6
```

另一个名为*file2*的文件包含以下内容：

```
5
12
13
```

下面的循环会读取并打印每一个文件的内容。这里我们使用scan()函数来读取文件里的数，并把这些数值存放在一个向量中。本书第10章会讨论scan()的更多细节。

```
> for (fn in c("file1","file2")) print(scan(fn))
Read 6 items
[1] 1 2 3 4 5 6
Read 3 items
[1]  5 12 13
```

于是，首先将*file1*赋值给fn，对应文件的内容会被读取并打印出来。*file2*的情况与file1类似，不再赘述。

7.1.2 对非向量集合的循环

R并不支持直接对非向量集合的循环，但是有一些间接但简单的方式可以做到这点：

- 使用lapply()。如果循环的每次迭代之间相互独立，就使用`lapply()`，可以允许以任意顺序执行。
- 使用get()。正如它的名字所暗示的一样，这个函数接受一个代表对象名字的字符串参数，然后返回该对象的内容。听起来虽然很简单，但`get()`是一个非常有用的函数。

来看一个使用`get()`的例子。例如有两个包含了统计数据的矩阵`u`和`v`，我们希望对每一个矩阵执行线性回归函数`lm()`。

```
> u
     [,1] [,2]
[1,]    1    1
[2,]    2    2
[3,]    3    4
> v
     [,1] [,2]
[1,]    8   15
[2,]   12   10
[3,]   20    2
> for (m in c("u","v")) {
+    z <- get(m)
+    print(lm(z[,2] ~ z[,1]))
+ }

Call:
lm(formula = z[, 2] ~ z[, 1])

Coefficients:
(Intercept)       z[, 1]
    -0.6667       1.5000

Call:
lm(formula = z[, 2] ~ z[, 1])

Coefficients:
(Intercept)       z[, 1]
     23.286       -1.071
```

上面这段代码中，`m`的取值先为`u`。然后下面几行代码把矩阵`u`赋值给`z`，这样就可以对`u`调用`lm()`：

```
z <- get(m)
print(lm(z[,2] ~ z[,1]))
```

v的情况也一样。

7.1.3 if-else结构

if-else结构的语法如下所示：

```
if (r == 4) {
   x <- 1
} else {
   x <- 3
   y <- 4
}
```

这看起来简单，但是这里有一个很重要的细节需要注意。if语句的执行部分只含有一条语句：

```
x <- 1
```

你也许会猜想这条语句前后的大括号是可省略的。然而，这是必需的。

R的语法分析器用else前的右括号来推断这是一个if-else结构而不只是if结构。在交互式模式中，如果没有了大括号，语法分析器会错误地认为这是if结构而进行相关的操作，这显然不是我们想要的结果。

If-else语句跟函数调用的相似之处在于，会返回最后赋予的值：

```
v <- if (cond) expression1 else expression2
```

这样v可能取expression1或expression2的结果，这取决于cond是否为真。可以用这个事实简化代码，下面是一个简单的例子：

```
> x <- 2
> y <- if(x == 2) x else x+1
> y
[1] 2
> x <- 3
> y <- if(x == 2) x else x+1
> y
[1] 4
```

如果不使用这一技巧，以下代码：

```
y <- if(x == 2) x else x+1
```

在某种程度上会变得更加复杂。

```
if(x == 2) y <- x else y <- x+1
```

在更复杂的例子中，expression1和（或）expression2可能是函数调用。在另一方面，我们也可能要先考虑代码是否清晰易懂，其次才考虑是否紧凑。

当处理向量时，使用第2章提到的ifelse()函数，很可能会提高代码的执行速度。

7.2 算术和逻辑运算符及数值

表7-1列出了R语言中基本的运算符。

表7-1　R语言基本运算符

运算符	描　　述
x + y	加法
x - y	减法
x * y	乘法
x / y	除法
x ^ y	乘幂
x %% y	模运算
x %/% y	整数除法
x == y	判断是否相等
x <= y	判断是否小于等于
x >= y	判断是否大于等于
x && y	标量的逻辑"与"运算
x || y	标量的逻辑"或"运算
x & y	向量的逻辑"与"运算（x、y以及运算结果都是向量）
x | y	向量的逻辑"或"运算（x、y以及运算结果都是向量）
!x	逻辑非

R语言表面上没有标量的类型，因为标量可以看作是含有一个元素的向量，但我们看到表7-1中：逻辑运算符对标量和向量有着不同的形式。这也许看起来很奇怪，但一个简单的例子会向我们展示这种区别的必要性：

```
> x
[1]  TRUE FALSE  TRUE
> y
[1]  TRUE  TRUE FALSE
> x & y
[1]  TRUE FALSE FALSE
> x[1] && y[1]
[1] TRUE
> x && y  # looks at just the first elements of each vector
[1] TRUE
> if (x[1] && y[1]) print("both TRUE")
[1] "both TRUE"
> if (x & y) print("both TRUE")
[1] "both TRUE"
Warning message:
In if (x & y) print("both TRUE") :
  the condition has length > 1 and only the first element will be used
```

问题的关键在于，if结构条件判断语句的取值，只能是一个逻辑值，而不是逻辑值的向量。这也是为什么前面这个例子会出现警告提示，因此&和&&这两种运算符的存在是必要的。

逻辑值TRUE和FALSE可以缩写为T和F（两者都必须是大写），而在算术表达式中它们会转换为1和0:

```
> 1 < 2
[1] TRUE
> (1 < 2) * (3 < 4)
[1] 1
> (1 < 2) * (3 < 4) * (5 < 1)
[1] 0
> (1 < 2) == TRUE
[1] TRUE
> (1 < 2) == 1
[1] TRUE
```

例如，在第二条语句中， 1<2返回TRUE，3<4也返回TRUE。这两个值都看作是1，所以它们的乘积也是1。

R语言的函数跟C、Java等语言的函数表面上看起来很像。然而，那些语言有更多函数式编程特点，而这对于R程序员来讲也有直接的影响。

7.3 参数的默认值

在第5.1.2节，我们从文件exams中读取了一个数据集：

```
> testscores <- read.table("exams",header=TRUE)
```

参数header=TRUE告诉R，数据有标题行，于是R不会把文件中的第一行读取为数据。

这是一个使用“具名实参”（named argument）的例子，下面是该函数的前几行：

```
> read.table
function (file, header = FALSE, sep = "", quote = "\"'", dec = ".",
    row.names, col.names, as.is = !stringsAsFactors, na.strings = "NA",
    colClasses = NA, nrows = -1, skip = 0, check.names = TRUE,
    fill = !blank.lines.skip, strip.white = FALSE, blank.lines.skip = TRUE,
    comment.char = "#", allowEscapes = FALSE, flush = FALSE,
    stringsAsFactors = default.stringsAsFactors(), encoding = "unknown")
{
    if (is.character(file)) {
        file <- file(file, "r")
        on.exit(close(file))
...
...
```

第二个形式参数名为header。这里的=FALSE意味着这个参数是可选的，也就是说，如果我们不指定它的值，它的默认值会是FALSE。如果我们不使用默认值，那么在调用函数时必须给出参数的名称：

```
> testscores <- read.table("exams",header=TRUE)
```

术语“具名实参”由此而来。

要注意，因为R语言遵循“惰性求值”（lazy evaluation）的原则，也就是说，除非有需要，否则它不会计算一个表达式的值，所以具名实参不一定会被使用。

7.4　返回值

函数的返回值可以是任何R对象。尽管返回值通常为列表形式，其实返回值甚至可以是另一个函数。

可以通过显式地调用return()，把一个值返回给主调函数。如果不使用这条语句，默认将会把最后执行的语句的值作为返回值。例如，第1章的oddcount()的例子：

```
> oddcount
function(x)  {
  k <- 0  # assign 0 to k
  for (n in x)  {
     if (n %% 2 == 1) k <- k+1  # %% is the modulo operator
  }
  return(k)
}
```

这个函数返回参数中奇数的个数。不使用return()函数，我们可以稍微简化代码。因此我们把返回值的表达式，即k，作为函数体的最后一条语句。如下所示：

```
oddcount <- function(x) {
   k <- 0
   for (n in x) {
     if (n %% 2 == 1) k <- k+1
   }
   k
}
```

另一方面，考察以下代码：

```
   oddcount <- function(x) {
      k <- 0
  for (n in x) {
     if (n %% 2 == 1) k <- k+1
  }
}
```

这样并不管用，理由非常微妙：最后执行的语句是for()循环，而它的返回值是NULL

（用R的术语说，就是不可见的，也就是说如果不把它赋值到某个变量储存起来，它的值将会被销毁）。于是，这里没有任何返回值。

7.4.1 决定是否显式调用return ()

现在R语言普遍的习惯用法是避免显式调用return()。其中一个原因是，调用这个函数会延长执行时间。然而，除非函数非常简短，否则避免显式调用return()所节省的时间是微不足道的，所以这并不是避免使用return()的最主要原因。尽管如此，return()常常不是必要的。

考察前一节的第二个例子：

```
oddcount <- function(x) {
   k <- 0
   for (n in x) {
      if (n %% 2 == 1) k <- k+1
   }
   k
}
```

这里，函数体的末尾只是一个返回值的表达式，即此例中的k。没有必要调用return()。本书大部分代码使用了return()，这是为了让初学者更清晰易懂，但通常这是可以省略的。

然而，一个好的软件设计，可以使你浏览一遍程序代码之后就能马上发现哪些地方会被返回给主调函数。要达到这个目的，最简单的方法是在代码中需要返回的地方使用显式的return()（你仍然可以省略函数结尾处的return()调用）。

7.4.2 返回复杂对象

函数的返回值可以是任何对象，也就可以返回复杂的对象。下面这个例子返回的是函数：

```
> g
function() {
   t <- function(x) return(x^2)
   return(t)
}
> g()
function(x) return(x^2)
<environment: 0x8aafbc0>
```

如果你的函数有多个返回值，可以把它们储存在一个列表或其他容器变量中。

7.5 函数都是对象

R 函数是第一类对象[⊖]（当然，是属于 “function”类，即函数类），这意味着函数在绝

⊖ 第一类对象（first-class object）在计算机科学中指可以在执行期创建并作为参数传递给其他函数或存入一个变量的实体。将一个实体转化为第一类对象的过程叫“对象化”（reification）。——译者注

大多数情况下也可以作为对象来操作。下面是创建函数的语法：

```
> g <- function(x) {
+    return(x+1)
+ }
```

这里，function()是一个内置的R函数，其功能就是创建函数！在它右边，其实是function()的两个参数：第一个参数是所创建函数的形式参数列表，上面这段代码中仅仅是x；第二个参数是函数的主体部分，简称函数体，在本例中即为一条语句return(x+1)。第二个参数必须是“expression”类，即表达式类。因此，右边这部分创建了一个函数类的对象，然后赋值给g。

顺便提一下，甚至"{"也是一个函数，你可以在R中输入下面的命令来验证这个说法：

```
> ?"{"
```

它的功能就是把几条语句组织成一个单元。

function()的这两个参数在创建函数之后能够通过函数formals()和body()来获得，如下所示：

```
> formals(g)
$x
> body(g)
{
    return(x + 1)
}
```

当在交互模式中使用R时，简单地输入对象的名称就可以把对象打印到屏幕上。函数也不例外，因为函数都是对象。

```
> g
function(x) {
   return(x+1)
}
```

当你使用自己编写的函数时忘记了其中的细节，那么上面提到的做法就很方便了。当你不确定一个R库函数怎么使用时，打印出这个函数也是很有用的。通过查看代码，可以更好地理解它。例如，如果你不确定绘图函数abline()的确切功能，就可以通过读代码来更好地理解怎样使用它：

```
> abline
function (a = NULL, b = NULL, h = NULL, v = NULL, reg = NULL,
    coef = NULL, untf = FALSE, ...)
{
    int_abline <- function(a, b, h, v, untf, col = par("col"),
        lty = par("lty"), lwd = par("lwd"), ...) .Internal(abline(a,
        b, h, v, untf, col, lty, lwd, ...))
```

```
    if (!is.null(reg)) {
        if (!is.null(a))
            warning("'a' is overridden by 'reg'")
        a <- reg
    }

    if (is.object(a) || is.list(a)) {
        p <- length(coefa <- as.vector(coef(a)))
...
...
```

如果你希望用这种方式去查看一个代码篇幅很长的函数，可以借助于page()：

```
> page(abline)
```

另一种方法就是使用edit()函数来编辑它的代码，本书7.11.2节会进一步讨论。

需要注意的是，R中一些最基本的函数是直接用C语言写的，所以它们不能用前面提到的这种方式查看代码。如下所示：

```
> sum
function (..., na.rm = FALSE)  .Primitive("sum")
```

因此函数是对象，你也可以给它们赋值，把它们用作其他函数的参数，如下所示：

```
> f1 <- function(a,b) return(a+b)
> f2 <- function(a,b) return(a-b)
> f <- f1
> f(3,2)
[1] 5
> f <- f2
> f(3,2)
[1] 1
> g <- function(h,a,b) h(a,b)
> g(f1,3,2)
[1] 5
> g(f2,3,2)
[1] 1
```

因为函数是对象，所以你可以在函数所组成的列表上做循环。这将是很有用的，比如，如果你希望编写一个循环程序，在同一幅图上绘制若干个函数的图形，代码如下：

```
> g1 <- function(x) return(sin(x))
> g2 <- function(x) return(sqrt(x^2+1))
> g3 <- function(x) return(2*x-1)
> plot(c(0,1),c(-1,1.5))  # prepare the graph, specifying X and Y ranges
> for (f in c(g1,g2,g3)) plot(f,0,1,add=T)  # add plot to existing graph
```

函数formals()和body()甚至可以当做替代函数（replacement functions）来用。本章7.10节将讨论替代函数，但是现在只需要知道如何通过赋值来改变函数的主体：

```
> g <- function(h,a,b) h(a,b)
> body(g) <- quote(2*x + 3)
> g
function (x)
2 * x + 3
> g(3)
[1] 9
```

quote()在这里是必需的，因为从技术上来讲，函数的主体部分属于“call”类，而这种类是由quote()生成的。如果不调用函数quote()，R将尝试计算2*x+3。因此，如果x已经被定义，比如等于3，此时g的主体部分就被赋值为9了，这当然不是我们想要的结果。而且，因为*和+都是函数（正如2.4.1节讨论过的），作为R语言的对象，2*x+3确实是一次调用——事实上，这是内嵌在另一个函数里的函数调用。

7.6 环境和变量作用域的问题

在R语言的文献中，函数被正式地称为“闭包”（closure）。函数不仅包括参数和函数体，也包括它的“环境”（environment）。环境是由创建函数时出现的对象集构成。理解R语言中环境的运作机制对编写高效的R函数至关重要。

7.6.1 顶层环境

考察下面这个例子：

```
> w <- 12
> f <- function(y) {
+    d <- 8
+    h <- function() {
+       return(d*(w+y))
+    }
+    return(h())
+ }
> environment(f)
<environment: R_GlobalEnv>
```

此例中，函数f()是在顶层（解释器的命令提示符下）构建的，于是它处于顶层环境。顶层环境在R的输出结果里表示为R_GlobalEnv，不过它常与R代码.GlobalEnv混淆。如果以批处理方式运行R程序，也会被认为在顶层。

函数ls()会把某个环境中的所有对象列举出来。如果在顶层调用它，就会得到顶层的环境下的对象名单。例如我们的示例代码：

```
> ls()
[1] "f" "w"
```

如你所见，这里的顶层环境包括变量w，它实际会在函数f()中用到。要注意，f()是在顶层创建的，因为函数其实也属于对象。本章7.6.3节会介绍，在顶层以外的其他层，ls()的使用方式会稍微不一样。

用ls.str()可以获得更多的信息：

```
> ls.str()
f : function (y)
w :  num 12
```

接下来，我们会看看w和其他变量在函数f()中如何起作用。

7.6.2　变量作用域的层次

首先，我们将直观介绍R语言中的变量“作用域”（scope）的使用方法，及其与环境的关系。

如果我们使用C语言（本书并不假设读者有C语言背景），会认为上一小节中的变量w对f()来说是全局变量，而d是f()的局部变量。这在R语言中也是类似的，只是R语言的层次更复杂一些。在C语言中，没有在函数中定义的函数，如示例中在f()中定义的h()。因为函数属于对象，在函数中定义一个函数是可以实现的，有时从面向对象编程封装的目的来看，这样做也是可取的。我们可以在任何地方创建对象。

正如变量d一样，h()属于f()的局部对象。在这种情况下，变量作用域的层次问题是有意义的。根据R语言的定义，f()的局部变量d，相对于h()来说是全局变量。对于参数y，结论也一样，因为在R语言中，参数也被看作局部变量。

类似地，变量作用域的分层特性意味着，既然w是f()的全局变量，那么它也是h()的全局变量。实际上，我们在函数h()中也用到了w。

就环境而言，h()的环境包括在它创建时定义的所有对象，也就是，当下面的赋值语句执行的那一刻：

```
h <- function() {
   return(d*(w+y))
}
```

（如果f()被调用多次，h()也会多次创建，但又会随着f()的返回而消失。）

接下来，h()的环境中又会有什么对象呢？其实，在创建h()时，在函数f()中创建了对象d和y，以及f()的环境（w）。换句话说，如果一个函数是在另一个函数中定义的，那么内部函数的环境也包含外部函数的环境，以及到此为止在外部函数创建的局部变量。对于多重嵌套的函数，你会得到一系列越来越大且依次嵌套的环境，这个环境序列的“根节点”里包含顶层环境的所有对象。

请看以下代码：

```
> f(2)
[1] 112
```

发生了什么呢？f(2)的调用把局部变量d的值设置为8，紧接着调用h()。后者计算d*(w+y)

的值，也就是8×(12+2)，得出112。

要注意w的取值。R语言解释器在局部变量中没有找到w，于是它会在更高的层次里查找，本例中，在顶层找到变量w的值为12。

请记住，h()对f()来说是局部的，且在顶层环境中不可见：

```
> h
Error: object 'h' not found
```

在层次中发生命名冲突是可以的（尽管这样做并不可取）。比如在本例中，h()中有一个局部变量d，与f()中的d冲突了。在这种情况下，优先使用最里层的变量。此例中，在h()中引用d时，指的是h()中的d，而不是f()中的d。

像这种以继承的方式创建的环境一般靠它们的内存地址来引用。下面是在f()中添加一个print语句（用edit()编辑，这里没有展示）并运行代码所看到的情况：

```
> f
function(y) {
   d <- 8
   h <- function() {
      return(d*(w+y))
   }
   print(environment(h))
   return(h())
}
> f(2)
<environment: 0x875753c>
[1] 112
```

把以上代码与函数不嵌套的情况进行比较：

```
> f
function(y) {
   d <- 8
   return(h())
}


> h
function() {
   return(d*(w+y))
}
```

其结果如下：

```
> f(5)
Error in h() : object 'd' not found
```

这样并不可行，由于h()定义于顶层，变量d不再在h()的环境中，于是，代码运行出错。更糟糕的是，如果碰巧在顶层环境下存在一个不相关的变量d，我们不会得到出错提示，只会返回一个错误的结果。

你也许会想为什么上例中R没有提示变量y不存在。这是因为前面提到过的惰性求值原则，即只有当需要某个变量值的时候，R才会计算它。在这个例子中，R已经遇到了一个由d引起的错误而不会继续求y的值。

以上代码的修正方法是把d和y设置为参数：

```
> f
function(y) {
   d <- 8
   return(h(d,y))
}
> h
function(dee,yyy) {
   return(dee*(w+yyy))
}
> f(2)
[1] 88
```

现在让我们看看最后一种变化：

```
> f
function(y,ftn) {
   d <- 8
   print(environment(ftn))
   return(ftn(d,y))
}
> h
function(dee,yyy) {
   return(dee*(w+yyy))
}


> w <- 12
> f(3,h)
<environment: R_GlobalEnv>
[1] 120
```

在f()执行时，形式参数ftn与实际参数h相匹配。由于参数被看作局部变量，你也许会猜测ftn的环境与顶层环境不一样。但正如我们所讨论过的，闭包包括了环境，所以ftn与h的环境一致。

要特别注意的是，到目前为止，例子中涉及的非局部变量都是只读的，不可写。但是，可写的情况是很重要的，这部分将在7.8.1节介绍。

7.6.3 关于ls()的进一步讨论

在函数中调用不带参数的ls()会返回当前的局部变量（包括参数）。使用envir参数，ls()会输出函数调用链中任何一个框架[⊖]的局部变量名。

请看下面的例子：

```
> f
function(y) {
   d <- 8
   return(h(d,y))
}
> h
function(dee,yyy) {
   print(ls())
   print(ls(envir=parent.frame(n=1)))
   return(dee*(w+yyy))
}



> f(2)
[1] "dee" "yyy"
[1] "d" "y"
[1] 112
```

在parent.frame()中，参数n设定了要沿函数调用链向上追溯几个框架。在这里，当前正在执行h()，而h()是被f()调用的，所以n=1指的就是f()的框架，于是就得到它的局部变量。

7.6.4 函数（几乎）没有副作用

函数式编程哲学的另外一个特征是，函数不会修改非局部变量。也就是说，一般情况下，使用函数时不会有副作用。粗略地说，函数的代码可以读但不能写其非局部变量。代码看似可以给这些变量重新赋值，但实际上这种行为只会影响它们的备份，而不是变量本身。为了说明这点，我们给前面的例子添加几行代码：

```
> w <- 12
> f
function(y) {
   d <- 8
   w <- w + 1
   y <- y - 2
   print(w)
   h <- function() {
      return(d*(w+y))
```

⊖ R对任何函数的调用都会创建一个框架（frame）。该框架包括函数中创建的局部变量，以及在一个环境中求值时组合创建的新环境。——译者注

```
    }
    return(h())
}
> t <- 4
> f(t)
[1] 13
[1] 120
> w
[1] 12
> t
[1] 4
```

所以，顶层的w并没有改变，即使它看起来在f()中被修改了。只有f()中w的局部备份发生了改变。类似地，顶层的变量t也没有改变，尽管与它相关联的形式参数y发生了变化。

注意　更准确地说，局部变量w实际上与相应的全局变量共享一个内存地址，直到局部变量的数值发生变化。这种情况下，会分配给局部变量w新的内存地址。

全局变量的只读特性有一个重要的例外，即在使用超赋值运算符（superassignment operator）的时候，7.8.1节将讨论这个课题。

7.6.5　扩展案例：显示调用框的函数

在调试模式下逐步运行代码时，你经常希望知道当前函数中局部变量的数值。你也许也会想知道上级函数（即调用当前函数的函数）的局部变量的数值。这里，我们会通过编写代码展示这些数值，并且进一步展示如何访问环境层次。（此处所说的代码改编自我编写的调试工具edtdbg，edtdbg在R的CRAN代码库中可以找到。）

考察下面的代码：

```
f <- function() {
    a <- 1
    return(g(a)+a)
}

g <- function(aa) {
    b <- 2
    aab <- h(aa+b)
    return(aab)
}

h <- function(aaa) {
    c <- 3
    return(aaa+c)
}
```

在调用f()时，它会调用g()，而调用g()时又会调用h()。在调试环境下，比如我们执行到g()中的return()时，想知道当前函数局部变量的数值，比如变量aa、b以及aab。在g()中，我们也想知道在调用g()时f()的局部变量的数值，以及其全局变量的值。用函数showframe()可以做到这些。

showframe()函数有一个参数upn，代表要在调用栈中向上返回的框架数目。如果参数是负值，代表我们想要查看全局变量——即顶层变量。

代码如下：

```
# shows the values of the local variables (including arguments) of the
# frame upn frames above the one from which showframe() is called; if
# upn < 0, the globals are shown; function objects are not shown
showframe <- function(upn) {
   # determine the proper environment
   if (upn < 0) {
      env <- .GlobalEnv
   } else {
      env <- parent.frame(n=upn+1)
   }
   # get the list of variable names
   vars <- ls(envir=env)
   # for each variable name, print its value
   for (vr in vars) {
      vrg <- get(vr,envir=env)
      if (!is.function(vrg)) {
         cat(vr,":\n",sep="")
         print(vrg)
      }
   }
}
```

我们来试一试，在g()中插入几条调用showframe()的语句：

```
> g
function(aa) {
   b <- 2
   showframe(0)
   showframe(1)
   aab <- h(aa+b)
   return(aab)
}
```

运行结果如下：

```
> f()
aa:
[1] 1
```

```
b:
[1] 2
a:
[1] 1
```

要看看这是如何运作的，我们首先看看get()函数，它是R语言中最重要的工具之一。它的功能非常简单：输入对象的名称，它就会输出该对象。以下是一个例子：

```
> m <- rbind(1:3,20:22)
> m
     [,1] [,2] [,3]
[1,]    1    2    3
[2,]   20   21   22
> get("m")
     [,1] [,2] [,3]
[1,]    1    2    3
[2,]   20   21   22
```

这个变量m的例子只涉及当前的调用框，但是在showframe()函数中，我们处理的是环境层次结构中的多个层次。所以需要通过get()的参数envir设定层次：

```
vrg <- get(vr,envir=env)
```

层次本身主要是通过调用parent.frame()来确定的：

```
if (upn < 0) {
   env <- .GlobalEnv
} else {
   env <- parent.frame(n=upn+1)
}
```

要注意，ls()也可以在某一特定层次里调用，这样就可以用它确定我们所关心的层次里存在哪些变量，并查看变量。如下例所示：

```
vars <- ls(envir=env)
for (vr in vars) {
```

这段代码会找出给定框架下所有的局部变量，并对它们做循环，为调用get()函数做好准备。

7.7　R语言中没有指针

R语言没有对应于C语言中的指针或引用的变量。在某些情况下这会让编程更加困难。（在作者写本书的时候，R当时的版本有一个叫做引用类的实验功能，可以降低这种困难的程度。）

例如，你不能直接改变一个函数的参数。但是在Python中可以这样做，例如：

```
>>> x = [13,5,12]
>>> x.sort()
>>> x
[5, 12, 13]
```

这里，sort()的参数x的值改变了。与此不同，在R中有以下情况：

```
> x <- c(13,5,12)
> sort(x)
[1]  5 12 13
> x
[1] 13  5 12
```

sort()的参数并没有发生改变。如果我们想让这段R代码中的x改变，可以通过对参数重新赋值来解决：

```
> x <- sort(x)
> x
[1]  5 12 13
```

如果函数的输出包括多个变量，又会怎么样呢？一个解决方法是把它们集中在一个列表，以列表为参数调用函数，让这个函数返回这个列表，然后对原来的列表重新赋值。

下面例子中的函数，功能是求出一个整数向量中奇数和偶数的索引：

```
> oddsevens
function(v){
  odds <- which(v %% 2 == 1)
  evens <- which(v %% 2 == 1)
  list(o=odds,e=evens)
}
```

一般而言，若函数f()改变了变量x和y，我们可以把它们存储在一个列表lxy中，这个列表可以是f()的参数。代码无论是要调用还是被调用，都会有以下模式：

```
f <- function(lxxyy) {
   ...
   lxxyy$x <- ...
   lxxyy$y <- ...
   return(lxxyy)
}
# set x and y
lxy$x <- ...
lxy$y <- ...
lxy <- f(lxy)
# use new x and y
```

```
... <- lxy$x
... <- lxy$y
```

然而，如果你的函数会修改很多变量的值，这样也许会不方便。更麻烦的是，如果变量本身就是列表，比如例子中的x和y，会导致返回值为一个包含列表的列表。这是可以处理的，但是它会使代码非常复杂且不易理解。

另一种方法涉及7.8.4节将要讨论的全局变量的使用，以及前文提到过的新版R语言里的引用类。

另一种由于没有指针而造成的困难是对于树状数据结构的处理。C语言代码一般会大量使用指针来处理这类结构。R语言的一个解决方法是回到C语言产生前的那些“美好的旧时光”，那时候，程序员要设计自己的“指针”作为向量索引，参见7.9.2节的例子。

7.8　向上级层次进行写操作

如前文提到的，环境层次中某一层次的代码对它上级层次中所有变量至少有读的权限。但在另一方面，通过标准的<-运算符直接对上级层次变量进行写操作是不可行的。

如果你希望对一个全局变量，或者更一般情况下，对当前层次的上级层次中任意变量进行写操作，你可以在当前层次使用超赋值运算符<<-，或者函数assign()。首先我们讨论超赋值运算符。

7.8.1　利用超赋值运算符对非局部变量进行写操作

考察以下代码：

```
> two <- function(u) {
+    u <<- 2*u
+    z <- 2*z
+ }
> x <- 1
> z <- 3
> u
Error: object "u" not found
> two(x)
> x
[1] 1
> z
[1] 3
> u
[1] 2
```

我们看看函数对三个顶层变量x、z和u的影响：

- x：尽管本例中x是函数two()的实际参数，调用后它的值仍然为1。这是因为它的值1被复制到形式参数u，而参数u在此函数中被当作局部变量处理。于是，当u改变时，x的值并没有改变。

- z：两个z的值完全不相关，一个在顶层，另一个是two()的局部变量。对局部变量的改变不会影响全局变量。当然，两个变量使用同一个名字不是好的编程习惯。
- u：在调用two()之前，u的值并不存在于顶层环境中，于是有“not found”的错误提示。然而，通过在two()中调用超赋值运算符，创建了顶层变量u，调用后也验证了这点。

如上例，<<-通常用于对顶层变量进行写操作，但严格而言，它的运作方式稍微有些不同。使用这个运算符对变量w进行写操作会导致对上级环境层次的查找，直到遇到含有该变量的第一个层次。如果没有找到，将会选取全局层次，请看下例：

```
> f
function() {
   inc <- function() {x <<- x + 1}
   x <- 3
   inc()
   return(x)
}
> f()
[1] 4
> x
Error: object 'x' not found
```

这里，inc()是在f()中定义的。当执行inc()时，R解释器发现有个对x的超赋值，它会开始向上级层次查找。在第一个上级层次，即f()的环境，解释器找到了x，于是对这个x进行写入操作，而不是对顶层环境下的x进行操作。

7.8.2　用assign()函数对非局部变量进行写操作

也可以使用assign()函数对“上层变量”（upper-level variable）进行写操作。这是前面那个例子的另一个版本：

```
> two
function(u) {
   assign("u",2*u,pos=.GlobalEnv)
   z <- 2*z
}
> two(x)
> x
[1] 1
> u
[1] 2
```

这里，我们用函数assign()取代超赋值运算符。assign()让R把2*u（此处的u是局部变量）的值向上赋值给调用栈中的变量u，具体而言是顶层环境下的u。在本例中，比局部变量所在环境层级更高的环境只有顶层环境，但是如果我们有个函数调用链，超赋值也是可以达到更高层级的环境。

在assign()中使用字符串来引用变量的做法非常方便。第5章有个分析大公司聘用模式的例子。我们想从总体数据框all2006中提取信息，为每一个公司建立一个子数据框。例如，考察下面的代码：

```
makecorpdfs(c("MICROSOFT CORPORATION","ms","INTEL CORPORATION","intel","
   SUN MICROSYSTEMS, INC.","sun","GOOGLE INC.","google")
```

首先这会从总体数据框中提取所有Microsoft的记录，得到子数据框ms2006。然后用同样的方式建立intel2006，其他公司的数据以此类推。以下是它的代码（为了使代码更清楚易懂，把代码改为函数形式）：

```
makecorpdfs <- function(corplist) {
   for (i in 1:(length(corplist)/2)) {
      corp <- corplist[2*i-1]
      newdtf <- paste(corplist[2*i],"2006",sep="")
      assign(newdtf,makecorp(corp),pos=.GlobalEnv)
   }
}
```

当i=1时，代码用paste()把字符"ms"和"2006"连接起来，得到"ms2006"，也就是要生成的子数据框的名称。

7.8.3 扩展案例：用R语言实现离散事件仿真

离散事件仿真（Discrete-event simulation，DES）广泛应用于商业、工业和政府。离散事件指的是系统状态仅在分散的时间点发生变化，而不连续地变化。

一个典型的例子是排队系统，比如人们排队使用ATM自动提款机。我们把系统在t时刻的状态定义为该时刻的排队人数。当某人加入排队队伍中，状态改变量为+1，而当某人用完ATM并离开，状态改变量为-1。这与模拟天气情况是不同的，因为气温和气压是连续变化的。

这例子是本书中最长、知识点最多的例子之一。但是它充分体现了R语言中许多重要的特性，尤其是在全局变量方面。在下一节讨论全局变量的使用时也以它为例。如果你耐心读完本节，一定会很有收获。（但不意味着读者需要有DES的预备知识。）

DES运作的核心问题是维护事件列表，也就是预定事件（scheduled event）的列表。这只是DES的一个普通术语，这里所指的列表指的并不是R语言中数据类型。事实上，我们会以数据框的形式表示事件列表。

例如在ATM的例子中，在仿真的某个时刻，事件列表看起来大概是如下这样的：

```
客户1 在时刻23.12到达
客户2 在时刻25.88到达
客户3 在时刻25.97到达
客户1 在时刻 26.02结束服务
```

因为最早的事件会先被处理，把事件列表以时间顺序存储是最简单的编码形式。（有计算专业背景的读者会注意到，用二叉树存储也许会更高效。）这里，我们会把它处理为一个数据框，第一行包含最早的事件，第二行包含第二早的事件，以此类推。

仿真的主循环反复迭代。每一次迭代把最早的事件从事件列表中取出，更新仿真的时间以表示该事件发生，并对该事件的发生做出响应，这通常会造成新的事件发生。例如，一位客户到达，队列是空的，那么客户会马上接受服务——这就是一个事件引发另一个事件。我们的代码必须要决定客户的服务时间，然后也会知道服务什么时候终止。终止服务也算是一个事件，也会加入到事件列表当中。

编写DES代码最传统的方法是面向事件的范式。这里，处理一个事件发生的代码直接触发另一个事件，这与上述讨论一致。

用ATM的例子理一下思路。在0时刻，队列为空。仿真的代码随机生成第一个客户到达时间，例如2.3。这个时候，事件列表就是（2.3,“arrival”）。这个事件从列表中被取出，仿真时间更新为2.3，对客户到达这一事件做出如下响应：

- 自动取款机的队列为空，于是服务开始。我们随机生成服务时间，比如1.2，那么服务会在2.3+1.2=3.5时刻结束。
- 我们把服务事件结束加入到事件列表，于是事件列表包含(3.5,“service done”)。
- 我们也生成下一个客户的到达时间，比如0.6，也就是说下一个客户会在2.9时刻到达。现在事件列表包含(2.9,“arrival”)和(3.5,“service done”)。

此代码包含了一个普遍适用的库。我们也有个应用示例，可以仿真M/M/1排队系统。M/M/1排队系统是一个单服务排队系统，它的间隔时间和服务时间都服从指数分布。

注意　此例中代码并不是最好的，我们也欢迎读者对它进行改进，尤其是用C语言对某些部分进行改写（第15章会讨论如何在R语言中连接C语言）。不过，这个例子展示了本章讨论过的许多问题。

以下是对库函数的总结：

- schedevnt()：在事件列表中插入一个新事件。
- getnextevnt()：把最早的事件从事件列表中取出。
- dosim()：包含仿真的主循环。重复调用getnextevnt()得到最早的未处理事件；更新当前仿真时间，sim$currtime，以表示事件的发生；调用特定应用函数reactevnt()以处理这个新发生事件。

代码使用以下特定应用函数：

- initglbls()：初始化特定应用的全局变量。
- reactevnt()：在事件发生时采取恰当的操作，一般是生成新的事件。
- prntrslts()：输出仿真的特定应用结果。

要注意，特定应用的意思是说，initglbls()、reactevnt()和prntrslts()都是由程序员针对特定需求编写的，它们都会传递给dosim()当参数。在这里的M/M/1排队模型例子中，这些函数的名称为mm1intglbls()、mm1reactevnt()和mm1prntrslts()。于是，相应地，dosim()的定义如下：

```
dosim <- function(initglbls,reactevnt,prntrslts,maxsimtime,apppars=NULL,dbg=FALSE){
```

调用形式如下所示：

```
dosim(mm1initglbls,mm1reactevnt,mm1prntrslts,10000.0,
   list(arrvrate=0.5,srvrate=1.0))
```

这里是库的代码：

```
1  # DES.R:  R routines for discrete-event simulation (DES)
2  
3  # each event will be represented by a data frame row consisting of the
4  # following components:  evnttime, the time the event is to occur;
5  # evnttype, a character string for the programmer-defined event type;
6  # optional application-specific components, e.g.
7  # the job's arrival time in a queuing app
8  
9  # a global list named "sim" holds the events data frame, evnts, and
10 # current simulated time, currtime; there is also a component dbg, which
11 # indicates debugging mode
12 
13 # forms a row for an event of type evntty that will occur at time
14 # evnttm; see comments in schedevnt() regarding appin
15 evntrow <- function(evnttm,evntty,appin=NULL) {
16    rw <- c(list(evnttime=evnttm,evnttype=evntty),appin)
17    return(as.data.frame(rw))
18 }
19 
20 # insert event with time evnttm and type evntty into event list;
21 # appin is an optional set of application-specific traits of this event,
22 # specified in the form a list with named components
23 schedevnt <- function(evnttm,evntty,appin=NULL) {
24    newevnt <- evntrow(evnttm,evntty,appin)
25    # if the event list is empty, set it to consist of evnt and return
26    if (is.null(sim$evnts)) {
27       sim$evnts <<- newevnt
28       return()
29    }
30    # otherwise, find insertion point
31    inspt <- binsearch((sim$evnts)$evnttime,evnttm)
32    # now "insert," by reconstructing the data frame; we find what
33    # portion of the current matrix should come before the new event and
34    # what portion should come after it, then string everything together
35    before <-
36       if (inspt == 1) NULL else sim$evnts[1:(inspt-1),]
37    nr <- nrow(sim$evnts)
38    after <- if (inspt <= nr) sim$evnts[inspt:nr,] else NULL
39    sim$evnts <<- rbind(before,newevnt,after)
40 }
41 
42 # binary search of insertion point of y in the sorted vector x; returns
43 # the position in x before which y should be inserted, with the value
44 # length(x)+1 if y is larger than x[length(x)]; could be changed to C
45 # code for efficiency
46 binsearch <- function(x,y) {
```

```
46  binsearch <- function(x,y) {
47     n <- length(x)
48     lo <- 1
49     hi <- n
50     while(lo+1 < hi) {
51        mid <- floor((lo+hi)/2)
52        if (y == x[mid]) return(mid)
53        if (y < x[mid]) hi <- mid else lo <- mid
54     }
55     if (y <= x[lo]) return(lo)
56     if (y < x[hi]) return(hi)
57     return(hi+1)
58  }
59
60  # start to process next event (second half done by application
61  # programmer via call to reactevnt())
62  getnextevnt <- function() {
63     head <- sim$evnts[1,]
64     # delete head
65     if (nrow(sim$evnts) == 1) {
66        sim$evnts <<- NULL
67     } else sim$evnts <<- sim$evnts[-1,]
68     return(head)
69  }
70
71  # simulation body
72  # arguments:
73  #    initglbls:  application-specific initialization function; inits
74  #      globals to statistical totals for the app, etc.; records apppars
75  #      in globals; schedules the first event
76  #    reactevnt: application-specific event handling function, coding the
77  #       proper action for each type of event
78  #    prntrslts:  prints application-specific results, e.g. mean queue
79  #       wait
80  #    apppars:  list of application-specific parameters, e.g.
81  #      number of servers in a queuing app
82  #    maxsimtime:  simulation will be run until this simulated time
83  #    dbg:  debug flag; if TRUE, sim will be printed after each event
84  dosim <- function(initglbls,reactevnt,prntrslts,maxsimtime,apppars=NULL,
85        dbg=FALSE) {
86     sim <<- list()
87     sim$currtime <<- 0.0  # current simulated time
88     sim$evnts <<- NULL  # events data frame
89     sim$dbg <<- dbg
90     initglbls(apppars)
91     while(sim$currtime < maxsimtime) {
```

```
92        head <- getnextevnt()
93        sim$currtime <<- head$evnttime  # update current simulated time
94        reactevnt(head)  # process this event
95        if (dbg) print(sim)
96     }
97     prntrslts()
98  }
```

以下是前面这段代码的一个应用示例。再次说明一下，仿真的是M/M/1排队系统。M/M/1排队系统是一个单服务排队系统，它的服务时间和任务间隔时间都服从指数分布。

```
1   # DES application:  M/M/1 queue, arrival rate 0.5, service rate 1.0
2
3   # the call
4   # dosim(mm1initglbls,mm1reactevnt,mm1prntrslts,10000.0,
5   #    list(arrvrate=0.5,srvrate=1.0))
6   # should return a value of about 2 (may take a while)
7
8   # initializes global variables specific to this app
9   mm1initglbls <- function(apppars) {
10     mm1glbls <<- list()
11     # simulation parameters
12     mm1glbls$arrvrate <<- apppars$arrvrate
13     mm1glbls$srvrate <<- apppars$srvrate
14     # server queue, consisting of arrival times of queued jobs
15     mm1glbls$srvq <<- vector(length=0)
16     # statistics
17     mm1glbls$njobsdone <<- 0  # jobs done so far
18     mm1glbls$totwait <<- 0.0  # total wait time so far
19     # set up first event, an arrival; the application-specific data for
20     # each event will consist of its arrival time, which we need to
21     # record in order to later calculate the job's residence time in the
22     # system
23     arrvtime <- rexp(1,mm1glbls$arrvrate)
24     schedevnt(arrvtime,"arrv",list(arrvtime=arrvtime))
25  }
26
27  # application-specific event processing function called by dosim()
28  # in the general DES library
29  mm1reactevnt <- function(head) {
30     if (head$evnttype == "arrv") {  # arrival
31        # if server free, start service, else add to queue (added to queue
32        # even if empty, for convenience)
33        if (length(mm1glbls$srvq) == 0) {
34           mm1glbls$srvq <<- head$arrvtime
35           srvdonetime <- sim$currtime + rexp(1,mm1glbls$srvrate)
36           schedevnt(srvdonetime,"srvdone",list(arrvtime=head$arrvtime))
```

```
37         } else mm1glbls$srvq <<- c(mm1glbls$srvq,head$arrvtime)
38         # generate next arrival
39         arrvtime <- sim$currtime + rexp(1,mm1glbls$arrvrate)
40         schedevnt(arrvtime,"arrv",list(arrvtime=arrvtime))
41      } else {  # service done
42         # process job that just finished
43         # do accounting
44         mm1glbls$njobsdone <<- mm1glbls$njobsdone + 1
45         mm1glbls$totwait <<-
46            mm1glbls$totwait + sim$currtime - head$arrvtime
47         # remove from queue
48         mm1glbls$srvq <<- mm1glbls$srvq[-1]
49         # more still in the queue?
50         if (length(mm1glbls$srvq) > 0) {
51            # schedule new service
52            srvdonetime <- sim$currtime + rexp(1,mm1glbls$srvrate)
53            schedevnt(srvdonetime,"srvdone",list(arrvtime=mm1glbls$srvq[1]))
54         }
55      }
56   }
57
58   mm1prntrslts <- function() {
59      print("mean wait:")
60      print(mm1glbls$totwait/mm1glbls$njobsdone)
61   }
```

要想知道这是如何运作的，首先看看M/M/1的代码。这里，我们设定了一个全局变量mm1glbls，它包含了与M/M/1代码相关的变量，如mm1glbls$totwait，这是目前为止仿真的所有任务的总等待时间。如你所见，超赋值运算符可用来对这些变量进行写操作，如下面这条语句：

```
mm1glbls$srvq <<- mm1glbls$srvq[-1]
```

通过查看mm1reactevnt()来看看仿真是如何运作的，重点放在处理事件"service done"的部分代码：

```
} else {  # service done
   # process job that just finished
   # do accounting
   mm1glbls$njobsdone <<- mm1glbls$njobsdone + 1
   mm1glbls$totwait <<-
      mm1glbls$totwait + sim$currtime - head$arrvtime
   # remove this job from queue
   mm1glbls$srvq <<- mm1glbls$srvq[-1]
   # more still in the queue?
   if (length(mm1glbls$srvq) > 0) {
      # schedule new service
```

```
        srvdonetime <- sim$currtime + rexp(1,mm1glbls$srvrate)
        schedevnt(srvdonetime,"srvdone",list(arrvtime=mm1glbls$srvq[1]))
    }
}
```

首先，代码会做一些记录工作，不断更新已完成的工作总数和等待时间。然后把最新完成的任务从服务队列中移除。最后，检查队列中是否还有剩余的任务，如果有，就调用schedevnt()安排为队首的任务服务。

那么DES库的代码是如何运作的呢？首先注意仿真状态，它包含当前的仿真时间和事件列表，存储在列表sim中。这是为了把所有信息封装到一个包中，这在R语言中通常用列表实现。这里sim列表是全局变量。

如前文提到的，编写DES库的一个关键问题是事件列表。这里的代码用数据框sim$evnts来实现事件列表。数据框的每一行代表着一个预定事件，其中的信息包括事件的时间、描述事件类型的字符串（例如客户到达或者服务结束）以及程序员希望添加的特定数据。由于每一行包含了数字和字符型数据，于是很自然地选择了数据框来展示事件列表。数据框的第一列包含的是事件时间，数据框的行按事件时间升序排列。

仿真的主循环在DES的库代码的dosim()中，从第91行开始：

```
while(sim$currtime < maxsimtime) {
    head <- getnextevnt()
    sim$currtime <<- head$evnttime  # update current simulated time
    reactevnt(head)  # process this event
    if (dbg) print(sim)
}
```

首先，我们调用getnextevnt()取出并移除事件列表第一行（最早发生的事件）。（注意这个操作会改变事件列表。）然后，根据被取出事件的预定发生时间，更新当前仿真时间。最后，调用程序员提供的函数reactevnt()来处理该事件（如前文讨论过的M/M/1例子中的代码）。

采用数据框存储事件表的主要潜在优势在于，在更新事件列表时，可以很方便地使用二分查找算法查找事件时间，更新后的事件列表仍然按事件时间升序排列。查找的操作在函数schedevnt()里完成，即代码第31行。schedevnt()把一个新生成的事件插入到事件列表当中：

```
inspt <- binsearch((sim$evnts)$evnttime,evnttm)
```

这里，我们希望把一个新事件插入到事件列表中。由于使用的是向量，这让我们能够使用二分查找算法快速地查找。（然而，如代码注释中写道的，为了提高性能，用C语言编写会更合适。）

schedevnt()后面的一行代码正好是rbind()用法的好案例：

```
sim$evnts <<- rbind(before,newevnt,after)
```

现在，我们把事件列表中发生在evnt之前的事件取出并存储在before中。我们也构建了一个类似的变量after，包含发生在newevnt之后的事件。然后用rbind()把它们以恰当的顺序合并在一起。

7.8.4　什么时候使用全局变量

全局变量的使用是编程社区中富有争议的话题。很显然，本节小标题提出的问题没有一个公式化的回答，因为这关系到个人编程风格和习惯。虽然如此，很多程序员可能会认为完全禁用全局变量的做法太过于刻板，尽管这种做法也是许多牛人所提倡的。在本节中，我们会探讨R语言结构中全局变量的可能取值。这里，术语全局变量（global variable）包括任何比当前代码所在环境更高层级环境中的任何变量。

R语言中全局变量的使用比想象中的要多。R语言自身内部大量使用了全局变量，无论是其C语言代码还是R例程，对于这点你也许会感到惊讶。例如，超赋值运算符<<-用于许多R语言库函数中（尽管通常只对上一级环境层次中的变量进行写操作）。线程化（Threaded）代码和*GPU*代码倾向于大量使用全局变量，这为并行对象提供了主要的通信途径。两者均用于编写高性能程序，本书第16章将介绍。

为了更具体，我们回到7.7节的例子：

```
f <- function(lxxyy) {  # lxxyy is a list containing x and y
   ...
   lxxyy$x <- ...
   lxxyy$y <- ...
   return(lxxyy)
}
# set x and y
lxy$x <- ...
lxy$y <- ...
lxy <- f(lxy)
# use new x and y
... <- lxy$x
... <- lxy$y
```

如前文所述，这段代码显得稍微有些麻烦，尤其是在x和y本身就是列表的情况下。

与之相比，这里有个使用全局变量的方法：

```
f <- function() {
   ...
   x <<- ...
   y <<- ...
}

# set x and y
x <- ...
y <- ...
f()  # x and y are changed in here
# use new x and y
... <- x
... <- y
```

毫无疑问，第二个版本显得更为清晰易懂，也不涉及对列表的操作。清晰易懂的代码通常更容易编写、调试和维护。

也正是为了简化代码，避免代码杂乱无章，在本章前部分所提到的DES代码中，我们选择使用全局变量，而不是通过返回列表。现在进一步研究这个例子。

假设有两个全局变量（均为列表，封装着多种信息）：与库代码相关的sim，以及与M/M/1代码相关的mm1glbls。我们首先考察sim。

很多程序员对全局变量的使用持保留意见，不过，即便是他们也赞同：如果这些变量真是全局的那么把它们设置成全局变量也是合理的，在这个意义上讲，全局变量广泛应用于程序中。而在DES的例子中，sim函数正是这种情况。全局变量用在了库代码中（schedevnt()、getnextevnt()和dosim()）、也用在了M/M/1应用的代码中（mm1reactevnt()）。在这个例子中，后者对sim的访问只是可读的，但它对某些应用来说可以涉及写操作。一个典型的写操作就是取消事件。这可能出现于仿真"不管哪个先发生"的情形下，两个事件都预定了，当一个先发生，则需要取消另外一个。

所以，把sim作为全局变量看是合理的。然而，如果我们决定要避免全局变量，可以把sim当做dosim()的局部变量考虑。这个函数会把sim作为参数传递给前文提到过的几个函数（schedevnt()、getnextevnt()等），而每一个函数都返回修改后的sim。例如第94行，可以把

```
reactevnt(head)
```

改为

```
sim <- reactevnt(head)
```

我们需要在特定应用函数mm1reactevnt()中添加下面这行代码：

```
return(sim)
```

我们也可以对mm1glbls做类似的操作，把一个要调用的变量，例如appvars，设置成dosim()中的局部变量。然而，如果我们对sim也做同样的操作，则需要把它们一起放到一个列表中，来返回这两个变量，正如前文例子中的函数f()那样。于是会出现前文提到过的列表多重嵌套的混乱局面，在本例中就是，列表里嵌套列表，然后再嵌套列表。

另一方面，对全局变量的使用持批评态度的人提出，代码的简单性是要付出代价的。他们担心调式时跟踪全局变量发生改变的地方会变得更困难，因为这种改变可以发生在程序的任何地方。但是，现代文本编辑器和集成开发工具（最早呼吁避免使用全局变量的文章发表于1970年！）可以用来跟踪一个变量的所有实例，从这个角度来看，现在似乎不用太担心这个问题。不过，这个问题还是应该考虑一下。

当程序中不相关的几个部分都调用同一个函数时，也是批评者担忧的另一个情形。例如，在程序的不同地方使用了函数f()，每次调用会使用各自的x和y值，而不是像之前假设那样共用同样的值。这可以通过创建x和y值的向量来解决，向量的每个元素代表f()的一个实例。这显然没有使用全局向量来得简单。

以上问题有普遍性，不只适用于R语言。然而，对于R语言的顶层环境的全局变量，我们还有另一个担忧，因为用户会通常在那里定义很多变量。于是存在着风险，使用全局变量的代码可能会重写那些同名却不相关的变量。

当然，这是很容易避免的，只需要在代码中为全局变量选择较长的、针对特定应用的变量名。但是也可以引入新的环境来折中解决，比如前面DES的例子：

在dosim()里面，代码

```
sim <<- list()
```

可以被代替为：

```
assign("simenv",new.env(),envir=.GlobalEnv)
```

这会新建一个环境，在顶层环境下，以simenv为索引。它是一个封装全局变量的包，可以通过get()和assign()访问全局变量。例如，在schedevnt()中代码行

```
if (is.null(sim$evnts)) {
   sim$evnts <<- newevnt
```

会变成

```
if (is.null(get("evnts",envir=simenv))) {
   assign("evnts",newevnt,envir=simenv)
```

是的，这也很复杂，但是它至少没有“列表套列表再套列表”那么复杂。而且它避免了在顶层环境下不经意间重写不相关变量的错误。使用超赋值运算符会使代码更简单，但是这种折中方案也是值得考虑的。

与往常一样，没有哪一种编程风格在所有应用中都是最好的。全局变量的使用是编程工具中一种值得考虑的选择。

7.8.5　闭包

前面提到过，R语言中“闭包”包含了函数的参数、函数体以及调用时的环境。有一种编程方法是用闭包包括环境，这种编程方法使用的特性也叫做“闭包”（有点术语重载的意味）。

闭包包含一个可创建局部变量的函数，并创建另一个函数可以访问该变量。这是一个非常抽象的描述，我们看一个例子[⊖]：

```
1  > counter
2  function () {
3     ctr <- 0
4     f <- function() {
5        ctr <<- ctr + 1
6        cat("this count currently has value",ctr,"\n")
7     }
8     return(f)
9  }
```

⊖ 改编自Duncan Temple Lang（2001）的一篇文章“Top-level Task Callbacks in R”下载地址http://developer.r-project.org /TaskHabdkers.pdf。

在探讨细节之前让我们先尝试以下代码：

```
> c1 <- counter()
> c2 <- counter()
> c1
function() {
      ctr <<- ctr + 1
      cat("this count currently has value",ctr,"\n")
   }
<environment: 0x8d445c0>
> c2
function() {
      ctr <<- ctr + 1
      cat("this count currently has value",ctr,"\n")
   }
<environment: 0x8d447d4>
> c1()
this count currently has value 1
> c1()
this count currently has value 2
> c2()
this count currently has value 1
> c2()
this count currently has value 2
> c2()
this count currently has value 3
> c1()
this count currently has value 3
```

这里，我们调用了两次counter()，分别把结果赋值给c1和c2。正如预料的那样，这两个变量会包含函数，尤其是f()的拷贝。

然而，f()可以通过超赋值运算符访问变量ctr，而这个变量在counter()的局部环境中是名称为ctr的局部变量之一，因为它所在的环境层次只比f()高一个层次。它是f()所在环境中的一部分，正因如此，它会被打包返回给counter()的调用方。

很重要的一点是，每次调用counter()时，变量ctr都会在不同的环境中（在本例中，环境的内存地址是分别是0x8d445c0和0x8d447d4）。换句话说，每次调用counter()都会生成物理地址不同的ctr。

结果，函数c1()和c2()成了独立的计数器，从例子中可见，它们都被多次调用。

7.9 递归

曾经有一位非常聪明、但几乎没有编程背景的博士生，向我请教怎样编写某个函数。我很快说道，“你不用告诉我你打算用这个函数做什么，就用递归。”他很吃惊地问我什么是递归。我建议他去看著名的汉诺塔问题。果然，第二天他回来说自己已经用仅仅几行代码就解决了问题，用的就是递归。很明显，递归是一个很有用的工具。那么，什么是递归？

递归（recursive）函数会调用自己本身。如果之前你还未遇到过这个概念，可能会觉得听起来怪怪的，但是它的思想确实很简单。大致来讲，其思想是：

通过写一个递归函数f()来解决X类型的问题：

1. 将X类型的原始问题划分为一个或更小的X类型问题。
2. 在f()中，对每个较小问题调用f()函数。
3. 然后再在f()中，将(2)中的所有结果整合起来解决这个原始问题。

7.9.1 Quicksort的具体实现

一个非常经典的例子是Quicksort，这种算法用来将数字向量从小到大排序。例如，假定我们希望对向量(5,4,12,13,3,8,88)进行排序。首先我们将所有元素跟第一个元素5进行比较，从而形成两个子向量：一个是由小于5的元素组成，而另一个是由大于或等于5的元素组成。这样就得到两个子向量(4,3)和(12,13,8,88)。然后，我们在子向量上调用Quicksort排序函数，返回(3,4)和(8,12,13,88)。将两个子向量和5一起组合得到向量(3,4,5,8,12,13,88)，正是所求。

R的向量筛选能力和c()函数使实现Quicksort变得相当容易。

注意 这个例子能很好地阐释递归。其实R自己的排序函数sort()更快，因为它是C语言写的。

```
qs <- function(x) {
   if (length(x) <= 1) return(x)
   pivot <- x[1]
   therest <- x[-1]
   sv1 <- therest[therest < pivot]
   sv2 <- therest[therest >= pivot]
   sv1 <- qs(sv1)
   sv2 <- qs(sv2)
   return(c(sv1,pivot,sv2))
}
```

需要注意终止条件：

```
if (length(x) <= 1) return(x)
```

如果没有这个条件，该函数会在一个空向量中一直重复调用自己，永不停止。（事实上，R解释器将最终拒绝进一步的操作，但你可领略其中的思想。）

听起来像是魔法？递归当然是解决问题的一种很优雅的方法。但是递归也存在两个潜在的缺点：

- 递归相当抽象。我知道对于一位数学专业的优秀研究生来说，运用递归可以说是如鱼得水，因为递归其实是数学归纳法证明的逆过程。但是很多程序员却觉得它很难。
- 递归很浪费内存，当用R处理大型问题时可能会是个难题。

7.9.2 拓展举例：二叉查找树

树形数据结构在计算机科学和统计学中是非常普遍的。例如，在R中，用于回归和分类的递归分块方法库——rpart，就非常受欢迎。很明显，树在系谱学中有所应用，更一般的方法，图成为了社交网络分析基础。

然而，R中的树结构也有些实际问题，它们中很多是由于R语言没有指针类型的引用所造成的，正如7.7节讨论过的。事实上，因为这个原因，也为了获得更好的运算性能，一个更好的选择通常是用C语言编写核心代码，再用R语言包装，这点将在第15章中介绍。然而树可以在R中实现，如果运算性能不算个大问题，那么使用这种方法或许更为方便。

为了简单起见，我们这里将以二叉查找树为例。二叉查找树是一种传统的计算机数据结构，具有如下性质：

在树形结构的每一个节点，左子树的值如果存在的话，将小于或等于父节点的值。而右子树的值如果存在的话，将大于父节点的值。

例如：

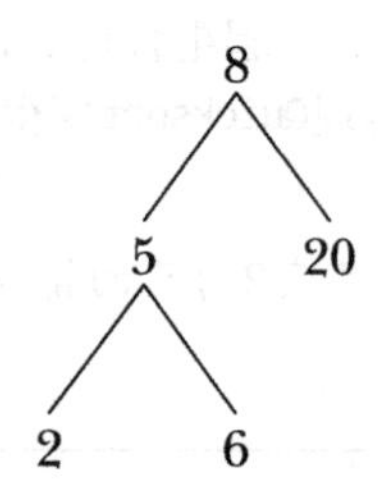

我们把8存储于根节点（root）——也就是树的顶部。它的两个子节点包含5和20，其中前者又包含两个子节点，存储了2和6。

注意，二叉查找树的特点意味着：对于任何一个节点而言，其左子树的元素都小于或等于该节点存储的值，而右子树的元素则大于该节点存储的值。在以上例子中，根节点的值为8，其左子树的所有值——5、2以及6都小于8，而右子树的值20则大于8。

如果用C语言实现，树的一个节点将以C语言结构体（struct）来表示。结构体与R语言中的列表相似，其存储的内容有节点值、左子树的指针以及右子树的指针。但是R缺少指针变量，应该怎么办呢？

我们的解决方法是回归基础。在过去使用FORTRAN的时代，没有指针，链接的数据结构是用长数组实现的。在C中，一个指针就是一个内存地址，但在R中却是一个数组索引。

具体来讲，创建一个矩阵，该矩阵有三列，我们用该矩阵的每一行来代表每个节点。这一行的第三个元素存储的是节点的值，而第一个和第二个元素则将分别存储左子树和右子树的链接。例如，如果某行的第一个元素是29，则意味着该节点左子树的链接指向矩阵第29行的节点值。

以前提到过，在R中为矩阵分配空间很耗费时间。为了摊销内存分配的时间，我们每次为矩阵的好几行同时分配新的空间，而不是逐行分配。每次分配的行数将以变量inc给出。我们用递归来实现这个算法，这种做法在树的遍历问题中很普遍。

注意 *如果期望得到大型矩阵，则需每次分配时翻倍，而不能像以前那样使其线性增长。如此，将进而减少耗时的中断次数。*

在讨论该编码前，我们先用它的例程在交互式会话中展示一下构建树的过程：

```
> x <- newtree(8,3)
> x
$mat
     [,1] [,2] [,3]
[1,]   NA   NA    8
[2,]   NA   NA   NA
[3,]   NA   NA   NA

$nxt
[1] 2

$inc
[1] 3

> x <- ins(1,x,5)
> x
$mat
     [,1] [,2] [,3]
[1,]    2   NA    8
[2,]   NA   NA    5
[3,]   NA   NA   NA


$nxt
[1] 3

$inc
[1] 3

> x <- ins(1,x,6)
> x
$mat
     [,1] [,2] [,3]
[1,]    2   NA    8
[2,]   NA    3    5
[3,]   NA   NA    6

$nxt
[1] 4

$inc
[1] 3

> x <- ins(1,x,2)
> x
```

```
$mat
     [,1] [,2] [,3]
[1,]    2   NA    8
[2,]    4    3    5
[3,]   NA   NA    6
[4,]   NA   NA    2
[5,]   NA   NA   NA
[6,]   NA   NA   NA

$nxt
[1] 5

$inc
[1] 3

> x <- ins(1,x,20)
> x
$mat
     [,1] [,2] [,3]
[1,]    2    5    8
[2,]    4    3    5
[3,]   NA   NA    6
[4,]   NA   NA    2
[5,]   NA   NA   20
[6,]   NA   NA   NA

$nxt
[1] 6

$inc
[1] 3
```

这里发生了什么？首先，newtree(8,3)创造了一个新的树，赋值给x，存储的数字是8。参数3指定了一次为三行分配存储空间。结果得到列表x的矩阵组件是这样的：

```
     [,1] [,2] [,3]
[1,]   NA   NA    8
[2,]   NA   NA   NA
[3,]   NA   NA   NA
```

三行的存储空间确实是分配的，而现在数据中只包含数字8。第一行的两个NA值表明目前这个树节点没有子树。

然后，调用ins(1,x,5)在树x中插入第二个值，5。参数1指定树根。换言之，该程序意味着“在x的子树里插入5，要求该子树的根节点在矩阵的第1行。”注意，我们需要将该程序的返回值重新赋值给x，这同样是因为R语言缺少指针变量。该矩阵现在显示如下：

```
     [,1] [,2] [,3]
[1,]    2   NA    8
[2,]   NA   NA    5
[3,]   NA   NA   NA
```

元素2指的是：包含数字8的节点的左链接将指向第2行，也就是存储新元素5的这一行。

R会话以这种方式继续进行下去。注意，当我们最初分配的三行已满时，ins()将分配新的三行，总计六行。最后，该矩阵如下：

```
     [,1] [,2] [,3]
[1,]    2    5    8
[2,]    4    3    5
[3,]   NA   NA    6
[4,]   NA   NA    2
[5,]   NA   NA   20
[6,]   NA   NA   NA
```

这代表的就是前面用图形展示过的树。

下面是本例的代码。要注意，它只包含了插入新数据和遍历树的例程。删除节点的代码从某种程度上来讲更为复杂，不过遵循的也是类似的模式。

```
1   # routines to create trees and insert items into them are included
2   # below; a deletion routine is left to the reader as an exercise
3
4   # storage is in a matrix, say m, one row per node of the tree; if row
5   # i contains (u,v,w), then node i stores the value w, and has left and
6   # right links to rows u and v; null links have the value NA
7
8   # the tree is represented as a list (mat,nxt,inc), where mat is the
9   # matrix, nxt is the next empty row to be used, and inc is the number of
10  # rows of expansion to be allocated whenever the matrix becomes full
11
12  # print sorted tree via in-order traversal
13  printtree <- function(hdidx,tr) {
14     left <- tr$mat[hdidx,1]
15     if (!is.na(left)) printtree(left,tr)
16     print(tr$mat[hdidx,3])  # print root
17     right <- tr$mat[hdidx,2]
18     if (!is.na(right)) printtree(right,tr)
19  }
20
21  # initializes a storage matrix, with initial stored value firstval
22  newtree <- function(firstval,inc) {
23     m <- matrix(rep(NA,inc*3),nrow=inc,ncol=3)
```

```
24     m[1,3] <- firstval
25     return(list(mat=m,nxt=2,inc=inc))
26  }
27
28  # inserts newval into the subtree of tr, with the subtree's root being
29  # at index hdidx; note that return value must be reassigned to tr by the
30  # caller (including ins() itself, due to recursion)
31  ins <- function(hdidx,tr,newval) {
32     # which direction will this new node go, left or right?
33     dir <- if (newval <= tr$mat[hdidx,3]) 1 else 2
34     # if null link in that direction, place the new node here, otherwise
35     # recurse
36     if (is.na(tr$mat[hdidx,dir])) {
37        newidx <- tr$nxt  # where new node goes
38        # check for room to add a new element
39        if (tr$nxt == nrow(tr$mat) + 1) {
40           tr$mat <-
41              rbind(tr$mat, matrix(rep(NA,tr$inc*3),nrow=tr$inc,ncol=3))
42        }
43        # insert new tree node
44        tr$mat[newidx,3] <- newval
45        # link to the new node
46        tr$mat[hdidx,dir] <- newidx
47        tr$nxt <- tr$nxt + 1  # ready for next insert
48        return(tr)
49     } else tr <- ins(tr$mat[hdidx,dir],tr,newval)
50  }
```

在printtree()和ins()中都用了递归。前者明显是最简单的，那么让我们来分析一下前者。它的功能是打印出排序后的树。

回顾一下前面对递归函数f()的描述，假如f()要解决X类型的问题，那么：用f()将原始的X问题分割成一个或更多更小的X问题，对它们调用f()，再将所得结果整合起来。在这种情况下， X类型的问题是打印出树，该树可以看作一个更大的树的子树。位于第13行的函数的作用是输出给定的树，这是通过在第15行和第18行的调用该函数本身来完成的。在那里，首先打印左子树，然后打印右子树，中间停下来以打印树的根节点。

用这种思想来编写代码——打印左子树，然后是根节点，然后打印右子树，但是我们必须再次确保有一种合适的终止机制。这种机制可在第15和18行的if()语句中见到。当遇上一个空链接时，则不会再继续递归。

ins()中的递归遵循了同样的原则，但是却更为精确。这里的“X类型的问题”是把一个值插入子树里。我们从树的根节点开始，确定新的值应该进入左子树还是右子树（代码第33行），然后对该子树再次调用该函数。原则上讲这并不难，但是必须要注意很多细节，其中包括在空间用完的情况下扩大数据矩阵（代码第40～41行）。

printtree()和ins()中递归代码的不同之处在于，前者包含了两次对函数自身的调用，而后者只有一次。这表明用非递归形式编写后者的代码或许并不困难。

7.10 置换函数

考虑第2章的这个例子：

```
> x <- c(1,2,4)
> names(x)
NULL
> names(x) <- c("a","b","ab")
> names(x)
[1] "a"  "b"  "ab"
> x
 a  b ab
 1  2  4
```

特别注意这一行：

```
> names(x) <- c("a","b","ab")
```

这似乎没什么问题，对吗？不，实际上，这太不合理了！怎么可以把一个数赋值给一个函数调用的结果呢？这个特殊现象的解释依赖于R语言中的置换函数（replacement functions）的概念。

前面那行代码实际是执行下面这行代码的结果：

```
x <- "names<-"(x,value=c("a","b","ab"))
```

没错，这里没有印刷错误，调用的的确是一个名为names<-()的函数。（由于函数名包含了特殊符号，我们需要插入引号）。

7.10.1 什么是置换函数

任何左边不是标识符（意味变量名）的赋值语句都可看作是“置换函数”。当我们遇到以下形式：

```
g(u) <- v
```

R语言会尝试用以下方式执行：

```
u <- "g<-"(u,value=v)
```

注意我们用了“尝试”一词，如果你不事先定义好g<-()就执行语句会出现错误。要注意置换函数比原函数g()多一个具名参数，我们会在本节解释其原因。

在前几章，我们见过这个看似没问题的语句：

```
x[3] <- 8
```

赋值符左边不是变量名，所以它也是置换语句。

下标操作是函数。函数"["()用于读向量元素，"[<-"()用于写操作。下面是一个例子：

```
> x <- c(8,88,5,12,13)
> x
[1]  8 88  5 12 13
> x[3]
[1] 5


> "["(x,3)
[1] 5
> x <- "[<-"(x,2:3,value=99:100)
> x
[1]   8  99 100  12  13
```

下面这行比较复杂的代码：

```
> x <- "[<-"(x,2:3,value=99:100)
```

其实是执行以下代码时后台实际发生的：

```
x[2:3] <- 99:100
```

我们可以很容易地证实以下结果：

```
> x <- c(8,88,5,12,13)
> x[2:3] <- 99:100
> x
[1]   8  99 100  12  13
```

7.10.2 扩展案例：可记录元素修改次数的向量类

假设我们希望跟踪向量的写操作。换句话说，在执行以下语句时：

```
x[2] <- 8
```

我们不仅希望把x[2]改为8，也希望增加一个计数器记录x[2]被写入的次数。为了做到这点，我们可以给向量下标操作编写一个针对特定类的泛型置换函数。

注意 这段代码用到了类，第9章将会详细讨论类的细节。目前，你只需要知道我们在创建S3类的时候创建了一个列表，并通过调用class()函数给这个列表赋予了类的属性。

```
1  # class "bookvec" of vectors that count writes of their elements
2
3  # each instance of the class consists of a list whose components are the
4  # vector values and a vector of counts
5
6  # construct a new object of class bookvec
7  newbookvec <- function(x) {
8     tmp <- list()
9     tmp$vec <- x # the vector itself
10    tmp$wrts <- rep(0,length(x)) # counts of the writes, one for each element
11    class(tmp) <- "bookvec"
12    return(tmp)
13 }
14
15 # function to read
16 "[.bookvec" <- function(bv,subs) {
17    return(bv$vec[subs])
18 }
19
20 # function to write
21 "[<-.bookvec" <- function(bv,subs,value) {
22    bv$wrts[subs] <- bv$wrts[subs] + 1 # note the recycling
23    bv$vec[subs] <- value
24    return(bv)
25 }
```

我们来测试一下：

```
> b <- newbookvec(c(3,4,5,5,12,13))
> b
$vec
[1] 3 4 5 5 12 13

$wrts
[1] 0 0 0 0 0 0

attr(,"class")
[1] "bookvec"
> b[2]
[1] 4
> b[2] <- 88 # try writing
> b[2] # worked?
[1] 88
> b$wrts # write count incremented?
[1] 0 1 0 0 0 0
```

我们把这个类命名为“bookvec”，因为这些向量可以记录自己的写操作次数。于是，下标操作函数包括了[.bookvec()和[<-.bookvec()。

函数newbookvec()（代码第7行）的功能是构建类。在函数代码里，你可以看到类的构造：一个包含了向量本身的对象vec（代码第9行），和一个记录写操作的向量wrts（代码第10行）。

顺便提一下，第11行中函数class()本身就是一个置换函数！

函数[.bookvec()和[<-.bookvec()相当简单。请记住要在后者返回整个对象。

7.11 写函数代码的工具

如果你要写一段只是暂时需要的短函数，一个简单快速的方法是在交互式的会话终端写出来。下面是个例子：

```
> g <- function(x) {
+     return(x+1)
+ }
```

显然，对于更长更复杂的函数，这个方法是行不通的。现在，让我们看看编写R代码更好的方式。

7.11.1 文本编辑器和集成开发环境

你可以使用Vim、Emacs甚至Notepad等文本编辑器，或者在集成开发环境（Integrated Development Environments，IDE）的编辑器中编写代码，然后用source()函数将代码文件读入R。

例如，在文件xyz.R中有函数f()和g()。在R中，使用以下命令：

```
> source("xyz.R")
```

这会把f()和g()读入R中，就如同在本节开头，我们使用简单快速的方法把它们键入R中。

如果代码不是很长，可以从编辑器窗口剪切代码并粘贴到R窗口里。

一些通用编辑器有针对R语言的插件，如Emacs的ESS，以及Vim的Vim-R。也有R语言的集成开发环境，如商业软件Revoluntion Analytics，以及StatET、JGR、Rcmdr和RStudio等开源产品。

7.11.2 edit()函数

函数都是对象，基于这一事实，你可以在R的交互式模式下编辑函数。大部分R语言程序员会在一个单独的文本编辑器窗口编写他们的代码，但是对于较小的改动，使用edit()函数做修改会更方便。

例如，想修改函数f1()可以键入下面这行命令：

```
> f1 <- edit(f1)
```

这会为f1的代码打开默认编辑器，然后我们可以进行编辑并返回给f1。

或者，我们也许希望创建一个非常类似于f1()的函数f2()，于是执行以下代码：

```
> f2 <- edit(f1)
```

这样就给我们提供了f1()的一份拷贝。可以在它的基础上进行修改并保存到f2()，如上面的命令。

会启用哪种编辑器决定于R的内部选项变量editor。在UNIX类操作系统中，R会通过shell的环境变量EDITOR或VISUAL设置默认编辑器，或者你也可以自己设置，如下所示：

```
> options(editor="/usr/bin/vim")
```

如果想获取关于选项的更多细节，可键入下面这行命令来查看在线文档：

```
> ?options
```

也可以用edit()来修改数据结构。

7.12　创建自己的二元运算符

可以创建自己的二元运算符！只要写一个名称是以%开始和结束的函数，函数的两个参数都是某种数据类型，并返回同样类型的值。

例如，下面定义的二元操作符是求出第二个操作数的两倍与第一个操作符之和：

```
> "%a2b%" <- function(a,b) return(a+2*b)
> 3 %a2b% 5
[1] 13
```

另一个不太简单的例子是8.5节给出的一个集合运算符。

7.13　匿名函数

本书中多次提到，R函数function()的目的是创建函数。例如，下面这段代码：

```
inc <- function(x) return(x+1)
```

它让R创建一个让参数加1的函数，并把这个函数赋给inc。然而，最后的这步赋值并不是必需的。我们可以直接调用function()而不给对象命名。这样定义的函数叫做匿名函数，因为它们没有名字。（在某种程度上说，这是有误导性的，因为即使是非匿名函数，也只是在有变量指向它们时才有名字。）

当函数只有简短一行并被别的函数调用时，使用命名函数非常方便。回顾一下3.3节中使用apply的例子：

```
> z
     [,1] [,2]
[1,]    1    4
[2,]    2    5
```

```
[3,]    3    6
> f <- function(x) x/c(2,8)
> y <- apply(z,1,f)
> y
      [,1] [,2] [,3]
[1,]   0.5 1.000 1.50
[2,]   0.5 0.625 0.75
```

忽略赋值给f的中间过程，即在调用apply()时使用一个匿名函数，如下：

```
> y <- apply(z,1,function(x) x/c(2,8))
> y
    [,1]  [,2] [,3]
[1,]  0.5 1.000 1.50
[2,]  0.5 0.625 0.75
```

这里发生了什么呢？apply()的第三个形式参数必须是一个函数，这也正是我们所提供的，因为function()的返回值也是一个函数！

以这种方式处理通常比在外部定义一个函数更加清晰易懂。当然，如果函数比较复杂，情况就不一样了。

第⑧章

数学运算与模拟

R内置很多数学函数和统计分布函数，本章概括地介绍一下这些函数。由于本章介绍的是与数学相关内容，所以例子会涉及一些比其他章节稍微高级的数学知识。读者需要对微积分和线性代数比较熟悉，才能很好地理解这些例子。

8.1 数学函数

R 内置了很多数学函数，以下简单列举一些：

- exp( )： 以自然常数 e 为底的指数函数。
- log( )：自然对数。
- log10( )：以10为底的常用对数。
- sqrt（）:平方根。
- abs( )：绝对值。
- sin( ), cos( ) 等：三角函数。
- min( ), max( )：向量的最小、最大值。
- which.min( ), which.max( )：向量的最小、最大元素的位置索引。
- pmin( ), pmax( )：把多个等长度的向量按元素逐个对比，返回所有向量的第k个元素中最小 (最大) 的值。
- sum( ), prod( )：把一个向量的所有元素求和 (求积)。
- cumsum( ), cumprod( )：把一个向量的前k个元素累计求和 (求积)。
- round( ), floor( ), ceiling( )：分别是四舍五入取整、向下取整和向上取整。
- factorial( )：阶乘。

8.1.1 扩展例子：计算概率

第一个例子是用连乘函数 prod( ) 计算概率。假设有 n 个独立事件，其中第 i 个事件的发生概率是P_i。求恰好有一个事件发生的概率。

首先假设 n=3，事件记作 A, B, C；那么有

P(有一件事情发生)=P(A发生而BC没有发生) +P(B发生而AC没有发生)
+P(C发生而AB没有发生)

很明显 P(A发生而B和C没有发生) = $P_A(1-P_B)(1-P_C)$，以此类推。

对于一般情形，我们有

$$\sum_{i=1}^{n} p_i(1-p_1)\dots(1-p_{i-1})(1-p_{i+1})\dots(1-p_n)$$

（以上和式的第 i 项表示第 i 个事件发生而其他事件都没发生的概率。）

以下是计算这个问题的代码，其中向量p包含所有事件的概率P_i：

```
exactlyone <- function(p) {
   notp <- 1 - p
   tot <- 0.0
   for (i in 1:length(p))
      tot <- tot + p[i] * prod(notp[-i])
   return(tot)
}
```

它是如何工作的？

```
notp <- 1 - p
```

上面这条赋值语句生成一个新的概率向量，每个元素是对应事件不发生的概率$1-P_j$，这里用了循环赋值。表达式 notp[-i] 用来计算notp中排除第i个元素后的所有元素乘积。

8.1.2 累积和与累积乘积

上面已经提到过，cumsum()和cumprod()分别返回向量的累积和与累积乘积。

```
> x <- c(12,5,13)
> cumsum(x)
[1] 12 17 30
> cumprod(x)
[1]  12  60 780
```

向量x第一个元素是12，前两个元素之和是17，前三个元素之和是30。

cumprod() 与 cumsum() 的工作方式相同，只不过把求和替换成求积。

8.1.3 最小值和最大值

min()与pmin()意义完全不一样，min()把所有元素都组成一个向量，然后返回最小值。pmin()却是用来对比两个向量的，把两个向量对应位置的元素分别两两比较(pair-wise)，返回一个长度相等的新向量，所以这个函数名字前面有一个字母p。实际上，pmin()也可以接受多个向量的输入。

我们通过以下例子具体说明:

```
> z
     [,1] [,2]
[1,]    1    2
```

```
[2,]    5    3
[3,]    6    2
> min(z[,1],z[,2])
[1] 1
> pmin(z[,1],z[,2])
[1] 1 3 2
```

可见，min() 返回的是 (1,5,6,2,3,2)中的最小值。但是 pmin()则是逐行比较，计算1和2的最小值得1；然后5和3的最小值是3；最后6和2的最小值是2；因此pmin()命令最后返回向量(1,3,2)。

我们也可以像下面用法一样，给pmin输入两个以上的参数:

```
> pmin(z[1,],z[2,],z[3,])
[1] 1 2
```

输出结果中的1是1、5、6的最小值，2是2、3、2的最小值。

max()和pmax()之间的关系与min()和pmin()之间的关系类似，不再赘述。

以上函数都是求向量的最值，如果要求函数的最小、最大值需要用nlm()和optim()。例如，求$f(x)=x^2-\sin(x)$的最小值，如下所示：

```
> nlm(function(x) return(x^2-sin(x)),8)
$minimum
[1] -0.2324656

$estimate
[1] 0.4501831

$gradient
[1] 4.024558e-09

$code
[1] 1

$iterations
[1] 5
```

最后我们得到最小值的近似值是−0.23，在x=0.45时取到。这里用到了数值分析里一种近似求根方法——Newton-Raphson方法，共迭代5次得到最终结果。函数的第二个参数是用来设定初始值的，我们设为8。（这里第二个参数是随意设定的，有些时候需要实验才能找到使迭代收敛的初始值。）

8.1.4　微积分

R也可以进行微积分运算，包括符号微分和数值积分，见下例:

```
> D(expression(exp(x^2)),"x")  # derivative
exp(x^2) * (2 * x)
> integrate(function(x) x^2,0,1)
0.3333333 with absolute error < 3.7e-15
```

R的计算结果是

$$\frac{d}{dx}e^{x^2} = 2xe^{x^2}$$

以及

$$\int_0^1 x^2 dx \approx 0.3333333$$

另外，R的odesolve包可以用于处理微分方程；ryacas包提供了R与Yacas符号数学系统接口(ryacas)。这些包都可以在 CRAN上下载，详见附录B。

8.2 统计分布函数

大部分的统计分布函数在R里都有实现。这些函数名都有一套统一的前缀:

- d 对应概率密度函数或概率质量函数。
- p 对应累计分布函数。
- q 对应分布的分位数。
- r 对应随机数生成函数。

前缀后的部分是分布函数的名字。表8-1列举了R里一些常用的统计分布函数。

表8-1 R 常用统计分布函数

分布	概率密度函数/概率质量函数	累计分布函数	分位数	随机数
正态分布	dnorm( )	pnorm( )	qnorm( )	rnorm( )
卡方分布	dchisq( )	pchisq( )	qchisq( )	rchisq( )
二项分布	dbinom( )	pbinom( )	qbinom( )	rbinom( )

例如，模拟生成 1000 个自由度为2的卡方随机变量，再求其平均数：

```
> mean(rchisq(1000,df=2))
[1] 1.938179
```

rchisq函数的前缀 r 表示生成随机数，这里的rchisq表示从卡方分布中生成随机数。从上面这个例子可以看出，以r打头的这些函数第一个参数是生成随机数的个数。

这些函数也有参数来指定分布族。在上面的例子里，df是卡方分布族的参数，表示自由度。

注意 请在R的在线帮助文档里查询这些分布函数的具体参数。例如想了解卡方分布的分位数函数，输入R命令*?qchisq*就可以了。

下面让我们计算自由度为2的卡方分布的95%分位数：

```
> qchisq(0.95,2)
[1] 5.991465
```

这里前缀 q 代表分位数，具体到例子里，就是分布的0.95分位数，或称之为95%分位数。

d、p、q系列函数第一个参数都可以是向量，所以我们可以比较方便地在多个点上求概率密度函数值、概率质量函数值、累积分布函数值或分位数。例如我们可以求出自由度为2的卡方分布的50%分位数和95%分位数：

```
qchisq(c(0.5,0.95),df=2)
[1] 1.386294 5.991465
```

8.3 排序

对向量进行普通数值排序，可以用`sort()`函数完成。例子如下：

```
> x <- c(13,5,12,5)
> sort(x)
[1]  5  5 12 13
> x
[1] 13  5 12  5
```

注意，x本身没有改变，这与R语言的设计理念相一致。

如果想得到排序后的值在原向量中的索引，可以使用`order()`函数。例子如下：

```
> order(x)
[1] 2 4 3 1
```

这意味着x[2]是向量x中最小的值，x[4]是第二小的值，x[3]是第三小的，以此类推。

可以使用`order()`函数和索引来对数据框进行排序，像下面这样：

```
> y
    V1 V2
1  def  2
2   ab  5
3 zzzz  1
> r <- order(y$V2)
> r
[1] 3 1 2
> z <- y[r,]
```

```
> z
    V1 V2
3 zzzz  1
1  def  2
2   ab  5
```

这里做了什么呢？对y的第二列使用order()函数，生成向量r，告诉我们如果对这列排序的话，数字会排到第几位。向量r中的3告诉我们x[3,2]是x[,2]中最小的数；向量r中1告诉我们x[1,2]是第二小的数字；向量中2告诉我们x[2,2]是第三小的数字;这样，我们使用索引来生成以第二列排序的数据框，保存为变量z。

除了能对数值变量排序，order()函数还可以对字符变量排序，例如：

```
> d
   kids ages
1  Jack   12
2  Jill   10
3 Billy   13
> d[order(d$kids),]
   kids ages
3 Billy   13
1  Jack   12
2  Jill   10
> d[order(d$ages),]
   kids ages
2  Jill   10
1  Jack   12
3 Billy   13
```

相关的函数还有rank()，它返回向量中每一个元素的排位（rank）。

```
> x <- c(13,5,12,5)
> rank(x)
[1] 4.0 1.5 3.0 1.5
```

这说明13在x中的排位是4；也就是说，13在x中是第四小的。数字5在x中出现了两次，分别是x中最小和第二小的，所以二者的排位都是1.5。另外，也可以使用其他处理并列排名的方法。

8.4 向量和矩阵的线性代数运算

如前面所见，向量乘以标量可以直接运算。下面的是另外一个例子。

```
> y
[1]  1  3  4 10
> 2*y
[1]  2  6  8 20
```

如果想计算两个向量的内积（也就是点积），可以使用crossprod()命令，如下所示：

```
> crossprod(1:3,c(5,12,13))
     [,1]
[1,]   68
```

这个函数计算的是$1\cdot5 + 2\cdot12 + 3\cdot13 = 68$。

需要注意，crossprod()这个名称用词并不恰当，因为这个函数并不是计算向量叉积（向量叉积又称为矢量积、外积等——译者注）的。8.4.1节将介绍一个真正计算向量叉积的函数。

数学意义上的矩阵乘法，要使用运算符%*%，而不是*。例如，我们计算矩阵乘积：

$$\begin{pmatrix} 1 & 2 \\ 3 & 4 \end{pmatrix} \begin{pmatrix} 1 & -1 \\ 0 & 1 \end{pmatrix} = \begin{pmatrix} 1 & 1 \\ 3 & 1 \end{pmatrix}$$

下面是代码：

```
> a
     [,1] [,2]
[1,]    1    2
[2,]    3    4
> b
     [,1] [,2]
[1,]    1   -1
[2,]    0    1
> a %*% b
     [,1] [,2]
[1,]    1    1
[2,]    3    1
```

函数solve()可以解线性方程组，还可以求矩阵的逆矩阵。例如，我们求解下面的线性方程组：

$$x_1 + x_2 = 2$$

$$-x_1 + x_2 = 4$$

它的矩阵形式如下：

$$\begin{pmatrix} 1 & 1 \\ -1 & 1 \end{pmatrix} \begin{pmatrix} x_1 \\ x_2 \end{pmatrix} = \begin{pmatrix} 2 \\ 4 \end{pmatrix}$$

下面是代码：

```
> a <- matrix(c(1,1,-1,1),nrow=2,ncol=2)
> b <- c(2,4)
> solve(a,b)
[1] 3 1
```

```
> solve(a)
     [,1] [,2]
[1,]  0.5  0.5
[2,] -0.5  0.5
```

上述代码中的第二次调用函数solve()时，solve()第二个参数的省略表示我们只想计算矩阵的逆。

下面是一些其他线性代数运算函数：

- t()：矩阵的转置。
- qr()：QR分解。
- chol()：Cholesky分解。
- det()：矩阵的行列式值。
- eigen()：矩阵的特征值和特征向量。
- diag()：从方阵中提出对角矩阵(有利于从协方差矩阵中得到方差和构建对角矩阵)。
- sweep()：数值分析批量运算符。

需要注意diag()函数的两用性：如果它的参数是一个矩阵，它返回的是一个向量，反之亦然。同样的，如果它的参数是一个标量，那么这个函数返回指定大小的单位矩阵。

```
> m
     [,1] [,2]
[1,]    1    2
[2,]    7    8
> dm <- diag(m)
> dm
[1] 1 8
> diag(dm)
     [,1] [,2]
[1,]    1    0
[2,]    0    8
> diag(3)
     [,1] [,2] [,3]
[1,]    1    0    0
[2,]    0    1    0
[3,]    0    0    1
```

函数sweep()可以做比较复杂的运算。举个简单的例子，取一个3行3列的矩阵，第一行都加1，第二行都加4，第三行都加7：

```
> m
     [,1] [,2] [,3]
[1,]    1    2    3
[2,]    4    5    6
[3,]    7    8    9
> sweep(m,1,c(1,4,7),"+")
     [,1] [,2] [,3]
```

```
[1,]    2    3    4
[2,]    8    9   10
[3,]   14   15   16
```

sweep()函数中的前两个参数类似于apply()中的参数：数组和方向，在上面这个例子中，方向是1，表示按行运算。sweep()函数中的第四个参数表示的是要使用的函数，第三个参数是这个函数 (比如本例中的函数"+") 的参数。

8.4.1 扩展示例：向量叉积

本节研究向量叉积的问题。向量叉积的定义很简单：三维空间里的向量(x_1，x_2，x_3)和(y_1，y_2，y_3)的叉积是一个新的三元向量，如公式8.1所示。

$$(x_2y_3 - x_3y_2, -x_1y_3 + x_3y_1, x_1y_2 - x_2y_1) \tag{8.1}$$

上式可以简洁地表示为按下面矩阵的第一行做行列式展开，如公式8.2所示。

$$\begin{pmatrix} - & - & - \\ x_1 & x_2 & x_3 \\ y_1 & y_2 & y_3 \end{pmatrix} \tag{8.2}$$

在这里，第一行的元素仅仅是占位符。

不用担心这一点非数学的东西。关键是叉积向量可以通过计算子行列式来得出。例如公式8.1的第一个分量，$x_2y_3-y_3x_2$，可以看成是公式8.2删去第一行和第一列后所得子矩阵的行列式，如公式8.3所示。

$$\begin{pmatrix} x_2 & x_3 \\ y_2 & y_3 \end{pmatrix} \tag{8.3}$$

用R计算子行列式（也就是子矩阵的行列式）再合适不过了，R擅长于提取子矩阵。这要求对适当的子矩阵调用det()函数，如下示例：

```
xprod <- function(x,y) {
   m <- rbind(rep(NA,3),x,y)
   xp <- vector(length=3)
   for (i in 1:3)
      xp[i] <- -(-1)^i * det(m[2:3,-i])
   return(xp)
}
```

要注意的是，R把数值指定为NA的能力在这里发挥了作用，以处理前面提到的“占位符”。

这看起来有点儿像杀鸡用牛刀。毕竟，在不使用子矩阵和子行列式时，直接编写式子8.1并不困难。这在3维情况下也许是对的，但是在n维空间中n元向量的情况下，使用上述方法是非常有效果的。此时叉积被定义为公式8.1中$n \times n$行列式的形式，继而前面的代码可完美地推广到这种情形。

8.4.2 扩展示例：确定马尔科夫链的平稳分布

马尔科夫链是一个随机过程，这个随机过程在多个状态间以一种“无记忆”的方式转移。这里“无记忆”的定义不需要过多关注。状态可以是队列中的任务数量、仓库中的物品数量等。现在假设状态的数目是有限的。

举个简单的例子，考虑这样一种游戏，重复地投掷硬币，当累计连续三次掷出正面时，就赢得1美元。在任意时刻i的状态就是到目前为止连续掷出正面的次数，所以状态可以是0、1或者2。(当连续掷出三次正面时，状态回到0)。

马尔科夫链建模中最关注的问题通常是长期状态的分布，这表示处于每个状态上的时间比例。在本节的掷硬币游戏中，可以使用自己编写的代码来计算上述分布，最后得出结论：处于状态0、1和2的比例分别是57.1%，28.6%和14.3%。如果现在处于状态2，并且掷出一个正面，那么会赢得1美元，所以在这个游戏中，有0.143×0.5=0.071的可能性获得胜利。

因为R的向量和矩阵的索引是从1而不是从0开始的，所以把状态重新标记为1、2和3会比记为0、1和2更方便些。例如，状态3意味着现在连续两次掷出正面。

令P_{ij}表示在一个时间步长中从状态i转移到状态j的转移概率。在上述例子中，P_{23}=0.5，这说明了这样的事实：在已经掷出一个正面的条件下，有1/2的概率转移到连续两次掷出正面的状态。另一方面，如果处于状态2并且掷出了反面，那么就回到状态1，即连续0次掷出正面，因此$P_{21}=0.5$。

我们的兴趣在于计算向量$\pi=(\pi_1, \cdots, \pi_s)$，其中$\pi_i$表示的是从长期来看，处于状态$i$的时间占所有状态的比例。令$P$表示转移概率矩阵，其中第$i$行第$j$列元素是$P_{ij}$。因此可以证明$\pi$必须满足公式8.4，

$$\pi = \pi P \tag{8.4}$$

这个式子等价于公式8.5：

$$(I - P^T)\pi = 0 \tag{8.5}$$

这里的I表示的单位矩阵，P^T表示的是矩阵P的转置。

公式8.5中线性方程组的任意一个等式是冗余的。所以考虑去掉一个，这里选择去掉$I-P$的最后一行。这也意味着要同时去掉公式8.5右边0向量的最后一个0。

但是需要注意下面公式8.6表示的约束条件：

$$\sum_i \pi_i = 1 \tag{8.6}$$

换成矩阵表示，如下：

$$1_n^T \pi = 1$$

这里的1_n^T表示的是n个1组成的向量。

所以，在公式8.5的修改版本中，用一行1来代替去掉的那一行，在等式的右端，用1来代替去掉的0。然后就可以解方程组了。

可以使用R中的`solve()`函数来完成上述这些任务，如下所示：

```
findpi1 <- function(p) {
   n <- nrow(p)
   imp <- diag(n) - t(p)
   imp[n,] <- rep(1,n)
   rhs <- c(rep(0,n-1),1)
   pivec <- solve(imp,rhs)
   return(pivec)
}
```

下面是主要步骤：

1. 第3行计算$I-P^T$。要注意的是diag()函数，当参数是一个数字时，这个函数返回的是单位矩阵，矩阵的大小由给定的参数确定。
2. 第4行用1代替矩阵P的最后一行。
3. 第5行创建了等式右边的向量。
4. 第6行求解π。

另外一种方法是建立在特征值基础上，要使用更高级的知识。从等式8.4可以看出π是矩阵P的左特征向量，对应的特征值是1。受此启发，可以使用R中的eigen()函数，选择与特征值1相对应的特征向量。(可以使用数学里的Perron—Frobenius定理来证明这个结论。)

因为π是左特征向量，在函数eigen()中使用的参数必须是P的转置而不能是P。除此之外，由于一个特征向量与非零标量相乘后依然跟原来的特征向量等价，针对eigen()返回的特征向量有两个问题需要处理：

- 它的分量可能为负，如果有的话，把它乘以－1。
- 它可能不满足等式8.6，补救方法是把它除以向量的长度。

下面是代码：

```
findpi2 <- function(p) {
   n <- nrow(p)
   # find first eigenvector of P transpose
   pivec <- eigen(t(p))$vectors[,1]
   # guaranteed to be real, but could be negative
   if (pivec[1] < 0) pivec <- -pivec
   # normalize to sum to 1
   pivec <- pivec / sum(pivec)
   return(pivec)
}
```

函数eigen()的返回值是一个列表。该列表的一个分量是名为vectors的矩阵，包含的都是特征向量，该矩阵的第i列是对应于第i个特征值的特征向量。所以在这里取第一列。

8.5 集合运算

R中包含一些方便的集合运算，主要有：

- union(x,y)：集合x和y的并集。

- intersect(x,y)：集合x和y的交集。
- setdiff(x,y)：集合x和y的差集，即所有属于集合x但不属于集合y的元素组成的集合。
- setequal(x,y)：检验集合x和y是否相等。
- c%in%y：成员，检验c是否为集合y中的元素。
- choose(n,k)：从含有n个元素的集合中选取含有k个元素的子集的数目。

下面是使用这些函数的简单例子：

```
> x <- c(1,2,5)
> y <- c(5,1,8,9)
> union(x,y)
[1] 1 2 5 8 9
> intersect(x,y)
[1] 1 5
> setdiff(x,y)
[1] 2
> setdiff(y,x)
[1] 8 9
> setequal(x,y)
[1] FALSE
> setequal(x,c(1,2,5))
[1] TRUE
> 2 %in% x
[1] TRUE
> 2 %in% y
[1] FALSE
> choose(5,2)
[1] 10
```

7.12节介绍过，你可以写出自己的二元运算函数。例如，考虑编程计算两个集合的对称差——也就是，只属于这两个集合其中之一的元素所组成的集合。因为集合x和y的对称差是由属于x但不属于y的元素以及属于y但不属于x的元素组成，可以方便地调用setdiff()和union()函数来写代码，如下：

```
> symdiff
function(a,b) {
   sdfxy <- setdiff(x,y)
   sdfyx <- setdiff(y,x)
   return(union(sdfxy,sdfyx))
}
```

尝试一下：

```
> x
[1] 1 2 5
> y
[1] 5 1 8 9
> symdiff(x,y)
[1] 2 8 9
```

这里有另一个例子：用一个二元运算来确定集合u是否是另一集合v的子集。这里用到了一个性质：如果u和v的交集与u相等，则u是v的子集。因此，可以很容易编写函数的代码：

```
> "%subsetof%" <- function(u,v) {
+    return(setequal(intersect(u,v),u))
+ }
> c(3,8) %subsetof% 1:10
[1] TRUE
> c(3,8) %subsetof% 5:10
[1] FALSE
```

函数combn()用于产生集合元素的组合。例如找出集合{1,2,3}中含有2个元素的子集：

```
> c32 <- combn(1:3,2)
> c32
     [,1] [,2] [,3]
[1,]    1    1    2
[2,]    2    3    3
> class(c32)
[1] "matrix"
```

输出结果是按列排列的。集合{1,2,3}中含有2个元素的子集为{1,2}、{1,3}和{2,3}。

combn()函数也允许用户指定一个函数，作用于挑选出的每个组合。例如，计算每个子集里元素的总和，像这样：

```
> combn(1:3,2,sum)
[1] 3 4 5
```

第一个子集{1,2}元素之和为3，以此类推。

8.6　用R做模拟

R的一个最常用的功能就是模拟。下面来看看R有哪些工具针对这一应用。

8.6.1　内置的随机变量发生器

前面曾经提到过，R里有函数可以生成许多分布的随机变量。例如，rbinom() 可以生成服从二项分布或伯努利分布[㊀]的随机变量。

比如有一枚硬币，想计算投掷五次过程中至少有四次正面朝上的概率(很容易得出解析式，不过这是个很方便的例子)。可以如下操作：

```
> x <- rbinom(100000,5,0.5)
> mean(x >= 4)
[1] 0.18829
```

首先，从一个二项分布中(试验次数为5次，成功概率为0.5)生成100,000个随机变量。然后，从中找出值为4或5的变量，生成一个跟向量 x具有相同长度的布尔型向量。这个布尔型向量中的TRUE和FALSE在函数mean()中被当做1和0，取平均值就得到了待估的概率。(因为一列1和0的平均值为1的比例)

其他函数包括生成正态分布的 rnorm()，生成指数分布的rexp()，生成均匀分布的runif()，生成伽马分布的rgamma()，生成泊松分布的rpois()等等。

另一个简单的例子是求解$E[\max(X,Y)]$, 即服从标准正态分布N(0,1) 的两个相互独立随机变量X和Y的最大值的期望值：

```
sum <- 0
nreps <- 100000
for (i in 1:nreps) {
   xy <- rnorm(2)  # generate 2 N(0,1)s
   sum <- sum + max(xy)
}
print(sum/nreps)
```

生成100 000对服从标准正态分布的随机变量，找到它们每一对的最大值，然后求这些最大值的平均值就得到待估的期望值。

前面代码中有个显式循环，这样代码比较清晰，但正如前面提到的，如果想使用更多的内存，则可以更简洁地写成：

```
> emax
function(nreps) {
   x <- rnorm(2*nreps)
   maxxy <- pmax(x[1:nreps],x[(nreps+1):(2*nreps)])
   return(mean(maxxy))
}
```

这里生成两倍nreps个随机变量值。前nreps个值模拟随机变量X，剩下nreps个值代表随机变量Y。函数pmax() 计算每一对随机变量的最大值。再者，注意max() 和pmax() 的区别，后者逐对求出最大值。

㊀　取值为0或1的独立随机变量序列，取值为1的概率都相等，这种分布称为伯努利分布。

8.6.2 重复运行时获得相同的随机数流

根据R的文档，所有的随机数生成器使用32位的整型变量作为种子。因此，除了舍入误差外，相同的初始种子应该生成相同的随机数流。

在默认情况下，R重复运行一个程序时会生成不同的随机数流。如果想每次都生成同样的随机数流（这一点在调试程序中很重要）则可以调用set.seed()，如下所示：

```
> set.seed(8888) # or your favorite number as an argument
```

8.6.3 扩展案例：组合的模拟

考虑如下的概率问题：

从20个人中选出人数分别为3、4、5的三个委员会。A和B被选入同一个委员会的概率为多大？

这个问题不难得到解析解，不过有时会希望使用模拟来验证结果，而且不管怎么说，编写代码将展示R的集合运算在涉及组合的问题时如何派上用场。下边是代码：

```
1  sim <- function(nreps) {
2     commdata <- list() # will store all our info about the 3 committees
3     commdata$countabsamecomm <- 0
4     for (rep in 1:nreps) {
5        commdata$whosleft <- 1:20 # who's left to choose from
6        commdata$numabchosen <- 0 # number among A, B chosen so far
7        # choose committee 1, and check for A,B serving together
8        commdata <- choosecomm(commdata,5)
9        # if A or B already chosen, no need to look at the other comms.
10       if (commdata$numabchosen > 0) next
11       # choose committee 2 and check
12       commdata <- choosecomm(commdata,4)
13       if (commdata$numabchosen > 0) next
14       # choose committee 3 and check
15       commdata <- choosecomm(commdata,3)
16    }
17    print(commdata$countabsamecomm/nreps)
18 }
19
20 choosecomm <- function(comdat,comsize) {
21    # choose committee
22    committee <- sample(comdat$whosleft,comsize)
23    # count how many of A and B were chosen
24    comdat$numabchosen <- length(intersect(1:2,committee))
25    if (comdat$numabchosen == 2)
26       comdat$countabsamecomm <- comdat$countabsamecomm + 1
27    # delete chosen committee from the set of people we now have to choose from
28    comdat$whosleft <- setdiff(comdat$whosleft,committee)
29    return(comdat)
30 }
```

把潜在的委员会成员编号为1，2，…，20，其中A和B 的编号分别为1和2。创建列表comdat，回顾可知R 的列表通常用来将一系列相关的变量存储在一组里。它有如下分量：

- `comdat$whosleft`：通过随机从这个向量中选择数字来模拟委员会成员的随机选择。每次选出了一个委员会，就去除掉委员会成员的编号。它被初始化为1：20，表示还没有任何人被选择。
- `comdat$numabchosen`：这是到目前为止A和B被选中的人数。如果选出了一个委员会，发现这个变量为正，则可以基于下面的理由跳过选择剩下的委员会：如果它是2，那么A和B肯定在同一个委员会中；如果它是1，那么A和B肯定不在同一个委员会中。
- `comdat$countabsamecomm`：A 和 B出现在同一个委员会中的次数。

由于委员会的选择涉及子集，所以R的几个集合运算，如`inrersect()`和`setdiff()`，在这里派上用场一点儿也不奇怪。注意这里还使用了R的`next`语句，它告诉R跳过循环里剩下的迭代。

第 9 章 面向对象的编程

程序员普遍认为面向对象编程（object-oriented programming，OOP）可以写出更清晰、重用性更高的代码。虽然R语言和我们熟悉的面向对象的语言（如C++、Java和Python）不同，但R也是一个明显的面向对象的语言。

以下为R的关键主题：

- 你接触到的R中所有东西（从数字到字符串到矩阵）都是对象。
- R支持“封装”（encapsulation），即把独立但相关的数据项目打包为一个类的实例。封装可帮助你跟踪相关的变量，提高清晰度。
- R类是“多态”（polymorphic）的，这意味着相同的函数使用不同类的对象时可以调用不同的操作。例如，使用`print()`调用特定类的对象会调用适合此类的打印功能。多态可以促进代码可重用性。
- R允许“继承”（inheritance），即允许把一个给定的类的性质自动赋予为其下属的更特殊化的类。

这一章将涵盖R的面向对象编程。我们会讨论S3和S4这两种类的编程问题，然后再展示一些与面向对象编程相关的功能。

9.1 S3类

R中原始的类结构，即S3类，现在仍然在R的使用中占据主导地位。事实上，大多数R中内置的类都是S3类的。

一个S3类包含一个列表，再附加上一个类名属性和调度（dispatch）的功能。而后者使泛型函数（generic function）的使用变成可能，正如第1章提到的那样。S4类是后来才开发出来的，目的是增加安全性，以避免意外地访问不存在的类组件。

9.1.1 S3泛型函数

正如所提到的，R是多态的，在某种意义上说，同一个函数可以针对不同的类调用不同的操作。例如，可以用`plot()`对许多不同类型的数据对象，画出对应的不同类型的图来。还有很多其他的函数，如 `print()`和`summary()`，均有这种性质。

在这种方式下，我们对不同的类使用一个统一的接口。例如，如果你编写的代码中包含绘图操作，多态性可以让你不必担心要绘图的对象可能是哪种类型。

此外，多态性使得用户更容易记住相应的命令，而且为用户探索新的库函数及其相关的类带来不少方便和乐趣。如果给你一个新的函数，只是尝试对其运行之后用`plot()`输出，就能成功地输出运行结果。从程序员的角度来看，多态性可以写出相当具有普遍性的代码，而不必担心所处理的对象的类型，因为潜藏的类机制已经考虑好这个问题了。

这种具有多态性的函数，如plot()和print()，称为"泛型函数"。在调用一个泛型函数时，R会把该调用调度到适当的类方法，也就是把对泛型函数的调用重新定向到针对该对象的类所定义的函数上。

9.1.2　实例：线性模型函数lm()中的OOP

下面举个例子，我们用R中的lm()做一个简单的线性回归分析。首先，看看lm()函数的具体情况：

```
> ?lm
```

这个帮助查询的输出，除了其他事项外，还会告诉你这个函数会返回一个"lm"类的对象。让我们试着创建这种类的一个对象，并打印出来：

```
> x <- c(1,2,3)
> y <- c(1,3,8)
> lmout <- lm(y ~ x)
> class(lmout)
[1] "lm"
> lmout

Call:
lm(formula = y ~ x)

Coefficients:
(Intercept)            x
       -3.0          3.5
```

在这里，我们打印出对象lmout（请记住，在交互模式中直接输入对象的名称，就可以打印出对象）。R的解释器发现lmout是"lm"类的一个对象，就会调用针对"lm"类的打印方法print.lm()。用R中的术语说，就是对泛型函数print()的调用被调度给与"lm"类相关联的方法print.lm()。

让我们来看看此处涉及的泛型函数和类方法：

```
> print
function(x, ...) UseMethod("print")
<environment: namespace:base>
> print.lm
function (x, digits = max(3, getOption("digits") - 3), ...)
{
    cat("\nCall:\n", deparse(x$call), "\n\n", sep = "")
    if (length(coef(x))) {
        cat("Coefficients:\n")
        print.default(format(coef(x), digits = digits), print.gap = 2,
            quote = FALSE)
```

```
    }
    else cat("No coefficients\n")
    cat("\n")
    invisible(x)
}
<environment: namespace:stats>
```

你可能会惊讶地发现，print()函数仅仅由一个对UseMethod()的调用构成。实际上这是一个调度函数（dispatcher function），因此将print()视为一个泛型函数之后，也就完全不必惊讶了。

不需要担心print.lm()的细节。最重要的是，打印的方法取决于打印的内容，针对“lm”类调用特定的打印函数。现在我们看看如果去掉类属性，会打印出什么结果：

```
> unclass(lmout)
$coefficients
(Intercept)           x
       -3.0         3.5

$residuals
   1    2    3
 0.5 -1.0  0.5

$effects
(Intercept)           x
  -6.928203   -4.949747    1.224745

$rank
[1] 2
...
```

此处只显示前几行内容——实际上后面还有很多（读者可以自己试试）！显然可以看出lm()的开发者想要让print.lm()的显示结果更为简练，只输出重要的几个量。

9.1.3　寻找泛型函数的实现方法

可以调用methods()来找到给定泛型函数的所有实现方法，就像这样：

```
> methods(print)
  [1] print.acf*
  [2] print.anova
  [3] print.aov*
  [4] print.aovlist*
  [5] print.ar*
  [6] print.Arima*
  [7] print.arima0*
  [8] print.AsIs
  [9] print.aspell*
 [10] print.Bibtex*
```

```
 [11] print.browseVignettes*
 [12] print.by
 [13] print.check_code_usage_in_package*
 [14] print.check_demo_index*
 [15] print.checkDocFiles*
 [16] print.checkDocStyle*
 [17] print.check_dotInternal*
 [18] print.checkFF*
 [19] print.check_make_vars*
 [20] print.check_package_code_syntax*
...
```

星号标注的是不可见函数（nonvisible function），即不在默认命名空间中的函数。可以通过getAnywhere()找到这些函数，然后使用命名空间限定符访问它们。一个例子是print.aspell()。aspell()函数对其参数所指定的文件做拼写检查。例如，假设文件wrds包含如下内容：

```
Which word is mispelled?
```

此时使用该函数就能找到拼错的单词，如下所示：

```
aspell("wrds")
mispelled
  wrds:1:15
```

这个输出表示在输入文件的第一行第十五个字符有拼写错误。不过我们在这里关心的是打印输出的机制。

aspell()函数将返回"aspell"类的对象，而这个类包含其特有的打印函数print.aspell()。事实上，在我们的例子中这个函数是在调用aspell()后被调用，其返回值就是打印的内容。此时，R对"aspell"类的对象调用UseMethod()。但是如果直接调用该打印方法，R将无法识别：

```
> aspout <- aspell("wrds")
> print.aspell(aspout)
Error: could not find function "print.aspell"
```

不过可以通过调用getAnywhere()找到这个函数：

```
> getAnywhere(print.aspell)
A single object matching 'print.aspell' was found
It was found in the following places
  registered S3 method for print from namespace utils
  namespace:utils
with value

function (x, sort = TRUE, verbose = FALSE, indent = 2L, ...)
{
    if (!(nr <- nrow(x)))
...
```

因此，这个函数在utils命名空间中，我们可以用下面这个限定符来执行它：

```
> utils:::print.aspell(aspout)
mispelled
  wrds:1:15
```

还可以用这样的方法查看所有泛型函数：

```
> methods(class="default")
...
```

9.1.4　编写S3类

S3类的结构如同堆在一起的卵石。一个类的实例是通过构建一个列表的方式来创建的，这个列表的组件是该类的成员变量（了解Perl的读者可能会看出这在Perl自己的面向对象编程体系中是临时的）。“类”属性通过attr()或者class()函数手动设置，然后再定义各种泛型函数的实现方法。我们可以通过lm()函数来展示这一点：

```
> lm
...
z <- list(coefficients = if (is.matrix(y))
                    matrix(,0,3) else numeric(0L), residuals = y,
                  fitted.values = 0 * y, weights = w, rank = 0L,
                  df.residual = if (is.matrix(y)) nrow(y) else length(y))
}
...
class(z) <- c(if(is.matrix(y)) "mlm", "lm")
...
```

我们依然不需要过多注意细节；代码中有基本的过程。创建一个列表并赋值为z，z在这里充当的是“lm”类实例的框架的功能（并最终变为函数的返回值）。这个列表的一些组件，例如residuals，在列表创建时已经赋值。此外，将类属性设定为“lm”(也可以设定成“mlm”，在下一节会解释)。

作为编写S3类的例子，我们先看看比较简单的情形。继续我们在4.1节处提到的雇员数据的例子，可以这样写：

```
> j <- list(name="Joe", salary=55000, union=T)
> class(j) <- "employee"
> attributes(j) # let's check
$names
[1] "name" "salary" "union"

$class
[1] "employee"
```

在编写此类的打印方法前，我们先看看如果调用默认的print()会发生什么：

```
> j
$name
[1] "Joe"

$salary
[1] 55000

$union
[1] TRUE

attr(,"class")
[1] "employee"
```

本质上，j在打印时被当做一个列表。

现在编写我们自己的打印方法：

```
print.employee <- function(wrkr) {
   cat(wrkr$name,"\n")
   cat("salary",wrkr$salary,"\n")
   cat("union member",wrkr$union,"\n")
}
```

这样，在对"employee"类的对象调用print()时，print()现在会定向到print.employee()。我们可以严格检查一下：

```
> methods(,"employee")
[1] print.employee
```

当然，也可以这样测试：

```
> j
Joe
salary 55000
union member TRUE
```

9.1.5 使用继承

继承的思想是在已有类的基础上创建新的类。例如，在前文雇员数据的例子中，可以创建针对小时工的新类"hrlyemployee"，作为"employee"的子类。如下所示：

```
k <- list(name="Kate", salary= 68000, union=F, hrsthismonth= 2)
class(k) <- c("hrlyemployee","employee")
```

新的类多了一个变量：hrsthismonth。新类的名称包含两个字符串，分别代表新类和类原有的类。新类继承了原有类的方法。例如，print.employee()仍然适用于新的类：

```
> k
Kate
salary 68000
union member FALSE
```

由继承的目的可知，出现这个结果并不奇怪。然而，重点需要理解这里到底表明了什么。

再次强调，直接键入k即可调用print(k)。一旦键入k，就会调用UseMethod()，去查找"hrlyemployee"类的打印方法，这是因为"hrlyemployee"是k的两个类名称的第一个。结果没有找到对应的方法，所以UseMethod()尝试查找另一个类"employee"对应的打印方法，找到print.employee()，然后执行该函数。

在前面查看"lm"的代码时，能看到这行：

```
class(z) <- c(if(is.matrix(y)) "mlm", "lm")
```

现在可以知道"mlm"是"lm"的子类，针对的是响应变量为向量值的情况。

9.1.6 扩展示例：用于存储上三角矩阵的类

现在来看一个更复杂的例子，我们将为上三角矩阵编写一个类“ut”。上三角矩阵是对角线以下的元素均为0的方阵，如公式9.1所示。

$$\begin{pmatrix} 1 & 5 & 12 \\ 0 & 6 & 9 \\ 0 & 0 & 2 \end{pmatrix} \tag{9.1}$$

我们的目的只存储矩阵中非零的部分，从而节省存储空间（虽然需要略多一点的访问时间）。

注意　R语言中“dist”类也是这样存储的，但是那是在更集中的背景下，而且没有我们这里的类函数。

这个类的mat组件用于存储矩阵。如前文所述，为了节省存储空间，此处只存储了对角线及其以上的元素，并且是按列的顺序。例如，矩阵（9.1）的存储方式是向量(1,5,6,12,9,2)，mat的值就是这个向量。

此类还包含组件ix，用来显示在mat中每一列的起点。在上例中，ix是c(1,2,4)，这意味着第一列开始于mat[1]，第二列开始于mat[2]，而第三列开始于mat[4]。这有利于随时访问矩阵中特定的元素和列。

下面是为我们的类编写的程序：

```
1  # class "ut", compact storage of upper-triangular matrices
2
3  # utility function, returns 1+...+i
4  sum1toi <- function(i) return(i*(i+1)/2)
```

```
5
6   # create an object of class "ut" from the full matrix inmat (0s included)
7   ut <- function(inmat) {
8      n <- nrow(inmat)
9      rtrn <- list()  # start to build the object
10     class(rtrn) <- "ut"
11     rtrn$mat <- vector(length=sum1toi(n))
12     rtrn$ix <- sum1toi(0:(n-1)) + 1
13     for (i in 1:n) {
14        # store column i
15        ixi <- rtrn$ix[i]
16        rtrn$mat[ixi:(ixi+i-1)] <- inmat[1:i,i]
17     }
18     return(rtrn)
19  }
20
21  # uncompress utmat to a full matrix
22  expandut <- function(utmat) {
23     n <- length(utmat$ix)  # numbers of rows and cols of matrix
24     fullmat <- matrix(nrow=n,ncol=n)
25     for (j in 1:n) {
26        # fill jth column
27        start <- utmat$ix[j]
28        fin <- start + j - 1
29        abovediagj <- utmat$mat[start:fin] # above-diag part of col j
30        fullmat[,j] <- c(abovediagj,rep(0,n-j))
31     }
32     return(fullmat)
33  }
34
35  # print matrix
36  print.ut <- function(utmat)
37     print(expandut(utmat))
38
39  # multiply one ut matrix by another, returning another ut instance;
40  # implement as a binary operation
41  "%mut%" <- function(utmat1,utmat2) {
42     n <- length(utmat1$ix)  # numbers of rows and cols of matrix
43     utprod <- ut(matrix(0,nrow=n,ncol=n))
44     for (i in 1:n) {  # compute col i of product
45        # let a[j] and bj denote columns j of utmat1 and utmat2, respectively,
46        # so that, e.g. b2[1] means element 1 of column 2 of utmat2
47        # then column i of product is equal to
48        #    bi[1]*a[1] + ... + bi[i]*a[i]
49        # find index of start of column i in utmat2
50        startbi <- utmat2$ix[i]
51        # initialize vector that will become bi[1]*a[1] + ... + bi[i]*a[i]
```

```
52          prodcoli <- rep(0,i)
53          for (j in 1:i) {  # find bi[j]*a[j], add to prodcoli
54             startaj <- utmat1$ix[j]
55             bielement <- utmat2$mat[startbi+j-1]
56             prodcoli[1:j] <- prodcoli[1:j] +
57                bielement * utmat1$mat[startaj:(startaj+j-1)]
58          }
59          # now need to tack on the lower 0s
60          startprodcoli <- sum1toi(i-1)+1
61          utprod$mat[startbi:(startbi+i-1)] <- prodcoli
62       }
63       return(utprod)
64    }
```

现在来测试一下以上程序的运行结果，如下所示：

```
> test
function() {
   utm1 <- ut(rbind(1:2,c(0,2)))
   utm2 <- ut(rbind(3:2,c(0,1)))
   utp <- utm1 %mut% utm2
   print(utm1)
   print(utm2)
   print(utp)
   utm1 <- ut(rbind(1:3,0:2,c(0,0,5)))
   utm2 <- ut(rbind(4:2,0:2,c(0,0,1)))
   utp <- utm1 %mut% utm2
   print(utm1)
   print(utm2)
   print(utp)
}
> test()
     [,1] [,2]
[1,]    1    2
[2,]    0    2
     [,1] [,2]
[1,]    3    2
[2,]    0    1
     [,1] [,2]
[1,]    3    4
[2,]    0    2
     [,1] [,2] [,3]
[1,]    1    2    3
[2,]    0    1    2
[3,]    0    0    5
     [,1] [,2] [,3]
```

```
[1,]    4    3    2
[2,]    0    1    2
[3,]    0    0    1
     [,1] [,2] [,3]
[1,]    4    5    9
[2,]    0    1    4
[3,]    0    0    5
```

在整个代码中，我们会考虑到矩阵有很多的0元素这一事实。例如，在计算矩阵乘法时，直接把含有0的乘积项从连加式中去掉，这样就避免了乘以0的运算，减少了运算量。

ut()函数是相当易懂的。这个函数是一个构造函数（constructor），它的功能是创建一个给定类的实例，并最终返回该实例。因此，在第9行中，我们创建了一个列表，作为类对象主体，并把它命名为rtrn，表示将会创建并返回这个类实例。

正如前面提到的，类的主要成员变量是mat和ix，实现方式是把它们作为列表的组件。这两个组件的内存在第11行和第12行分配的。

接下来的循环按列填充rtrn$mat的值，并对rtrn$ix逐个元素赋值。实现这个for循环的另一个更巧妙的方式是，使用比较晦涩难懂的函数row()和col()。输入矩阵给row()函数，会返回一个大小相同的新矩阵，不过新矩阵的每个元素都替换成原矩阵对应元素的行号。下面是一个例子：

```
> m
     [,1] [,2]
[1,]    1    4
[2,]    2    5
[3,]    3    6
> row(m)
     [,1] [,2]
[1,]    1    1
[2,]    2    2
[3,]    3    3
```

col()函数的原理类似。

用上面这个思路，我们可以用一行代码替代ut()中的for循环：

```
rtrn$mat <- inmat[row(inmat) <= col(inmat)]
```

只要有可能，我们都尽量把代码向量化，例如，第12行：

```
rtrn$ix <- sum1toi(0:(n-1)) + 1
```

由于sum1toi()函数（在第4行定义的）完全基于向量化的函数"*"() 和 "+"()，所以其本身自然也是向量化的。这使得我们可以在上述向量上使用sum1toi()。注意我们也使用了循环补齐。

我们希望“ut”类中不仅仅包含变量，还包含一些方法。因此在最后加入了以下三个方法：

- expandut()函数将压缩后的矩阵转换为普通矩阵。在expandut()代码中，最重要的是第27和第28行，在这里我们使用rtrn$ix来决定矩阵的第j列在utmat$mat中的存储位置。

之后代码第30行把数据被复制到fullmat的第j列。还要注意使用rep()函数在此列的下部生成零值。

- print.ut()函数用于打印。这个函数用到了expandut()，且非常快捷和容易。前文也提到过，对“ut”类的任何对象调用print()都会调度到函数print.ut()，这和前面的测试结果一致。
- "%mut%"()函数能计算两个压缩矩阵的乘法（无需解压）。函数定义开始于第39行。由于这是一个二元操作，如本书7.12节所述，R可允许的用户自定义二元操作，所以我们利用这个特性定义两个压缩矩阵的乘法为%mut%。

我们来看看"%mut%"()代码的细节部分。首先，代码第43行为乘积矩阵分配内存空间。请注意在这个特殊情况下对循环补齐的使用。matrix()的第一个参数要求是一个与给定行数和列数相对应的向量，此处我们设定为0，它会循环补齐为一个长度为n^2的向量。当然，也可以用rep()，但使用循环补齐会使得代码更为简洁漂亮。

为了使代码更清晰、执行起来更快，在编写代码时我们考虑到了矩阵在R中是按列存储的。正如前面代码注释所述，代码在这里利用了这样的性质：乘积矩阵的第i列可以表示成第一个矩阵各列的线性组合。举个具体的例子有助于理解这条性质，请看方程9.2：

$$\begin{pmatrix} 1 & 2 & 3 \\ 0 & 1 & 2 \\ 0 & 0 & 5 \end{pmatrix} \begin{pmatrix} 4 & 3 & 2 \\ 0 & 1 & 2 \\ 0 & 0 & 1 \end{pmatrix} = \begin{pmatrix} 4 & 5 & 9 \\ 0 & 1 & 4 \\ 0 & 0 & 5 \end{pmatrix} \tag{9.2}$$

代码的意思是，比如乘积矩阵的第三列可以表示为：

$$2\begin{pmatrix} 1 \\ 0 \\ 0 \end{pmatrix} + 2\begin{pmatrix} 2 \\ 1 \\ 0 \end{pmatrix} + 1\begin{pmatrix} 3 \\ 2 \\ 5 \end{pmatrix}$$

再把结果与方程9.2进行检验，可以证实这个关系成立。

用两个输入矩阵的列项来解决乘法问题，使我们能够精简代码，并可能提高运行速度。后者又源于向量化，这个好处将在第14章中详细讨论。这种方式用在始于第53行的循环中。（可以说，在这种情况下，速度是增加了，但牺牲了代码的可读性。）

9.1.7　扩展示例：多项式回归程序

考虑有一个预测变量的统计回归模型。由于任何统计模型都仅是对现实问题的近似，原则上你可以用更高阶的多项式拟合出更接近数据的模型。尽管如此，在某种程度上这会带来过拟合（overfitting）问题，当多项式的阶数高于一定值时，模型对新的、将来的数据所作出的预测实际上效果很糟糕。

“polyreg”类可以处理这个问题，它拟合若干个不同阶数的多项式模型后通过交叉验证（cross-validation）来评估拟合度，以减少过拟合的风险。此处的交叉验证又称为“留一在外法”（leaving-one-out method），即对于每个点，使用除了这个点的观测值之外所有数据建立回归模型，并根据拟合模型求出该点的预测值。这个类的对象包括各个回归模型的输出，以及原始数据。

以下为“polyreg”类的代码：

```
1  # "polyreg," S3 class for polynomial regression in one predictor variable
2
3  # polyfit(y,x,maxdeg) fits all polynomials up to degree maxdeg; y is
4  # vector for response variable, x for predictor; creates an object of
5  # class "polyreg"
6  polyfit <- function(y,x,maxdeg) {
7     # form powers of predictor variable, ith power in ith column
8     pwrs <- powers(x,maxdeg) # could use orthog polys for greater accuracy
9     lmout <- list() # start to build class
10    class(lmout) <- "polyreg" # create a new class
11    for (i in 1:maxdeg) {
12       lmo <- lm(y ~ pwrs[,1:i])
13       # extend the lm class here, with the cross-validated predictions
14       lmo$fitted.cvvalues <- lvoneout(y,pwrs[,1:i,drop=F])
15       lmout[[i]] <- lmo
16    }
17    lmout$x <- x
18    lmout$y <- y
19    return(lmout)
20 }
21
22 # print() for an object fits of class "polyreg": print
23 # cross-validated mean-squared prediction errors
24 print.polyreg <- function(fits) {
25    maxdeg <- length(fits) - 2
26    n <- length(fits$y)
27    tbl <- matrix(nrow=maxdeg,ncol=1)
28    colnames(tbl) <- "MSPE"
29    for (i in 1:maxdeg) {
30       fi <- fits[[i]]
31       errs <- fits$y - fi$fitted.cvvalues
32       spe <- crossprod(errs,errs) # sum of squared prediction errors
33       tbl[i,1] <- spe/n
34    }
35    cat("mean squared prediction errors, by degree\n")
36    print(tbl)
37 }
38
39 # forms matrix of powers of the vector x, through degree dg
40 powers <- function(x,dg) {
41    pw <- matrix(x,nrow=length(x))
42    prod <- x
43    for (i in 2:dg) {
44       prod <- prod * x
45       pw <- cbind(pw,prod)
46    }
47    return(pw)
```

```
48  }
49
50  # finds cross-validated predicted values; could be made much faster via
51  # matrix-update methods
52  lvoneout <- function(y,xmat) {
53     n <- length(y)
54     predy <- vector(length=n)
55     for (i in 1:n) {
56        # regress, leaving out ith observation
57        lmo <- lm(y[-i] ~ xmat[-i,])
58        betahat <- as.vector(lmo$coef)
59        # the 1 accommodates the constant term
60        predy[i] <- betahat %*% c(1,xmat[i,])
61     }
62     return(predy)
63  }
64
65  # polynomial function of x, coefficients cfs
66  poly <- function(x,cfs) {
67     val <- cfs[1]
68     prod <- 1
69     dg <- length(cfs) - 1
70     for (i in 1:dg) {
71        prod <- prod * x
72        val <- val + cfs[i+1] * prod
73     }
74  }
```

如上可见，“polyreg”类包含构造函数polyfit()和print.polyreg()，后者是针对该类的打印函数。它还包含几个实用函数，其中有用来评估功效和多项式的函数，以及执行交叉验证的函数。（请注意，在某些情况下，效率的提高会牺牲代码的可读性）。

举例来说明这个类的使用，我们生成一些人造数据，用这些数据创建一个“polyreg”类的对象，打印出结果如下所示：

```
> n <- 60
> x <- (1:n)/n
> y <- vector(length=n)
> for (i in 1:n) y[i] <- sin((3*pi/2)*x[i]) + x[i]^2 + rnorm(1,mean=0,sd=0.5)
> dg <- 15
> (lmo <- polyfit(y,x,dg))
mean squared prediction errors, by degree
         MSPE
 [1,] 0.4200127
 [2,] 0.3212241
 [3,] 0.2977433
 [4,] 0.2998716
 [5,] 0.3102032
```

```
 [6,] 0.3247325
 [7,] 0.3120066
 [8,] 0.3246087
 [9,] 0.3463628
[10,] 0.4502341
[11,] 0.6089814
[12,] 0.4499055
[13,]        NA
[14,]        NA
[15,]        NA
```

首先注意，我们此处使用了R中常用的一个技巧：

```
> (lmo <- polyfit(y,x,dg))
```

通过把整个赋值语句放在括号内，就能在打印出结果的同时创建变量lmo，以免有时可能会用到它。

polyfit()函数根据事先设定的最高阶数拟合一系列多项式模型，如在我们的例子中最高阶数为15，然后为每一个阶数的模型计算交叉验证的均方误差（squared prediction error）。输出结果里最后几个均方误差为NA，这是因为舍入误差太高使得R无法估计级数如此高的多项式模型。

那么，到底是怎么运作的呢？主要工作是由polyfit()函数承担，它创建了一个“polyreg”类对象。这个对象主要包含R的回归拟合函数lm()针对各阶数的模型所返回的对象。

注意一下第14行在生成这些对象时起到的作用：

```
lmo$fitted.cvvalues <- lvoneout(y,pwrs[,1:i,drop=F])
```

此处lmo是lm()返回的对象，不过我们给它增加了一个额外的组件：fitted.cvvalues。能这么做都是因为S3类是列表，而列表可以随时增加组件。

在第24行定义了泛型函数print()针对“polyreg”类的方法：print.polyreg()。在本书12.1.5节，我们还会为泛型函数plot()增加一个方法：plot.polyreg()。

在计算预测误差时我们用的是交叉验证，或者说留一在外法，即对于每一个点都用其他点的数据建立模型并预测这个点的值。为了达到这个目的，第57行巧妙使用了R中的负下标：

```
lmo <- lm(y[-i] ~ xmat[-i,])
```

上面这行代码表示我们剔除了第i个观测值并用剩下的数据拟合模型。

注意 如代码注释中所述，如果使用逆矩阵更新法（matrix-inverse update method），即Sherman-Morrison-Woodbury公式，可以编写速度更快的代码。关于此方法更多细节请见J. H. Venter 和 J. L. J. Snyman, “A Note on the Generalised Cross-Validation Criterion in Linear Model Selection,” Biometrika, Vol. 82, no. 1, pp. 215–219。

9.2 S4类

一些程序员认为S3类不具有面向对象编程固有的安全性。例如，在我们之前的employee数据库的例子中，“employee”类有三个字段：name、salary和union。下面是一些可能的错误：

- 忘记键入union的状态。
- 把union错拼为onion。
- 创建了其他类的对象，但是不小心将其类属性设定为“employee”。

以上的这些错误R都不会自动提醒。而S4类的目标是产生自动提醒从而避免这些错误的发生。

S4类的结构比S3类丰富多了，但此处只介绍基础部分。表9-1列出了两种类的不同之处。

表9-1　R中基本操作

操作	S3类	S4类
定义类	在构造函数的代码中隐式定义	setClass()
创建对象	创建列表，设置类属性	new()
引用成员变量	$	@
实现泛型函数f()	定义f.classname()	setMethod()
声明泛型函数	UseMethod()	setGeneric()

9.2.1 编写S4类

可以调用setClass()来定义一个S4的类。继续前面employee的例子，可以写出以下代码：

```
> setClass("employee",
+     representation(
+        name="character",
+        salary="numeric",
+        union="logical")
+ )
[1] "employee"
```

这样定义了一个新的类“employee”，该类有三个成员变量，每个成员变量都有明确的类型。现在使用S4类中内置的构造函数new()为此类创建一个实例，比如Joe：

```
> joe <- new("employee",name="Joe",salary=55000,union=T)
> joe
An object of class "employee"
Slot "name":
[1] "Joe"
Slot "salary":
[1] 55000

Slot "union":
[1] TRUE
```

注意，此处成员变量称为slot，通过@符号引用，下面是一个例子：

```
> joe@salary
[1] 55000
```

我们也可以使用slot()函数来查询实例Joe的薪水salary：

```
> slot(joe,"salary")
[1] 55000
```

用类似的方法也可以给组件赋值。我们给Joe加薪吧：

```
> joe@salary <- 65000
> joe
An object of class "employee"
Slot "name":
[1] "Joe"

Slot "salary":
[1] 65000

Slot "union":
[1] TRUE
```

不，这还不够，应该给他再涨点儿工资：

```
> slot(joe,"salary") <- 88000
> joe
An object of class "employee"
Slot "name":
[1] "Joe"

Slot "salary":


[1] 88000

Slot "union":
[1] TRUE
```

如上文所述，S4类的优点在于安全性。为了展示这一点，假设我们不小心把salary拼错成salry，如下：

```
> joe@salry <- 48000
Error in checkSlotAssignment(object, name, value) :
  "salry" is not a slot in class "employee"
```

与此不同，S3类的对象不会有任何报错消息。S3类仅仅是列表，所以可以随时添加新的组件，不管是有意还是无意的。

9.2.2 在S4类上实现泛型函数

在S4类上定义泛型函数需要使用setMethod()函数。这里还是用“employee”类举例。我们在其中实现show()函数，show()函数在S4类中的功能与S3类的泛型函数print()类似。

正如你知道的，在R的交互模式中，键入变量名，其取值就会打印出来：

```
> joe
An object of class "employee"
Slot "name":
[1] "Joe"

Slot "salary":
[1] 88000

Slot "union":
[1] TRUE
```

由于joe是一个S4类的对象，此处实际上调用了show()。事实上也可以用下面的方式获得同样的输出：

```
> show(joe)
```

我们用以下代码重写一下：

```
setMethod("show", "employee",
   function(object) {
      inorout <- ifelse(object@union,"is","is not")
      cat(object@name,"has a salary of",object@salary,
         "and",inorout, "in the union", "\n")
   }
)
```

第一个参数设定了将要定义给定类方法的泛型函数名，第二个参数则设定了类的名称。然后再定义这个新的函数。

我们来试试结果：

```
> joe
Joe has a salary of 55000 and is in the union
```

9.3 S3类和S4类的对比

该使用哪种类一直是R语言程序员争论的主题。从本质上讲，这取决于你更看重S3的方便性还是看重S4的安全性。

John Chambers，S语言的创造者和R的主要开发者之一，在他的书《Software for Data Analysis》(Springer, 2008)中更倾向于S4类。他认为，为了写出“明确而可靠的软件”S4是必要的；另一方面，他指出：“S3仍然相当流行”。

谷歌的R语言风格指南在这方面也写得很有意思，网址是http://google-styleguide.googlecode.com/svn/trunk/google-r-style.html。谷歌直接支持S3类，并指出"尽可能避免使用S4对象和方法。"（当然，更有趣的是，谷歌甚至是最先有R语言风格指南的！）

注意 关于两个类之间更具体的比较可以参考Thomas Lumley的"Programmer's Niche: A Simple Class, in S3 and S4," R News, April 1, 2004,pp. 33–36.

9.4 对象的管理

一个典型的R语言会话中，很可能产生了大量的对象。有许多工具可以用来管理这些对象。此处我们将介绍下面几种工具：

- ls()函数
- rm()函数
- save()函数
- 一些可以查看对象结构的函数，如class()和mode()
- exists()函数

9.4.1 用ls()函数列出所有对象

ls()命令可以用来列出现存的所有对象。其中一个有用的具名参数是pattern，该参数支持通配符。你可以让ls()列出所有名称具有特定模式的对象。下面是一个例子：

```
> ls()
 [1] "acc"        "acc05"      "binomci"    "cmeans"     "divorg"     "dv"
 [7] "fit"        "g"          "genxc"      "genxnt"     "j"          "lo"
[13] "out1"       "out1.100"   "out1.25"    "out1.50"    "out1.75"    "out2"
[19] "out2.100"   "out2.25"    "out2.50"    "out2.75"    "par.set"    "prpdf"
[25] "ratbootci"  "simonn"     "vecprod"    "x"          "zout"       "zout.100"
[31] "zout.125"   "zout3"      "zout5"      "zout.50"    "zout.75"
> ls(pattern="ut")
 [1] "out1"     "out1.100" "out1.25"  "out1.50"  "out1.75"  "out2"
 [7] "out2.100" "out2.25"  "out2.50"  "out2.75"  "zout"     "zout.100"
[13] "zout.125" "zout3"    "zout5"    "zout.50"  "zout.75"
```

在第二个例子中，我们让ls()列出所有名称中含有字符串"ut"的对象。

9.4.2 用rm()函数删除特定对象

使用rm()可以删除掉不再使用的对象，例如：

```
> rm(a,b,x,y,z,uuu)
```

上面的命令将删除6个指定的对象（a、b等等）。

rm()的一个具名参数list可以使删除多个对象变得更容易。下面的代码把所有的对象的名称都赋值给list，这样就删掉了所有对象：

```
> rm(list = ls())
```

利用pattern参数，ls()可以更加强大，下面的例子可见：

```
> ls()
 [1] "doexpt"            "notebookline"      "nreps"             "numcorrectcis"
 [5] "numnotebooklines" "numrules"          "observationpt"     "prop"
 [9] "r"                 "rad"               "radius"            "rep"
[13] "s"                 "s2"                "sim"               "waits"
[17] "wbar"              "x"                 "y"                 "z"
> ls(pattern="notebook")
[1] "notebookline"      "numnotebooklines"
> rm(list=ls(pattern="notebook"))
> ls()
 [1] "doexpt"         "nreps"          "numcorrectcis" "numrules"
 [5] "observationpt" "prop"           "r"              "rad"
 [9] "radius"         "rep"            "s"              "s2"
[13] "sim"            "waits"          "wbar"           "x"
[17] "y"              "z"
```

此处我们发现两个名称中包含字符串“notebook”的对象，然后调用rm()删除它们，第二个ls()证实这两个对象都被删除了。

注意　browseEnv()函数也很有用，它会在浏览器中显示所有全局变量（或者在其他特定环境中的对象）的细节。

9.4.3　用save()函数保存对象集合

在若干个对象上调用save()可以把这些对象写入硬盘中，以待之后用load()恢复。下面是一个简单的例子：

```
> z <- rnorm(100000)
> hz <- hist(z)
> save(hz,"hzfile")
> ls()
[1] "hz" "z"
> rm(hz)
> ls()
[1] "z"
> load("hzfile")
> ls()
[1] "hz" "z"
> plot(hz)  # graph window pops up
```

此处我们生成一些数据并绘制其直方图。之后把hist()的输出保存到变量hz中。这个变量是一个对象（自然是属于“histogram”类的）。预期之后的R会话中会再次使用这个对象，用save()函数把它保存在文件hzfile中。可以用load()函数把这个对象重新加载到未来的会话中。为了展示这一点，我们特意把hz对象删除，再调用load()加载之，然后再调用ls()，展示结果显示hz的确被重新加载进来了。

有一次我试图读取一个很大的数据文件，其中每一条记录都要处理。当时我就用了save()来保存每次处理后文件的R对象，以备后用。

9.4.4 查看对象内部结构

开发者经常需要知道某个库函数返回的对象内部的精确结构。如果文档没有给出足够信息，我们该做什么呢？

下面的这些函数很有帮助：

- class()，mode()
- names()，attributes()
- unclass()，str()
- edit()

我们来看一个例子。在第6.4节提到过，R有构建列联表的函数。那一节中提到一个例子，在一个选举调查中5位被访者被问到是否想给候选人X投票，以及是否在上一次选举中为X投票了。下面是得出的表：

```
> cttab <- table(ct)
> cttab
          Voted.for.X.Last.Time
Vote.for.X No Yes
  No        2   0
  Not Sure  0   1
  Yes       1   1
```

比如，有两个人在两个问题中均做否定回答。

table函数返回对象cttab，，因此该对象可能是“table”类的。查看文档（用命令?table）也验证了这一点。但是这个类中到底包含些什么呢？

我们来探索一下 “table” 类中的对象cttab的结构：

```
> ctu <- unclass(cttab)
> ctu
          Votes.for.X.Last.Time
Vote.for.X No Yes
  No        2   0
  Not Sure  0   1
  Yes       1   1
> class(ctu)
[1] "matrix"
```

因此，对象的频数部分是一个矩阵（如果这个数据中包含三个或三个以上的问题，而非仅仅两个，这将变成一个更高维的数组）。注意，此对象还包含两个维度的名称以及每行每列的名称，它们都和矩阵相关联。

unclass()函数在第一步非常有用。如果你只是打印这个对象，结果就完全由与该类相关联的print()的版本所决定，这样带来的简洁性往往隐藏或扭曲了一些有价值的信息。调用unclass()来打印结果可以解决这个问题，尽管对于这个例子没有区别（前面9.1.1节有个关于S3泛型函数的例子，在那个例子里，两者是有区别的）。str()函数可以达成同样的目的，但是更加紧凑。

注意，对一个对象使用unclass()得到的结果仍然属于其基础类。此处cttab的类为“table”，但unclass(cttab)是得到的结果依然属于“matrix”类。

让我们看看产生cttab的库函数table()的代码。此处只需键入table，但是由于这是一个相当长的函数，其中的内容会快速闪过屏幕导致我们根本没法看清楚，我们可以用page()来解决这个问题，不过我更倾向于用edit()：

```
> edit(table)
```

这样可以在文本编辑器中浏览代码。在代码后面一部分可以发现这么几句：

```
y <- array(tabulate(bin, pd), dims, dimnames = dn)
class(y) <- "table"
y
```

啊，真有趣。这显示table()在某种程度上是对另一个函数tabulate()的封装。不过更重要的是，“table”对象的结构其实非常简单：由频数创建的数组，并附加了类属性。所以，本质上它就是一个数组。

names()函数能显示出对象有哪些组件，而attributes()函数除了显示对象的组件还会给出更多信息，特别是类名称。

9.4.5 exists()函数

exists()函数根据其参数是否存在返回TRUE或者FALSE。要注意把参数放在引用号里面。

例如，下面的代码可以显示出对象acc是存在的：

```
> exists("acc")
[1] TRUE
```

这个函数为什么有用？难道我们不是一直都知道有没有创建一个对象也知道这个对象是否还存在吗？答案是，不一定。如果你在编写一个通用代码，比如将会出现在R的CRAN代码库中，那么你的代码需要检查某个特定的对象是否存在，如果不存在，则代码需要创建这个对象。比如在9.4.3小节中，可以用save()将对象存到硬盘中，以后再调用load()将其在R的内存空间中恢复。

写通用代码时，有时如果对象不存在，可能也需要调用load()，这就需要使用exists()来检查对象是否存在。

第⑩章 输入与输出

在很多大学编程课程中，一个最容易被忽视的主题就是输入/输出（简称I／O）。I／O在大多数现实生活里的计算机应用程序中发挥着重要作用。以自动取款机为例，它使用多个I／O操作来完成所需的输入——读入银行卡和输入的现金数额——以及输出——在屏幕上输出操作说明，打印收据，以及最重要的是，控制取款机吐出钞票！

虽然我们一般不会选择R来运行自动取款机，但你将在本章的学习中发现，R也拥有多种多样的I／O能力。本章我们将首先讨论访问键盘和显示器的基本知识，然后介绍读写文件的技术细节，包括访问文件目录。最后，我们讨论了如何使用R访问互联网。

10.1 连接键盘与显示器

R提供多个命令来连接键盘和显示器。在此我们来看看下面几个命令：scan()、readline()、print()和cat()。

10.1.1 使用scan()函数

可以使用scan()从文件中读取或者用键盘输入一个向量，它可以是数值型或字符型向量。再增加一些操作，甚至可以读取数据来形成一个列表。

假设我们有名为z1.txt、z2.txt、z3.txt和z4.txt这几个文件，其中z1.txt文件包含以下内容：

```
123
4 5
6
```

z2.txt文件包含以下内容：

```
123
4.2 5
6
```

z3.txt文件包含以下内容：

```
abc
de f
g
```

z4.txt文件包含以下内容：

```
abc
123 6
y
```

下面看看如何使用scan()函数读取这些文件：

```
> scan("z1.txt")
Read 4 items
[1] 123 4 5 6
> scan("z2.txt")
Read 4 items
[1] 123.0 4.2 5.0 6.0
> scan("z3.txt")
Error in scan(file, what, nmax, sep, dec, quote, skip, nlines, na.strings, :
scan() expected 'a real', got 'abc'
> scan("z3.txt",what="")
Read 4 items
[1] "abc" "de" "f" "g"
> scan("z4.txt",what="")
Read 4 items
[1] "abc" "123" "6" "y"
```

第一次调用，得到了四个整数组成的向量（仍然是数值型）。第二次调用，因为有一个数字不是整数，所以其他数也以浮点数的形式存储。

第三次调用下，出现了一个错误提示。scan()函数有一个可选参数what用来设定变量的模式（mode），默认为double模式[㊀]。由于文件z3的内容不是数值，所以出现错误。再尝试一次，设置what=""，此举把字符赋值给what，表明我们想用字符模式。（也可以设置what为任何字符串。）

最后一次调用也是一样的原理。文件的第一项是字符串，所以把后面所有项目都处理为字符型。

当然，最典型的用法是把scan()的返回值赋给一个变量，如下例：

```
> v <- scan("z1.txt")
```

默认情况下，scan()假定向量的各项之间是以“空白字符”（whitespace）作为分隔，空白字符包括空格、回车/换行符和水平制表符。如果是其他分隔符，可以用可选参数sep来设置。例如，可以把sep设置为换行符，把每一行当做一个字符串读入，如下所示：

```
> x1 <- scan("z3.txt",what="")
Read 4 items
> x2 <- scan("z3.txt",what="",sep="\n")
Read 3 items
```

㊀ 即双精度浮点数模式。——译者注

```
> x1
[1] "abc" "de"  "f"   "g"
> x2
[1] "abc"  "de f" "g"
> x1[2]
[1] "de"
> x2[2]
[1] "de f"
```

在第一种情况下，“de”和“f”字符串被认为是x1中两个不同的元素。但在第二种情况下，指定x2中元素分隔符为换行符，而不是空格。由于“de”和“f”在同一行，所以都赋值给x[2]。

稍后本章将详细叙述更复杂的读取文件方法，如每次读取文件的一行。但是，如果你想一次读取整个文件，scan()提供了一种快速的方法。

也可以用scan()函数从键盘读取数据，只需要把文件名设定为一个空字符串，然后用键盘录入数据：

```
> v <- scan("")
1: 12 5 13
4: 3 4 5
7: 8
8:
Read 7 items
> v
[1] 12  5 13  3  4  5  8
```

请注意，命令行在每行行首提示的数字是下一个输入项的索引，键入一个空行表示结束输入。

如果不希望scan()报告已读取的项目数，可以设置参数quiet=TRUE。

10.1.2 使用readline()函数

如果想从键盘输入单行数据，用readline()函数会非常方便。

```
> w <- readline()
abc de f
> w
[1] "abc de f"
```

一般来说，调用readline()时可以指定一个提示语字符串作为参数，这个参数是可选的，如下例：

```
> inits <- readline("type your initials:  ")
type your initials:  NM
> inits
[1] "NM"
```

10.1.3 输出到显示器

在交互模式的顶层，你只需简单键入变量名或者表达式，就能输出变量或表达式的值。但是如果要在函数体内部打印变量或表达式的值，这个做法就行不通。这时候，print()函数就派上用场了，如下：

```
> x <- 1:3
> print(x^2)
[1] 1 4 9
```

前面提到过，print()是一个泛型函数，所以其实际调用的函数依赖于所打印对象的类别。例如，参数是“table”类，那么就会调用print.table()函数。

cat()比print()稍微好用一点，因为后者只可以输出一个表达式，而且输出内容带编号，这可能会造成干扰。下例比较了两个函数的输出：

```
> print("abc")
[1] "abc"
> cat("abc\n")
abc
```

注意，在调用cat()时需要一个行结束字符“\n”。如果没有它，下一次调用cat()函数还会在同一行输出内容。

用cat()打印的各个参数是以空格分隔的：

```
> x
[1] 1 2 3
> cat(x,"abc","de\n")
1 2 3 abc de
```

如果不想用空格分隔，可以把sep设置为空字符串""，如下：

```
> cat(x,"abc","de\n",sep="")
123abcde
```

sep可以设置为各种字符，此处我们可以使用换行符：

```
> cat(x,"abc","de\n",sep="\n")
1
2
3
abc
de
```

也可以把sep设置为字符串向量，如下所示：

```
> x <- c(5,12,13,8,88)
> cat(x,sep=c(".",".",".","\n","\n"))
5.12.13.8
88
```

10.2 读写文件

前文已经介绍了I/O（输入与输出）的基础知识，接下来会讨论更多读写文件的实际应用。以下各节涉及：从文件中读取数据框或矩阵、文本文件的操作、访问远程机器上的文件、读取文件和目录信息等。

10.2.1 从文件中读取数据框或矩阵

本书5.1.2节讨论了用read.table()来读取数据框。简单回顾一下，假设文件*z*的内容是这样的：

```
name age
John 25
Mary 28
Jim 19
```

文件第一行包含一个可选的表头，指定了列名。可以按照如下步骤读取该文件：

```
> z <- read.table("z",header=TRUE)
> z
  name age
1 John  25
2 Mary  28
3  Jim  19
```

注意，此处scan()不能正确读取数据框，因为这个文件中数值和字符混杂（还含有表头）。

似乎没有办法直接从文件中读取矩阵，不过借助其他工具可以轻松办到。一个简单快速的办法是用scan()逐行读取。用matrix()中的byrow选项设定矩阵是按行存储，而不是按列存储。

比如，某个文件*x*包含一个5×3的矩阵，按行存储：

```
1 0 1
1 1 1
1 1 0
1 1 0
0 0 1
```

用这种方式把文件*x*读取到矩阵：

```
> x <- matrix(scan("x"),nrow=5,byrow=TRUE)
```

这样做对于一次性的快速操作很有效，不过还有一种方法，可以用read.table()先读取为数据框，再用as.matrix()将其转化为矩阵。这是一个通用的方法：

```
read.matrix <- function(filename) {
   as.matrix(read.table(filename))
}
```

10.2.2　读取文本文件

在计算机文献中，文本文件（text file）和二进制文件（binary file）之间通常会有区别。但这种区别在某种程度上有些误导性，其实每个计算机文件都是由0和1编码组成，在这个意义上说，所有文件都可以认为是二进制文件。此处把文本文件定义为主要由ASCII字符或其他人类语言的编码（如为中文的GB编码）构成的文件，换行符的使用让人感觉文件是按行组成的。后面这一点非常关键。非文本文件，如JPEG图像或可执行程序文件，通常称为"二进制文件"。

可以使用readLines()读取文本文件，无论是每次一行还是一次性全部读取。例如，假设文件z1包含以下内容：

```
John 25
Mary 28
Jim 19
```

我们可以一次读取整个文件，如下：

```
> z1 <- readLines("z1")
> z1
[1] "John 25" "Mary 28" "Jim 19"
```

由于每一列都被当作一个字符串，读取的结果是一个字符串向量——也就是一个字符型向量。每个向量元素就是读取的每一列，因此这里有3个元素。

另外，也可以一次只读取一行。这样需要先建立连接，下一节会详细说明。

10.2.3　连接的介绍

"连接"（connection）是R中用于多种I / O（输入输出）操作的一个基本的机制。在这里，它将用于读取文件。

连接一般通过调用函数file()、url()或其他R函数创建。可以输入下面的命令查看这些函数的列表：

```
> ?connection
```

现在我们可以逐行读取前一节提到的z1文件，如下：

```
> c <- file("z1","r")
> readLines(c,n=1)
[1] "John 25"
> readLines(c,n=1)
[1] "Mary 28"
> readLines(c,n=1)
[1] "Jim 19"
> readLines(c,n=1)
character(0)
```

我们打开连接，把结果赋给变量c，然后设定参数n=1使程序一次只读取文件的一行。当R遇到文件结束符（EOF），就返回一个空值。我们需要设置一个连接，让R跟踪读取文件的进程。

我们可以检测到代码中的文件结束符：

```
> c <- file("z","r")
> while(TRUE) {
+    rl <- readLines(c,n=1)
+    if (length(rl) == 0) {
+       print("reached the end")
+       break
+    } else print(rl)
+ }
[1] "John 25"
[1] "Mary 28"
[1] "Jim 19"
[1] "reached the end"
```

如果我们想要“倒带”，从文件开始处重新读取，可以使用seek()：

```
> c <- file("z1","r")
> readLines(c,n=2)
[1] "John 25" "Mary 28"
> seek(con=c,where=0)
[1] 16
> readLines(c,n=1)
[1] "John 25"
```

seek()中的参数where=0表示我们希望把起始指针指向文件的最开头，即直接从开始读起。

这个命令返回值为16[⊖]，说明在执行命令前文件指针位于16处。这是可以理解的，因为第一行由"John 25"和行结束符组成，一共8个字符，第二行也是这样。所以读完开头两行后，指针位于16处。

可以用close()函数来关闭连接。关闭连接可以让系统知道你已经完整读取了所需文件内容，现在应该正式写入到磁盘。作为另一个例子，在互联网上的客户端/服务端的关系中（见第10.3.1节），客户端要使用close()来告诉服务器客户已下线。

10.2.4 扩展案例：读取PUMS普查数据

美国人口普查局把普查数据以公用微观数据样本（Public Use Microdata Samples，PUMS）的形式向公众发布。这里的术语“微观数据”意味着我们处理的是原始数据，并且每一条记录代表的是一个真实的人，而非人群统计汇总。这些数据还包含各种各样的变量。

⊖ 换行符也是一个字符，作者使用的是Linux操作系统，所以文件每行行末有一个换行符，得到的结果为16；有的读者创建文件内容，并重复前面的操作，发现得到的结果为18，那是因为在Windows系统下，创建文件的时候有可能导致行末有两个换行符。——译者注

PUMS数据是按照家庭（household）为单位组织的。对每一个单位，首先是一条家庭记录，描述这个家庭的各种特征信息，接下来是针对这个家庭的每个成员的个人信息，每人一条记录。家庭记录中的第106位和107位字符（这行从1开始计数）的数字表示的是家庭成员数（这个数字可能很大，因为有些机构组织也被算做家庭）。

为了提高数据的完整性，每行第一位字符用H或P来标记这行是家庭（Household）记录还是个人（Person）记录。因此，当你读到一个H记录，并且记录表明这个家庭有3个人，则接下来应该是三条P记录，然后紧跟着一条H记录；如果不是这样，那就是遇到错误记录了。

我们提取了2000年人口普查百分之一采样数据的前1000条记录作为测试文件。前面几条记录如下：

```
H000019510649       06010           99979997   70                                       631973
15758    59967658436650000012000000  0 0 0 0 0 0 0 0 0 0 0 0 0    0    0    0
0     0 0 0      0 0      0 0000 0     0     0  0 0     000000000000000000000000000000
0000000000000000000000000
P00001950100010923000420190010110000010147050600206011099999904200000 0040010000
00300280      28600  70      9997     99972020202020202022000004000000000000000006000000
     00000  00     0000     00000000000000000132241057904MS      476041-20311010310
0700004901000000000009001000001000001000001000000100000010001390100000490000
H000040710649       06010           99979997   70                                       631973
15758    599676584365300800200000300106060503010101010102010 0120000600000100001
00600020 0      0 0      0 0000 0     0     0  0 0     0200010201010220000000000010750
02321125100004000000040000
P00004070100005301000010380010110000010147030400100009005199901200000 0006010000
00100000      00000  00     0000     000020202020202022000004000000000000000001000060
     06010  70     9997     999701010049001000000001018703221      770051-10111010500
4000400000000000000000000000000000000000000000000000000004000000040000349
P00004070200005303011010140010110000010147050000204004005199901200000 0006010000
00100000      00000  00     0000     000020202020  0  0200000000000000000000000000050000
     00000  00     0000     000000000000000000000000000000000000000000-0000000000
000      0       0       0      0      0      0       0       0        0000000349
H000061010649       06010           99979997   70                                       631973
15758    599676584360801190100000200204030502010101010102010 0077000480006400000 1
1     0 030      0 0      0 0340 00660000000170 0      0601000000000441003960100000 0
0002110000000494000000000 0
```

这些记录太长了，因而得换行。在这里，每条记录占四行。

我们创建一个叫extractpums()的函数读取PUMS文件，并且利用其中所有个人记录创建一个数据框。使用者可以设定文件名和一个列表参数，这个列表由待提取的字符范围和相应的名称组成。

我们也需要保留家庭的序列号。这样做的好处在于，同一家庭各成员的数据也许具有相关性，在许多统计模型中可能要考虑到这一点。除此之外，家庭数据中还包含一些重要的协变量。（在下一个例子中，我们也需要保留这些协变量。）

在看函数代码前，我们先了解一下这个函数的功能。在数据中，性别在第23列，年龄在第

25和26列。本例的文件名为*pumsa*。调用下面这条命令会生成一个含有这两个变量的数据框：

```
pumsdf <- extractpums("pumsa",list(Gender=c(23,23),Age=c(25,26)))
```

注意，这里在列表中指定的名称是我们希望结果数据框里各列具有的名称。我们也可以将其设定为其他任何名称——如Sex和Ancientness。

下面是数据框的开头部分：

```
> head(pumsdf)
  serno Gender Age
2   195      2  19
3   407      1  38
4   407      1  14
5   610      2  65
6  1609      1  50
7  1609      2  49
```

下面是extractpums()函数的代码：

```
1  # reads in PUMS file pf, extracting the Person records, returning a data
2  # frame; each row of the output will consist of the Household serial
3  # number and the fields specified in the list flds; the columns of
4  # the data frame will have the names of the indices in flds
5
6  extractpums <- function(pf,flds) {
7     dtf <- data.frame() # data frame to be built
8     con <- file(pf,"r") # connection
9     # process the input file
10    repeat {
11       hrec <- readLines(con,1) # read Household record
12       if (length(hrec) == 0) break # end of file, leave loop
13       # get household serial number
14       serno <- intextract(hrec,c(2,8))
15       # how many Person records?
16       npr <- intextract(hrec,c(106,107))
17       if (npr > 0)
18          for (i in 1:npr) {
19             prec <- readLines(con,1) # get Person record
20             # make this person's row for the data frame
21             person <- makerow(serno,prec,flds)
22             # add it to the data frame
23             dtf <- rbind(dtf,person)
24          }
25    }
26    return(dtf)
27 }
```

```
28
29 # set up this person's row for the data frame
30 makerow <- function(srn,pr,fl) {
31    l <- list()
32    l[["serno"]] <- srn
33    for (nm in names(fl)) {
34       l[[nm]] <- intextract(pr,fl[[nm]])
35    }
36    return(l)
37 }
38
39 # extracts an integer field in the string s, in character positions
40 # rng[1] through rng[2]
41 intextract <- function(s,rng) {
42    fld <- substr(s,rng[1],rng[2])
43    return(as.integer(fld))
44 }
```

来看看这个函数是如何运作的。在extractpums()的开头，创建了一个空数据框，并建立起与PUMS文件的连接。

```
dtf <- data.frame()  # data frame to be built
con <- file(pf,"r")  # connection
```

函数的主体部分是一个repeat循环：

```
repeat {
hrec <- readLines(con,1) # read Household record
if (length(hrec) == 0) break # end of file, leave loop
# get household serial number
serno <- intextract(hrec,c(2,8))
# how many Person records?
npr <- intextract(hrec,c(106,107))
if (npr > 0)
   for (i in 1:npr) {
      ...
   }
}
```

此循环在读取文件末尾处结束。当遇到长度为0的家庭记录时可判定为到达文件的结尾，参见上面的程序。

在repeat循环内部，轮流读取家庭记录和与之相关联的个人记录。与当前家庭记录关联的个人记录的数目从家庭记录的第106和107列提取，存储为npr。提取的这步是通过调用intextract()函数来实现的。

紧接着for循环逐条读取个人记录，每条记录构成输出数据框的一行，再用rbind()追加到输出数据框中。

```
for (i in 1:npr) {
   prec <- readLines(con,1)  # get Person record
   # make this person's row for the data frame
   person <- makerow(serno,prec,flds)
   # add it to the data frame
   dtf <- rbind(dtf,person)
}
```

下面来看看makerow()如何为给定的个人创建新行。其中形式参数srn表示所属家庭的序列号，pr表示给定个人的记录，而fl表示变量名和列范围组成的列表。

```
makerow <- function(srn,pr,fl) {
   l <- list()
   l[["serno"]] <- srn
   for (nm in names(fl)) {
      l[[nm]] <- intextract(pr,fl[[nm]])
   }
   return(l)
}
```

请看下面这个例子：

```
pumsdf <- extractpums("pumsa",list(Gender=c(23,23),Age=c(25,26)))
```

当执行makerow()时，fl是由两个元素组成的列，即性别（Gender）和年龄（Age）。字符串pr，表示当前个人记录，在第23列为性别，在第25和26列为年龄。我们调用intextract()来提取需要的数字。

intextract()本身是一个字符转数值的函数，例如把字符串"12"转变成数值12。

注意，如果不存在家庭记录，我们可以利用一个方便的R语言内置函数read.fwf()更轻松地完成上面所有工作，这个函数的名称是“read fixed-width formatted（读取固定宽度格式）”的缩写，表示每个变量都存储在记录中给定的位置。从本质上讲，这个内置函数避免了自己重新编写intextract()这样的函数。

10.2.5　通过URL在远程计算机上访问文件

某些I/O函数，如read.table()和scan()，可以用网站地址（URL）作为参数。（可以查看R的在线帮助寻找你偏好的函数是否允许这样做。）

例如，我们读取美国加州大学欧文分校的一些数据，网址为http://archive.ics.uci.edu/ml/datasets.html，使用其中的Echocardiogram数据集。访问链接浏览页面后我们找到文件的位置，接着用R读取数据，如下：

```
> uci <- "http://archive.ics.uci.edu/ml/machine-learning-databases/"
> uci <- paste(uci,"echocardiogram/echocardiogram.data",sep="")
> ecc <- read.csv(uci)
```

（我们分两步建立了数据的URL以适应页面宽度。）

现在来看看下载的数据是怎样的：

```
> head(ecc)
  X11 X0 X71 X0.1 X0.260     X9 X4.600  X14    X1  X1.1 name X1.2 X0.2
1  19  0  72    0  0.380      6  4.100   14 1.700 0.588 name    1    0
2  16  0  55    0  0.260      4  3.420   14     1     1 name    1    0
3  57  0  60    0  0.253 12.062  4.603   16 1.450 0.788 name    1    0
4  19  1  57    0  0.160     22  5.750   18 2.250 0.571 name    1    0
5  26  0  68    0  0.260      5  4.310   12     1 0.857 name    1    0
6  13  0  62    0  0.230     31  5.430 22.5 1.875 0.857 name    1    0
```

接下来就可以针对数据做分析了。例如第三列是年龄，我们就可以求均值或者做其他运算。查看全部变量的描述，可以访问echocardiogram.names的页面http://archive.ics.uci.edu/ml/machine-learning-databases/echocardiogram/echocardiogram.names 。

10.2.6　写文件

由于R语言主要用于统计功能，读文件可能比写文件更为常用。但是写文件有时候也很必要，下面就介绍一些写文件的方法。

write.table()函数的用法与read.table()非常相似，只不过它把数据框写入文件而不是从文件中读取。例如，回到第5章最开始Jack和Jill的例子：

```
> kids <- c("Jack","Jill")
> ages <- c(12,10)
> d <- data.frame(kids,ages,stringsAsFactors=FALSE)
> d
  kids ages
1 Jack   12
2 Jill   10
> write.table(d,"kds")
```

*kds*文件将包含以下内容：

```
"kids" "ages"
"1" "Jack" 12
"2" "Jill" 10
```

如果想把矩阵写入文件，只需要声明不要列名和行名即可，如下：

```
> write.table(xc,"xcnew",row.names=FALSE,col.names=FALSE)
```

cat()函数同样可以用来写入文件，一次写入一部分。如下例：

```
> cat("abc\n",file="u")
> cat("de\n",file="u",append=TRUE)
```

第一次调用cat()时创建了文件u，包含一行内容"abc"。第二次调用追加了第二行。不同于writeLines()的用法（下面会讨论），这个文件会在每一次操作之后自动保存。如上例，调用两次cat()函数之后文件的内容如下：

```
abc
de
```

你也可以写多个字段：

```
> cat(file="v",1,2,"xyz\n")
```

上面的代码会生成只有一行内容的文件*v*，如下：

```
1 2 xyz
```

还可以使用writeLines()函数，它是readLines()的相对。如果你用的是连接，则必须设定参数"w"来指明是要写文件而非读取：

```
> c <- file("www","w")
> writeLines(c("abc","de","f"),c)
> close(c)
```

*www*文件会包含以下内容：

```
abc
de
f
```

注意，这里需要主动关闭文件。

10.2.7 获取文件和目录信息

对于实现获取文件和目录的信息、设置文件访问权限等功能，R有各种函数。以下是几个例子：

- file.info()：参数是表示文件名称的字符串向量，函数会给出每个文件的大小、创建时间、是否为目录等信息。
- dir()：返回一个字符向量，列出在其第一个参数指定的目录中所有文件的名称。如果指定可选参数recursive= TRUE，结果将把第一个参数下面整个目录树都显示出来。
- file.exists()：返回一个布尔向量，表示作为第一个参数的字符串向量中给定的每个文件名是否存在。
- getwd()和setwd()：用于确定或改变当前工作目录。

如果想查看所有与文件和目录相关的函数，可以用下面这个命令：

```
> ?files
```

更多选项将在下一个例子中展示。

10.2.8 扩展案例：多个文件内容的和

现在，我们要建立一个函数来计算目录树下所有文件内容之和（假设都是数值型）。在这个例子中，文件目录dir1包含文件filea和fileb，以及子目录dir2，它包含文件filec，这些文件内容如下：

- filea：5，12，13
- fileb：3，4，5
- filec：24，25，7

如果dir1是当前工作目录，调用sumtree("dir1")会返回这些文件包含的9个数字之和，98。否则，我们需要设定dir1的完整路径名，例如sumtree("/home/nm/dir1")。代码如下：

```
1  sumtree <- function(drtr) {
2     tot <- 0
3     # get names of all files in the tree
4     fls <- dir(drtr,recursive=TRUE)
5     for (f in fls) {
6        # is f a directory?
7        f <- file.path(drtr,f)
8        if (!file.info(f)$isdir) {
9           tot <- tot + sum(scan(f,quiet=TRUE))
10       }
11    }
12    return(tot)
13 }
```

请注意，这个问题在递归中很常见，我们在7.9节也会详细讨论。但在这里，通过设置dir()中的一个参数，R已经完成了这个递归。因此，在第4行设置recursive=TRUE，以便查找整个目录树各个层级的文件。

在调用file.info()时，有个事实必须事先说明：当前文件名f是相对于drtr的，所以文件filea指的是dir1/filea。为了形成路径名，需要把drtr、斜杠以及filea拼接起来，即使用的R的字符串拼接函数paste()，但是对于Windows系统，需要使用反斜杠，而不是斜杠。不过file.path()实现了上面所有的步骤。

有必要解释一下第8行的意义。file.info()返回一个包含文件*f*所有信息的数据框，其中一列为isdir，每一行对应一个文件且行名为文件名。该列也包含布尔变量表示每个文件是否为目录。在第8行，可以检测当前文件f是否为目录。如果*f*是一个普通文件，就继续运行，将其内容添加到求和运算中。

10.3 访问互联网

R的套接字（socket）工具可以让程序员访问互联网（Internet）的TCP/IP协议。为方便不熟悉这一协议的读者，下面将首先概述TCP/IP协议的基础知识。

10.3.1 TCP/IP概述

TCP/IP协议相当复杂，所以此处的概述有点过于简化，但本节内容所涵盖的知识足以使你了解R的socket函数是如何使用的。

为叙述本节的内容，我们用“网络”（network）这一术语来指代一系列相互连接起来的本地计算机，它们并不一定要通过互联网。一个典型的例子是一个家庭或一家小公司里的所有计算机，连接这些计算机的物理介质通常是以太网或类似的媒介。

互联网（Internet），正如它的名称暗示的那样，将网络连接起来。互联网中的一个网络通过“路由器”（routers）与另一个或者多个网络相连，其中路由器是一种特殊用途的计算机，它可以把两个或者多个网络互相连接起来。互联网中的每台计算机都有一个互联网协议（Internet Protocol，IP）地址。IP地址是数字形式的，但也可以表示成字符的形式，例如www.google.com，域名服务器（Domain Name Service）会把它解析成数字形式。

然而，光有IP地址是不够的。当计算机A给B发送一条消息时，计算机B可能有好几种应用程序都在接收互联网的消息，比如网页浏览器、邮件服务器等等。那么B的操作系统怎么知道A把消息发送给哪个应用程序呢？答案是，A除了要指定IP地址，还要指定“端口号”（port number）。端口号指明运行在B上的哪个程序会接收这条消息。A也有端口号，这样B发来的响应消息也会返回给A中相应的应用程序。

当A想给B发送消息，它会把消息写入一种名为socket的软件实体，其使用的系统在函数调用时与将消息写入文件时有相似的语法。在调用该系统时，A指定了B的IP地址和对应的端口号。B也有socket，用来把响应消息写入其中，并返回给A。我们说A和B之间通过这些socket建立“连接”，并不是指通过物理的方式连接，只是指A和B之间建立起交换数据的协议。

应用程序都遵循客户端/服务端的模型。假设在B上运行了一个网络服务器，并且端口是标准的网络服务的端口，即80端口。B的服务端就侦听80端口。同样，不要从字面上理解“监听”这一术语，它只意味着服务端程序调用了某个函数来通知操作系统：服务端愿意在80端口上建立连接。当网络节点A发出了连接的请求，服务端上调用的这个函数就返回，于是就建立了连接。

如果你不是系统的特权用户，没有足够的操作权限，但希望编写一些服务端程序，比如用R编写，则必须指定一个大于1024的端口号。

注意： 如果一个服务器程序被关闭或自行崩溃退出，那么其之前使用的端口号将需要几秒钟的延迟才能被重新使用。

10.3.2 R中的socket

有一点尤其需要注意的是，A在与B连接期间发送给B的所有字节被看作是一个整体，称为“长消息”（big message）。假设A先发送了一行8个字符的文本，然后又发送了一行20个字符的文本，那么对A而言，这是两行文本，但对TCP/IP而言，这只是一条28个字符的不完整消息。将长消息分割回若干行文本需要一些额外的工作，对此R提供了一系列的函数来达到这个目的，如下所示：

- readLines()和writeLines()：这两个函数允许你在写程序时把TCP/IP的消息传输当作是一行一行传递的，尽管这并不是真实的情况。如果你要传输的数据本质上就是按行分隔的，那么这两个函数将是非常方便的。
- serialize()和unserialize()：可以利用这两个函数传输R对象，比如矩阵或者某个统计函数的复杂输出结果。传输对象将在发送端转换成字符串形式，然后在接收端转换回原来的对象形式。
- readBin()和writeBin()：这两个函数用于传输二进制的数据。（请参阅10.2.2节的开始部分，回顾关于这一术语的解释。）

以上的每一个函数都可以对R中的连接进行操作，下面的例子将展示它们的用法。

对每一个任务选择正确的函数是非常重要的。比如你有一个很长的向量，那么使用serialize()和unserialize()可能会更加方便，但同时也更加耗时。这不仅是因为数值与字符串表达式之间需要互相转换，而且还因为字符串表达式通常更长，这意味着需要更长的传输时间。

此处R中还有另外两个socket函数：

- socketConnection()：该函数可以通过socket来创建一个R连接。你可以使用参数port来设定端口号，然后将server参数设为TRUE或FALSE来说明需要创建的是服务器还是客户端。如果创建的是客户端，还必须用host参数来设定服务器的IP地址。
- socketSelect()：该函数在服务器与多个客户端相连接时非常有用。其主要的参数socklist是一系列连接的列表，而返回值是这些连接的一个子列表，其中的元素所表示的连接提供了服务器可以读取的数据。

10.3.3 扩展案例：实现R的并行计算

一些统计分析需要运行很长时间，所以我们很自然会对“R并行计算”感兴趣。在R并行计算的过程中，若干个R进程可以共同完成同一个任务。另外一个使用并行计算的原因是内存的限制。如果一台机器没有足够的内存来完成某个任务，就需要将若干台机器的内存用某种方式组合起来使用。本书第16章将介绍这个重要的主题。

socket在许多R并行计算的软件包中起到了关键作用。并行协作的R进程既可以运行在同一台机器上，也可以运行在多台机器上。在后一种情况下（有时甚至包括前一种情况），实现并行计算的一个很自然的方法就是使用R的socket。这是snow包和我编写的Rdsm包（都可以在R的代码仓库CRAN中获取到；详情请参见本书附录）所采用的一种方法，如下所示：

- 在snow中，服务器将任务发送给客户端，客户端完成各自的任务后将结果返回给服务器，服务器再将结果汇总为最终结果。服务器与客户端之间的通信是通过serialize()和unserialize()完成的，而服务器利用socketSelect()来确定哪些客户端的结果已经计算完成了。
- Rdsm实现了虚拟共享内存的范式，其中服务器用来存储共享变量。每当客户端需要读取或写入共享变量时就会与服务器进行通信。为了提升速度，服务器与客户端的通信是通过readBin()和writeBin()完成的，而不是用serialize()和unserialize()。

下面来看看Rdsm中与socket有关的一些细节。首先，下面是服务器与客户端建立连接的代码，建立好的连接存储在列表cons中（共有ncon个客户端）：

```
1  # set up socket connections with clients
2  #
3  cons <<- vector(mode="list",length=ncon)  # list of connections
4  # prevent connection from dying during debug or long compute spell
5  options("timeout"=10000)
6  for (i in 1:ncon) {
7     cons[[i]] <<-
8        socketConnection(port=port,server=TRUE,blocking=TRUE,open="a+b")
9     # wait to hear from client i
10    checkin <- unserialize(cons[[i]])
11 }
12 # send ACKs
13 for (i in 1:ncon) {
14    # send the client its ID number, and the group size
15    serialize(c(i,ncon),cons[[i]])
16 }
```

由于客户端的消息和服务器的回应都是短消息，所以使用serialize()和unserialize()已经足够了。

服务器端主循环的第一部分将寻找一个准备就绪的客户端，然后从中读取数据。

```
1  repeat {
2     # any clients still there?
3     if (remainingclients == 0) break
4     # wait for service request, then read it
5     # find all the pending client requests
6     rdy <- which(socketSelect(cons))
7     # choose one
8     j <- sample(1:length(rdy),1)
9     con <- cons[[rdy[j]]]
10    # read client request
11    req <- unserialize(con)
```

同样，此处serialize()和unserialize()已经足够用于从客户端读取短消息，以说明请求的是何种操作——通常是读取或写入一个共享变量。然而，在读取或写入共享变量时，我们使用的是速度更快的readBin()和writeBin()函数。以下是写入部分的代码：

```
# write data dt, of mode md (integer of double), to connection cn
binwrite <- function(dt,md,cn) {
   writeBin(dt,con=cn)
```

下面是读取部分的代码：

```
# read sz elements of mode md (integer of double) from connection cn
binread <- function(cn,md,sz) {
   return(readBin(con=cn,what=md,n=sz))
```

在客户端，建立连接的代码如下所示：

```
1  options("timeout"=10000)
2  # connect to server
3  con <- socketConnection(host=host,port=port,blocking=TRUE,open="a+b")
4  serialize(list(req="checking in"),con)
5  # receive this client's ID and total number of clients from server
6  myidandnclnt <- unserialize(con)
7  myinfo <<-
8     list(con=con,myid=myidandnclnt[1],nclnt=myidandnclnt[2])
```

从服务器读取和写入服务器的代码与之前的例子相类似。

第 11 章

字符串操作

尽管R是一门以数值向量和矩阵为核心的统计语言，但字符串同样极为重要。从医疗研究数据里的出生日期到文本挖掘的应用，字符数据在R程序中使用的频率非常高。因此，R有大量的字符串操作工具，本章将介绍其中的部分工具。

11.1 字符串操作函数概述

R语言提供了很多字符串操作函数，本节仅简要介绍其中几个函数。注意，本节介绍的函数调用形式非常简单，通常省略了许多可选参数。有些可选参数会在后文的扩展案例中用到，请查看R的在线帮助以获取更多技术细节。

11.1.1 grep()

grep(pattern,x)语句在字符串向量x里搜索给定子字符串pattern。如果x有n个元素，即包含n个字符串，则grep(pattern,x)会返回一个长度不超过n的向量。这个向量的每个元素是x的索引，表示在索引对应的元素x[i]中有与pattern匹配的子字符串。

下面是使用grep的例子：

```
> grep("Pole",c("Equator","North Pole","South Pole"))
[1] 2 3
> grep("pole",c("Equator","North Pole","South Pole"))
integer(0)
```

第一条命令中，在第2个参数里的第2、3个元素中查找到字符串“Pole”，所以输出（2,3）。第二条命令中，在任何地方都找不到字符串“pole”，所以返回一个空向量。

11.1.2 nchar()

nchar()函数返回字符串x的长度。例子如下：

```
> nchar("South Pole")
[1] 10
```

得出字符串“South Pole”有10个字符。C语言程序员请注意：R语言中的字符串末尾没有空字符NULL。

还需要注意一点，如果x不是字符形式，nchar()会得到不可预料的结果。例如，

nchar(NA)的结果是2，nchar(factor("abc"))得到1。对于非字符串对象，如果想得到更一致的结果，可到CRAN上找Hadley Wickham写的stringr包。

11.1.3 paste()

paste(...)函数把若干个字符串拼接起来，返回一个长字符串。下面是几个例子：

```
> paste("North","Pole")
[1] "North Pole"
> paste("North","Pole",sep="")
[1] "NorthPole"
> paste("North","Pole",sep=".")
[1] "North.Pole"
> paste("North","and","South","Poles")
[1] "North and South Poles"
```

可以看出，可选参数sep可以用除了空格以外的其他符号把各个字符串组件连接起来。如果指定sep为空字符串，则字符串之间没有任何字符。

11.1.4 sprintf()

sprintf(...)按一定格式把若干个组件[㊀]组合成字符串。

下面是个简单的例子：

```
> i <- 8
> s <- sprintf("the square of %d is %d",i,i^2)
> s
[1] "the square of 8 is 64"
```

函数名称sprintf表示的是字符串打印（string print），即“打印”到字符串里，而不是打印到屏幕上。本例是打印到字符串s中。

打印的是什么呢？这个函数先声明打印“the square of”，然后打印i的十进制（decimal）数值。最后得到字符串“the square of 8 is 64”。

11.1.5 substr()

substr(x,start,stop)函数返回给定字符串x中指定位置范围start:stop上的子字符串。下面是个例子：

```
> substring("Equator",3,5)
[1] "uat"
```

11.1.6 strsplit()

strsplit(x,split)函数根据x中的字符串split把字符串x拆分成若干子字符串，返回这些

㊀ 组件可以是字符串或者变量。——译者注

子字符串组成的R列表，下面是个例子：

```
> strsplit("6-16-2011",split="-")
[[1]]
[1] "6"    "16"   "2011"
```

11.1.7　regexpr()

regexpr(pattern,text)在字符串text中寻找pattern，返回与pattern匹配的第一个子字符串的起始字符位置，如下面这个例子：

```
> regexpr("uat","Equator")
[1] 3
```

这表明“uat”的确出现在“Equator”中，起始于第3个字符。

11.1.8　gregexpr()

gregexpr(pattern,text)的功能与regexpr()一样，不过它会寻找与pattern匹配的全部子字符串的起始位置，下面是个例子：

```
> gregexpr("iss","Mississippi")
[[1]]
[1] 2 5
```

“Mississippi”中“iss”出现了两次，分别起始于第2个字符和第5个字符的位置。

11.2　正则表达式

当用到编程语言中的字符串操作函数时，有时会涉及“正则表达式”这个概念。在R语言里，当使用字符串函数grep()、grepl()、regexpr()、gregexpr()、sub()、gsub()和strsplit()时，必须注意这点。

正则表达式是一种通配符，它是用来描述一系列字符串的简略表达式。例如，表达式"[au]"表示的是含有字母a或u的字符串。可以这样使用：

```
> grep("[au]",c("Equator","North Pole","South Pole"))
[1] 1 3
```

结果显示，("Equator","North Pole","South Pole")的第1个和第3个元素，也就是"Equator"和"South Pole"，包含a或u。

英文句点（.）表示任意一个字符。下面是例子：

```
> grep("o.e",c("Equator","North Pole","South Pole"))
[1] 2 3
```

这条命令查找3个字符的字符串，它是以o开头，后跟任意一个字符，并以e结尾。下面的例子展示用两个句点表示任意2个字符。

```
> grep("N..t",c("Equator","North Pole","South Pole"))
[1] 2
```

这里查找的是4个字符的字符串，以N开头，后跟任意两个字符，并以t结尾。

句点是“元字符”的一个例子，元字符指的是不按照字面意思理解的字符。例如，如果一个句点出现在grep()函数的第一个参数中，它实际上并不表示句点，而表示任意一个字符。

但是如果想用grep()查找句点怎么办呢？不加思考的话会这样做：

```
> grep(".",c("abc","de","f.g"))
[1] 1 2 3
```

结果本应该是3，而不是(1,2,3)。上面这条命令的失败是因为句点是元字符。你必须让它脱离句点的元字符属性，而这是通过反斜杠完成的：

```
> grep("\\.",c("abc","de","f.g"))
[1] 3
```

我说过要用一个反斜杠了吗？为什么此处要用两个反斜杠？好吧，残酷的事实是反斜杠本身也必须脱离元字符的属性，这要靠它前面加反斜杠来完成！可见复杂的正则表达式可以变得多么晦涩难懂。当然，很多书都以正则表达式为主题（针对各种编程语言）。初学这个主题的读者请参考R在线帮助文档（输入命令?regex）。

11.2.1 扩展案例：检测文件名的后缀

假设我们要检测文件名是否带有指定的后缀。例如，查找所有的HTML文件（后缀为.html、.htm等）。代码如下：

```
1  testsuffix <- function(fn,suff) {
2     parts <- strsplit(fn,".",fixed=TRUE)
3     nparts <- length(parts[[1]])
4     return(parts[[1]][nparts] == suff)
5  }
```

我们来测试一下。

```
> testsuffix("x.abc","abc")
[1] TRUE
> testsuffix("x.abc","ac")
[1] FALSE
> testsuffix("x.y.abc","ac")
[1] FALSE
> testsuffix("x.y.abc","abc")
[1] TRUE
```

这个函数如何工作的呢？首先，第2行调用strsplit()函数并返回含有一个元素（一个字符串向量）的列表，之所以该列表只有一个元素是因为向量fn只有一个元素。例如，运行testsuffix("x.y.abc","abc")会生成列表parts，它由一个向量构成，而这个向量包含x、y和abc这三个元素。然后挑出向量的最后一个元素与suff比较。

关键点在于参数fixed=TRUE。如果没有它，会把分隔参数"."（在strsplit()函数的正式参数表中叫做split）当成正则表达式。如果不设置fixed=TRUE，strsplit()函数只会把字符串拆分成单个的字母。

当然，也可以脱离句号的元字符属性，如下：

```
1  testsuffix <- function(fn,suff) {
2     parts <- strsplit(fn,"\\.")
3     nparts <- length(parts[[1]])
4     return(parts[[1]][nparts] == suff)
5  }
```

测试一下看是否仍然有效：

```
> testsuffix("x.y.abc","abc")
[1] TRUE
```

下面是另一种测试后缀的方法，虽然稍微复杂了点儿，不过它是个很好的例子：

```
1  testsuffix <- function(fn,suff) {
2     ncf <- nchar(fn)  # nchar() gives the string length
3     # determine where the period would start if suff is the suffix in fn
4     dotpos <- ncf - nchar(suff) + 1
5     # now check that suff is there
6     return(substr(fn,dotpos,ncf)==suff)
7  }
```

这时，比如同样令fn="x.ac"且suff="abc"。当dotpos为2意味着，如果fn的后缀为abc的话，句点应该在第二个字符的位置。substr()函数的调用就成了substr("x.ac",2,4)，提取x.ac中第二个到第四个字符的子字符串。提取出的子字符串是.ac，而不是abc，所以文件的后缀不是abc。

11.2.2　扩展案例：生成文件名

假设我们要创建5个文件，从*q1.pdf*到*q5.pdf*，依次为服从正态分布$N(0, i^2)$的100随机变量的直方图。执行下面的代码：

```
1  for (i in 1:5)  {
2     fname <- paste("q",i,".pdf")
3     pdf(fname)
4     hist(rnorm(100,sd=i))
5     dev.off()
6  }
```

本例的主要任务是用字符串操作来创建文件名fname。如果想获取本例用到的绘图操作方面的更多技术细节，请参考12.3节。

paste()函数把字符串"q"和数字i的字符串形式拼接起来。例如，当i=2时，变量fname就是q 2.pdf。不过，这还不完全是我们想要的形式。在Linux系统中，含有空格的文件名令人头疼，所以最好去掉空格。一种解决办法是使用sep参数，指定空字符串为分隔符，如下：

```
1  for (i in 1:5)  {
2     fname <- paste("q",i,".pdf",sep="")
3     pdf(fname)
4     hist(rnorm(100,sd=i))
5     dev.off()
6  }
```

另一种方法是使用sprintf()函数，这是从C语言中借鉴过来的：

```
1  for (i in 1:5)  {
2     fname <- sprintf("q%d.pdf",i)
3     pdf(fname)
4     hist(rnorm(100,sd=i))
5     dev.off()
6  }
```

对于浮点型的量，请注意%f和%g这两种格式的区别：

```
> sprintf("abc%fdef",1.5)
[1] "abc1.500000def"
> sprintf("abc%gdef",1.5)
[1] "abc1.5def"
```

%g的格式去掉了多余的0。

11.3　在调试工具edtdbg中使用字符串工具

13.4节会讨论调试工具edtdbg，其内部代码大量使用了字符串操作。一个典型的例子是dgbsendeditcmd()函数：

```
# send command to editor
dbgsendeditcmd <- function(cmd) {
   syscmd <- paste("vim --remote-send ",cmd," --servername ",vimserver,sep="")
   system(syscmd)
}
```

这里做了什么呢？重点是edtdbg把远端命令发送给Vim编辑器。例如，如果以168为服务端名运行Vim，想让Vim里的光标移动到第12行，那么你可以在终端（shell）窗口里输入：

```
vim --remote-send 12G --servername 168
```

这跟你在Vim窗口中直接输入12G的效果是一样的。因为12G在Vim命令中是表示移动到第12行，上面这行命令也是这个效果。考虑下面这行命令：

```
paste("vim --remote-send ",cmd," --servername ",vimserver,sep="")
```

现在cmd就是字符串"12G"，vimserver是168，paste()函数把指定的所有字符串都拼接起来。参数sep=""表示在拼接时用空字符串作为分隔符，也就是说，不做分隔。于是paste()返回如下结果：

```
vim --remote-send 12G --servername 168
```

edtdbg操作的另一个核心要素是，程序会调用R里面的sink()函数把R窗口里调试器的大部分输出信息保存在*dbgsink*文件里（即edtdbg工具和调试器一起运作？）。这些信息包括你用R语言调试器单步调试源代码时进入位置的行号。

调试器输出的行位置信息是这样的：

```
debug at cities.r#16: {
```

所以，edtdbg中有代码来查找dbgsink文件中以“debug at”开头的最后一行。把这行赋值给一个变量名为debugline的字符串。下面的代码提取行号（在本例为16）和源代码文件名/Vim缓冲区名称（在本例为*cities.r*）

```
linenumstart <- regexpr("#",debugline) + 1
buffname <- substr(debugline,10,linenumstart-2)
colon <- regexpr(":",debugline)
linenum <- substr(debugline,linenumstart,colon-1)
```

这里调用regexpr()函数找出了debugline中#号出现的位置（在本例为第18个字符）。这个位置加1就得到debugline中行号的位置。

为了得到缓冲区名称，可参考前文的例子，可以看出缓冲区名称在debug at之后并在#之前结束。因为“debug at”包含9个字符，所以缓冲区名称开始于第10个字符，这也就是语句中的参数10：

```
substr(debugline,10,linenumstart-2)
```

缓冲区名称末尾字符的位置在linenumstart-2，正好在#前一个字符，而#后面就是行号的开始。行号的确定也与之类似。

edtdbg内部代码的另一个示例是它对strsplit()函数的使用。例如，在某一时刻，打印给用户一条提示：

```
kbdin <- readline(prompt="enter number(s) of fns you wish to toggle dbg: ")
```

正如你看到的，用户的回应会保存在kbdin中。它是由一组以空格分隔的数字组成，比如下面这样：

```
1 4 5
```

我们需要从字符串"1 4 5"提取出数字并组成整数向量。可以先用strsplit()函数把字符串拆分成3个字符串"1"、"4"和"5"。然后再调用as.integer()函数把字符转化为数字。

```
tognums <- as.integer(strsplit(kbdin,split=" ")[[1]])
```

注意，strsplit()输出一个R列表，在本例中，输出的列表只含一个元素，即向量("1","4","5")。这就导致本例的表示式中出现[[1]]。

第12章 绘图

R有着非常丰富的绘图功能。在R的主页（http://www.r-project.org/）上已经展示了一些绚丽的图形，然而要真正领略R绘图的威力，可以访问R绘图画廊网站，网址是http://addictedtor.free.fr/graphiques。

本章涵盖了R基础绘图包(也是传统绘图包)的基本功能，这些基础知识对于初学R绘图的读者来说已经足够了。如果想更深入地使用R的绘图系统，可以参考其他书籍[⊖]。

12.1 创建图形

首先介绍在R中创建图形的最基本函数：plot()，之后将探索如何构建完整的图形，如向图中添加线和点，以及绘制图例等。

12.1.1 基础图形系统的核心：plot()函数

plot()函数是基础图形系统中众多操作的核心，它驱动着许多不同图形的绘制。如9.1.1节中所述，plot()是一个泛型函数，它本身可以看作是一个占位符，因为在使用plot()时，真正被调用的函数依赖于对象所属的类。

让我们来看看调用plot()时参数为向量X和向量Y时会发生什么，此时两个向量的意义是(x, y)平面上的一系列点对。

```
> plot(c(1,2,3), c(1,2,4))
```

执行完这句命令后将弹出一个新的窗口，并且会绘出点对(1, 1)、(2, 2)和(3, 4)，如图12-1所示。如你所见，目前这是一幅非常简单的图形。在本章后面，我们将介绍如何向图中加入一些附加的修饰物。

注意 图12-1中的点是用空心圆形表示的。如果你想使用另外一种表现方式，则可以给pch（point character的缩写）参数指定一个取值。

⊖ 这些书籍包括Hadley Wickham的*ggplot2:Elegant Graphics for Data Analysis*(New York:Springer-Verlag,2009)；Dianne Cook和Deborah F.Swayne的*Interactive and Dynamic Graphics for Data Analysis:With R and GGobi*(New York:Springer-Verlag,2007)；Deepayan Sarkar的*Lattice:Multi-variate Data Visualization with R*(New York:Springer-Verlag,2008)；以及Paul Murrell 的*R Graphics*(Boca Raton,FL:Chapman and Hall/CRC,2011)。

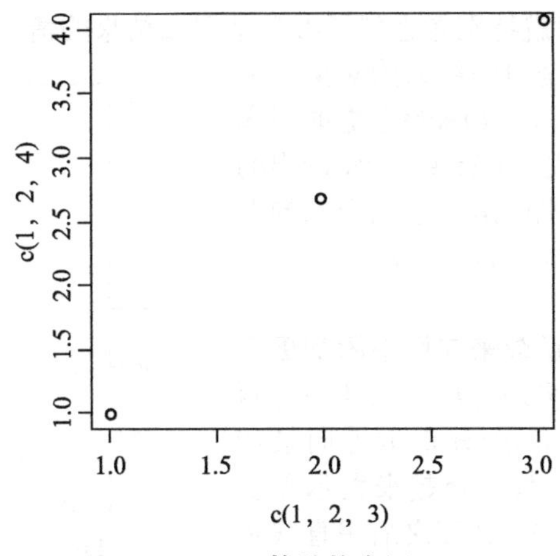

图12-1 简单的点图

plot()函数是分若干阶段执行的，这意味着你可以用一系列命令分若干步来构建一幅完整的图形。例如，可以首先绘制一幅空白的图形，只向其中添加上坐标轴：

```
> plot(c(-3,3), c(-1,5), type = "n", xlab="x", ylab="y")
```

这一命令将绘制x和y坐标轴，横轴（x）的范围是从-3到3，纵轴（y）的范围是从-1到5。参数type = "n"的含义是不要向图中添加任何元素。

12.1.2 添加线条：abline()函数

在有了一张空白的图形后，就可以进入下一阶段——添加线条：

```
> x <- c(1,2,3)
> y <- c(1,3,8)
> plot(x,y)
> lmout <- lm(y ~ x)
> abline(lmout)
```

调用了plot()函数后，图中将仅仅显示三个点以及带有刻度的x轴和y轴。而abline()函数则向图中添加了一条线。现在的问题是，这条线的含义是什么呢？

在第1.5节中你已经了解到，lm()是进行线性回归的函数，调用该函数所得的对象包含了回归直线的斜率和截距，以及其他一些在此无需关心的计算结果。上述命令将该对象赋给了lmout，此时斜率和截距都保存在lmout$coefficients中。

那么，调用abline()时都发生了什么？这个函数仅仅在图中画了一条直线，函数的参数代表了直线的截距和斜率。例如，执行abline(c(2,1))就可以在当前的图形中添加一条下述方程所描述的直线：

$$y = 2 + 1 \cdot x$$

但是abline()在编写时就特别考虑到了参数是回归结果的情形（尽管它并不是一个泛型函数）。因此，如果参数是回归结果的对象，那么这个函数就会从lmout$coefficients中提取斜率和截距，然后画出这条直线。abline()会将画出的直线叠加到当前的图形（也就是画了三个点的图形）中，因此新的图形会同时显示点和线，如图12-2所示。

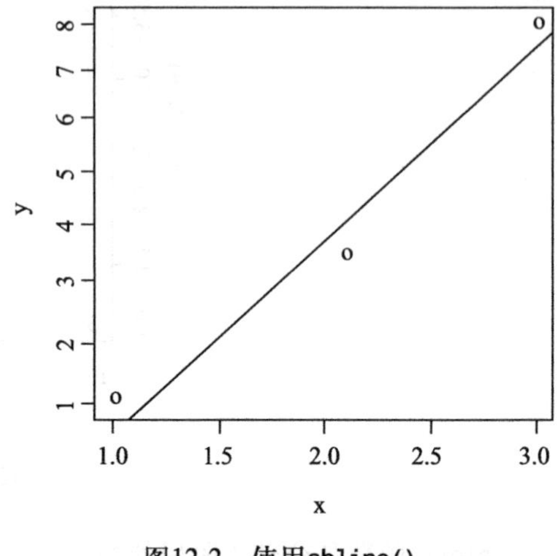

图12-2　使用abline()

你还可以利用lines()函数来向图中添加更多的线。尽管lines()有非常多的选项，但其中有两个是最基本的参数，分别表示*x*轴的取值向量和*y*轴的取值向量。这两个参数联合起来表示需要向当前图形添加的点对(*x, y*)，并在之后用直线将它们依次连接起来。例如，如果X和Y分别表示向量(1.5, 2.5)和(3, 3)，那么你可以用下面的命令来向当前图形中添加一条连接(1.5, 3)和(2.5, 3)的直线。

```
> lines(c(1.5,2.5),c(3,3))
```

如果你仅仅想画出线条，而不想将其中的连接点绘制出来，而可以将参数type = "l"添加到lines()或plot()中，如下所示：

```
> plot(x,y,type="l")
```

你还可以用plot()中的lty参数来指定线条的类型，例如指定是实线还是虚线。要查看所有可用的类型及它们相应的代号，请输入下面的命令：

```
> help(par)
```

12.1.3　在保持现有图形的基础上新增一个绘图窗口

每次调用plot()，现有的图形窗口都会直接或间接地被新的图形替代。如果你不希望看到这样的结果，则可以根据你的操作系统来使用下面的命令：

- 在Linux系统下，执行X11()；
- 在Mac系统下，执行macintosh()；
- 在Windows下，执行windows()。

例如，假设你想分别绘制向量X和向量Y的直方图，并将它们并排放置，那么在Linux系统下，只需输入下面的命令：

```
> hist(x)
> x11()
> hist(y)
```

12.1.4 扩展案例：在一张图中绘制两条密度曲线

这个例子将绘制两组考试成绩的非参数密度曲线（它们相当于平滑后的直方图），并将它们放置在同一张图中。这里使用了density()函数来计算密度曲线的估计值，程序如下：

```
> d1 = density(testscores$Exam1,from=0,to=100)
> d2 = density(testscores$Exam2,from=0,to=100)
> plot(d1,main="",xlab="")
> lines(d2)
```

首先，我们计算这两个变量的非参数密度估计，并将结果保存到对象d1和d2中，方便以后的使用。接下来调用plot()来绘制考试1的曲线，如图12-3所示。然后使用lines()来将考试2的曲线添加到现有图形中，最终的结果如图12-4所示。

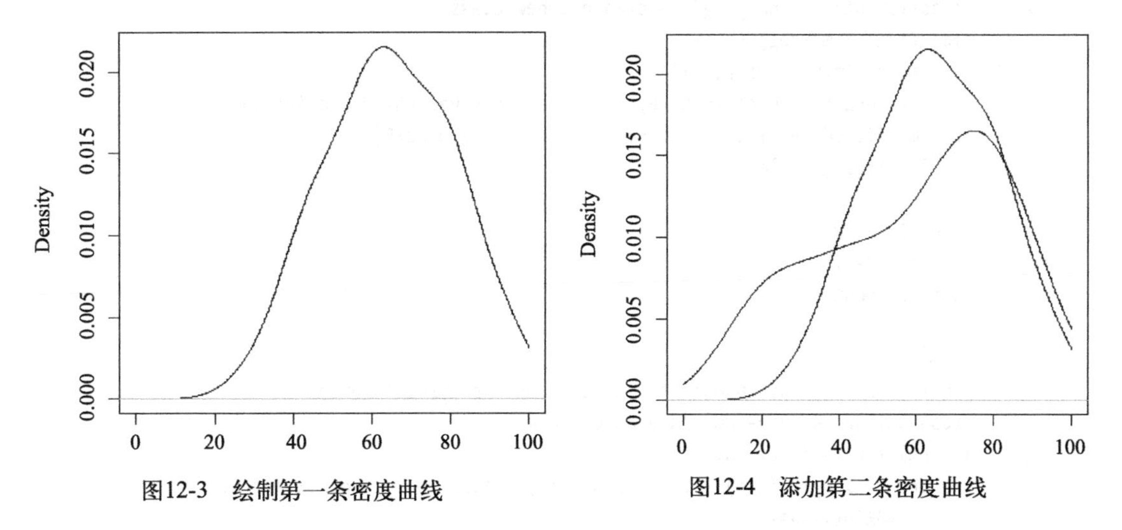

图12-3 绘制第一条密度曲线　　图12-4 添加第二条密度曲线

注意，在上述程序中整幅图的x轴标签被指定为了空字符，如果不这样做，R会将其指定为d1，而这个标签只是针对考试1的。

还需要注意的是，我们需要先绘制考试1的图形，因为考试1的成绩更加集中，因此其密度曲线更窄、更高。如果我们先画了较矮的考试2的图形，那么考试1的曲线就会有一部分超出了窗口的范围。对于这个例子，我们分别绘制了这两组数据的图形，然后观察哪一个更高。当然，在此可以考虑一个更通用的解决方法。

假设我们想编写一个比较通用的函数，其作用是在一张图中绘制若干条密度曲线。要达到这个目的，就需要让程序自动计算出哪一条曲线是最高的。为此，首先需要知道的是，密度估计的结果都保存在density()返回值的y中，因此可以分别对每条曲线的密度估计分别用max()函数计算最大值，然后再用which.max()来决定哪条密度曲线是最高的。

plot()语句会首先初始化图形，然后绘制第一条曲线。（如果不指定type = "l"，就只会绘制点而不绘制线。）之后，lines()则会将第二条曲线添加到图形中。

12.1.5 扩展案例：进一步考察多项式回归

本书的9.1.7节定义了一个名为“polyreg”的类，用来拟合多项式回归模型。在9.1.7节，我们编写了泛型函数print()在这个类上的实现，而在此，我们将同样针对这个类编写泛型的plot()：

```
1  # polyfit(x,maxdeg) fits all polynomials up to degree maxdeg; y is
2  # vector for response variable, x for predictor; creates an object of
3  # class "polyreg", consisting of outputs from the various regression
4  # models, plus the original data
5  polyfit <- function(y,x,maxdeg) {
6     pwrs <- powers(x,maxdeg) # form powers of predictor variable
7     lmout <- list()  # start to build class
8     class(lmout) <- "polyreg"  # create a new class
9     for (i in 1:maxdeg) {
10       lmo <- lm(y ~ pwrs[,1:i])
11       # extend the lm class here, with the cross-validated predictions
12       lmo$fitted.xvvalues <- lvoneout(y,pwrs[,1:i,drop=F])
13       lmout[[i]] <- lmo
14    }
15    lmout$x <- x
16    lmout$y <- y
17    return(lmout)
18 }
19
20 # generic print() for an object fits of class "polyreg":  print
21 # cross-validated mean-squared prediction errors
22 print.polyreg <- function(fits) {
23    maxdeg <- length(fits) - 2  # count lm() outputs only, not $x and $y
24    n <- length(fits$y)
25    tbl <- matrix(nrow=maxdeg,ncol=1)
26    cat("mean squared prediction errors, by degree\n")
27    colnames(tbl) <- "MSPE"
28    for (i in 1:maxdeg) {
29       fi <- fits[[i]]
30       errs <- fits$y - fi$fitted.xvvalues
31       spe <- sum(errs^2)
32       tbl[i,1] <- spe/n
33    }
34    print(tbl)
35 }
36
37 # generic plot(); plots fits against raw data
38 plot.polyreg <- function(fits) {
39    plot(fits$x,fits$y,xlab="X",ylab="Y")  # plot data points as background
```

```
40     maxdg <- length(fits) - 2
41     cols <- c("red","green","blue")
42     dg <- curvecount <- 1
43     while (dg < maxdg) {
44        prompt <- paste("RETURN for XV fit for degree",dg,"or type degree",
45           "or q for quit ")
46        rl <- readline(prompt)
47        dg <- if (rl == "") dg else if (rl != "q") as.integer(rl) else break
48        lines(fits$x,fits[[dg]]$fitted.values,col=cols[curvecount%%3 + 1])
49        dg <- dg + 1
50        curvecount <- curvecount + 1
51     }
52  }
53
54  # forms matrix of powers of the vector x, through degree dg
55  powers <- function(x,dg) {
56     pw <- matrix(x,nrow=length(x))
57     prod <- x
58     for (i in 2:dg) {
59        prod <- prod * x
60        pw <- cbind(pw,prod)
61     }
62     return(pw)
63  }
64
65  # finds cross-validated predicted values; could be made much faster via
66  # matrix-update methods
67  lvoneout <- function(y,xmat) {
68     n <- length(y)
69     predy <- vector(length=n)
70     for (i in 1:n) {
71        # regress, leaving out ith observation
72        lmo <- lm(y[-i] ~ xmat[-i,])
73        betahat <- as.vector(lmo$coef)
74        # the 1 accommodates the constant term
75        predy[i] <- betahat %*% c(1,xmat[i,])
76     }
77     return(predy)
78  }
79
80  # polynomial function of x, coefficients cfs
81  poly <- function(x,cfs) {
82     val <- cfs[1]
83     prod <- 1
84     dg <- length(cfs) - 1
```

```
85      for (i in 1:dg) {
86         prod <- prod * x
87         val <- val + cfs[i+1] * prod
88      }
89   }
```

如前面提到的，只有plot.polyreg()是新增的代码，为方便起见，将其重复如下：

```
# generic plot(); plots fits against raw data
plot.polyreg <- function(fits) {
   plot(fits$x,fits$y,xlab="X",ylab="Y")  # plot data points as background
   maxdg <- length(fits) - 2
   cols <- c("red","green","blue")
   dg <- curvecount <- 1
   while (dg < maxdg) {
      prompt <- paste("RETURN for XV fit for degree",dg,"or type degree",
         "or q for quit ")
      rl <- readline(prompt)
      dg <- if (rl == "") dg else if (rl != "q") as.integer(rl) else break
      lines(fits$x,fits[[dg]]$fitted.values,col=cols[curvecount%%3 + 1])
      dg <- dg + 1
      curvecount <- curvecount + 1
   }
}
```

与之前一样，要编写泛型函数在这个类上的实现，只需在泛型函数的后面加上类的名字，如本例中的plot.polyreg()。

函数中的while循环将按多项式的阶数进行迭代，迭代过程中将循环使用三种颜色，这是通过设定cols参数来实现的；本程序使用了表达式curvecount %% 3来达到这一目的。

此外，在这个函数中，用户可以选择绘制下一个阶数的多项式，或选择一个不同的阶数。这一询问（包括提示用户输入和接受用户的回答）是通过下面的语句实现的：

```
rl <- readline(prompt)
```

程序中利用了paste()函数来提示用户在三个选项中进行选择：绘制下一个阶数的多项式，或手动指定一个阶数并绘制其多项式，或退出。这一过程出现在执行plot()后的R交互窗口中，例如，在进行了两次默认选择后，命令窗口将如下所示：

```
> plot(lmo)
RETURN for XV fit for degree 1 or type degree or q for quit
RETURN for XV fit for degree 2 or type degree or q for quit
RETURN for XV fit for degree 3 or type degree or q for quit
```

而图形窗口将如图12-5所示。

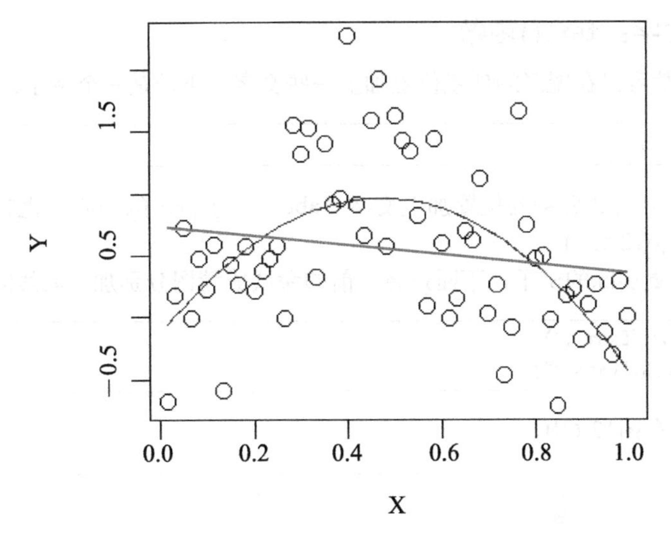

图12-5 绘制多项式拟合曲线

12.1.6 添加点：points()函数

points()函数可以向现有的图形中添加一系列的点对(*x*, *y*)，每个点都用一种图形元素来表现。例如，在之前的第一个例子中，假设输入了下面的命令：

```
points(testscores$Exam1,testscores$Exam3,pch="+")
```

其结果是向当前的图中添加Exam1和Exam3成绩的散点图，其中每一个点都用加号（+）来标记。

与其他大部分的绘图函数一样，points()可以接受许多参数选项，比如点的颜色和背景颜色。例如，如果你想要黄色的背景，则可以输入命令：

```
> par(bg="yellow")
```

现在你的图形将是黄色背景，也可将其更换为其他颜色。

与其他函数一样，要想查看完整的选项，请输入：

```
> help(par)
```

12.1.7 添加图例：legend()函数

不难猜出，legend()函数用来向拥有多条曲线的图中添加图例。图例可以告诉读者类似“绿色曲线表示男性，红色曲线表示女性”这样的信息。输入下面的命令来查看一些有趣的例子：

```
> example(legend)
```

12.1.8 添加文字：text()函数

利用text()函数可以在图形的任意位置加上一些文字。下面是一个例子：

```
text(2.5,4,"abc")
```

这将会在图形中点(2.5, 4)的位置加上文字“abc”，字符串的中心，也就是“b”所在的位置，将正好位于点(2.5, 4)。

为了展示一个更实际的例子，下面是将之前的考试成绩图分别加上曲线的标签：

```
> text(46.7,0.02,"Exam 1")
> text(12.3,0.008,"Exam 2")
```

这一结果展示在图12-6中。

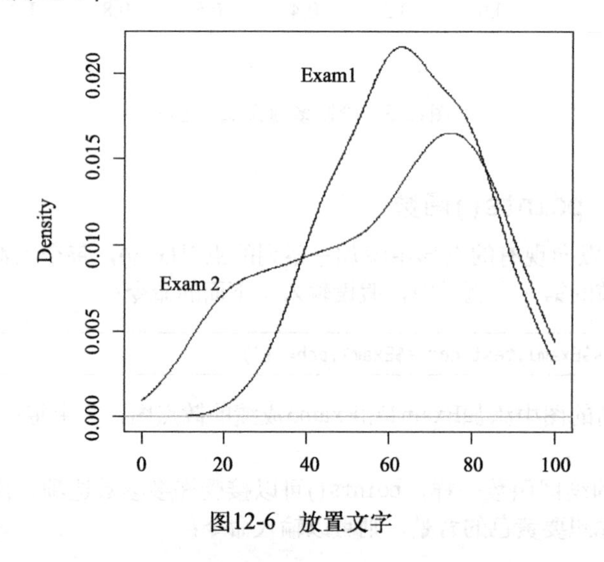

图12-6 放置文字

为了将文字精确地放置在你想要的位置，也许需要尝试好几次。当然，也可以使用locator()函数来进行快速定位。其中的细节将在下一节进行介绍。

12.1.9 精确定位：locator()函数

将文字精确地放置在你想要的位置上是需要一定技巧的。尽管你可以反复地尝试不同的*x*坐标和*y*坐标，直到找到一个理想的位置，而locator()函数可以为你省去很多麻烦。你只需调用这个函数，然后在图形中需要的位置上点击鼠标，然后这个函数就会返回你点中之处的坐标。下面这个命令将会告诉R，你会在图中点击一次。

```
locator(1)
```

每当你点击一次，R都会告诉你所点位置的精确坐标。调用locator(2)将会获取两个点的位置，依此类推。（注意：请确保指定了这个参数。）

下面是一个简单的例子：

```
> hist(c(12,5,13,25,16))
> locator(1)
$x
[1] 6.239237

$y
[1] 1.221038
```

这段程序会让R首先绘制一张直方图，然后调用locator()并指定参数为1，表明只点击一次鼠标。点击之后，函数会返回一个列表，其元素x和y分别表示所点位置的横纵坐标。

要利用这一信息来定位文字，可以用text()函数来对它们进行组合：

```
> text(locator(1),"nv=75")
```

在这里，text()会等待接收一对横纵坐标用来确定“nv=75”这段文字的位置，而locator()函数的返回值恰好提供了这些坐标。

12.1.10 保存图形

R没有“撤销”的命令。当然，如果你在绘图时认为下一步有可能需要撤销，则可以利用recordPlot()将当前的图形保存起来，并在之后用replayPlot()进行恢复。

一种不太严密但比较方便的做法是，将你所有用来画图的命令保存为一个文件，然后利用source()或“剪切-粘贴”的办法来执行这些命令。每当你更改了一条命令却想恢复原图时，只需重新用source()执行这个文件，或用“复制-粘贴”的办法来运行之前的代码。

以当前的这幅图形为例，可以创建一个名为examplot.R的文件，其内容为：

```
d1 = density(testscores$Exam1,from=0,to=100)
d2 = density(testscores$Exam2,from=0,to=100)
plot(d1,main="",xlab="")
lines(d2)
text(46.7,0.02,"Exam 1")
text(12.3,0.008,"Exam 2")
```

如果发现Exam1的标签太靠右边了，就可以编辑这个文件，然后用“复制-粘贴”或下面的命令来重新执行：

```
> source("examplot.R")
```

12.2 定制图形

你已经能够看出，从plot()函数开始分阶段地构建简单的图形是一件很容易的事。接下来，你可以通过R提供的许多选项来进一步改善这些图形。

12.2.1 改变字符大小：cex选项

cex（*character expand*的缩写）选项用于放大或缩小图形中的字符，这是一个非常有用的功能。在许多绘图函数中，你都可以将它作为一个具名参数代入其中。例如，你可能希望将“abc”这段文字绘制在图形中的某个点，比如(2.5, 4)上，但需要使用一款更大的字体，以此吸引其他人对这段文字的注意。对此，你可以输入下面的命令：

```
text(2.5,4,"abc",cex = 1.5)
```

这将在图形中添加一段与之前例子中相同的文字，但其字号是正常字号的1.5倍。

12.2.2 改变坐标轴的范围：xlim和ylim选项

你可能希望图中*x*轴或*y*轴的范围比默认情形下更大或更小，这在将若干条曲线展示在同一张图中时非常有用。

要做到这一点，你可以在plot()或points()函数中指定xlim和/或ylim参数来对坐标轴进行调整。例如，ylim = c(0, 90000)可以将y轴的范围设定为从0到90000。

如果你需要绘制多条曲线，但没有指定xlim和/或ylim，那么就应该首先绘制最高的那条，从而使所有其他的曲线都有足够的空间。否则，R只会根据第一条曲线绘制图形，然后将更高的那些在顶部截断！在本章前面，我们采用了类似的做法，在那里我们将两条密度曲线绘制在了同一幅图形中（图12-3和图12-4）。除了这种方法以外，我们还可以首先计算两组密度估计的最大值，例如对于d1，可以得出：

```
> d1

Call:
        density.default(x = testscores$Exam1, from = 0, to = 100)

Data: testscores$Exam1 (39 obs.);         Bandwidth 'bw' = 6.967

       x              y
 Min.   :  0   Min.   :1.423e-07
 1st Qu.: 25   1st Qu.:1.629e-03
 Median : 50   Median :9.442e-03
 Mean   : 50   Mean   :9.844e-03
 3rd Qu.: 75   3rd Qu.:1.756e-02
 Max.   :100   Max.   :2.156e-02
```

所以，最大的一个y值是0.022，而对于d2，其仅为0.017，这意味着如果我们将ylim设为0.03，这两条曲线都将会有足够的空间。以下展示了我们如何将这两条曲线绘制在同一幅图中：

```
> plot(c(0, 100), c(0, 0.03), type = "n", xlab="score", ylab="density")
> lines(d2)
> lines(d1)
```

以上代码的实质是，首先绘制了整幅图的骨架部分——只有坐标轴而没有内容，如图12-7所示。plot()的前两个参数限定了xlim和ylim，因此Y轴的下限和上限分别是0和0.03。接下来调用了两次lines()函数以填充整幅图形，从而得到了图12-8和12-9。（两句lines()语句

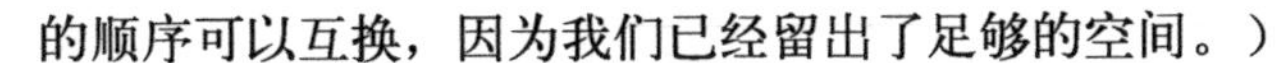
的顺序可以互换，因为我们已经留出了足够的空间。）

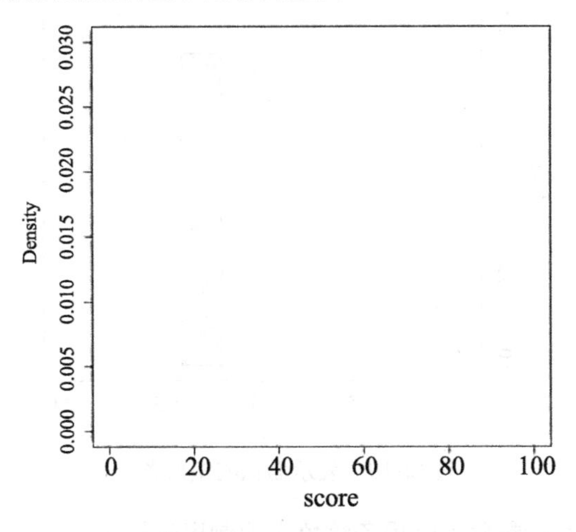

图12-7 只绘制坐标轴

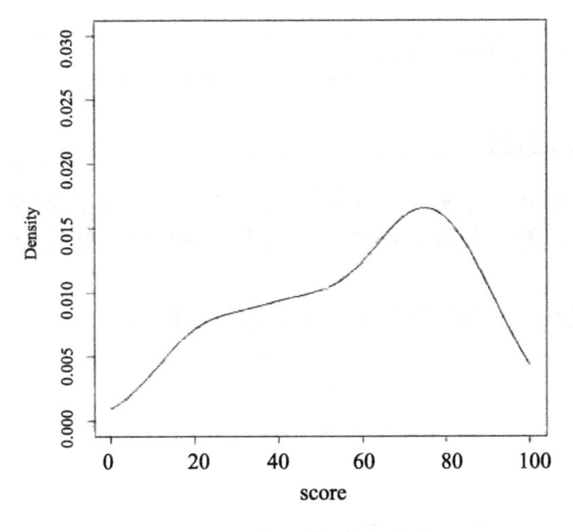

图12-8 添加d2的密度曲线

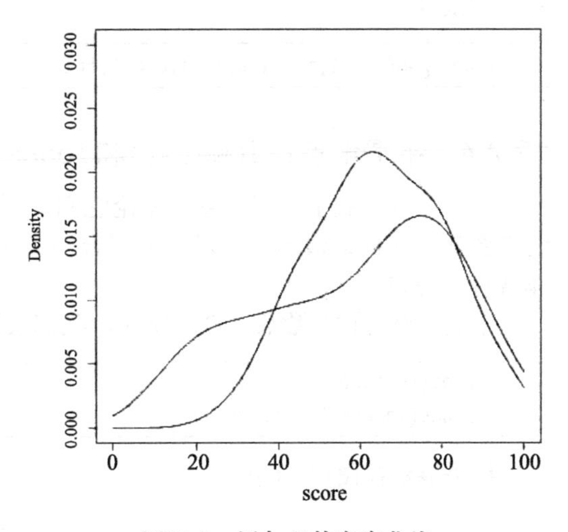

图12-9 添加d1的密度曲线

12.2.3 添加多边形：polygon()函数

你可以使用polygon()函数来绘制任意形状的多边形。例如，下面的代码绘制了函数$f(x)=1-e^{-x}$的形状，并在图中添加了一个矩形，用来近似曲线下方从x=1.2到x=1.4的面积。

```
> f <- function(x) return(1-exp(-x))
> curve(f,0,2)
> polygon(c(1.2,1.4,1.4,1.2),c(0,0,f(1.3),f(1.3)),col="gray")
```

结果展示在图12-10中。

在上述polygon()函数中，第一个参数是矩形各顶点的横坐标，第二个参数是相应的纵坐标，第三个参数设定该矩形应该用纯灰色着色。

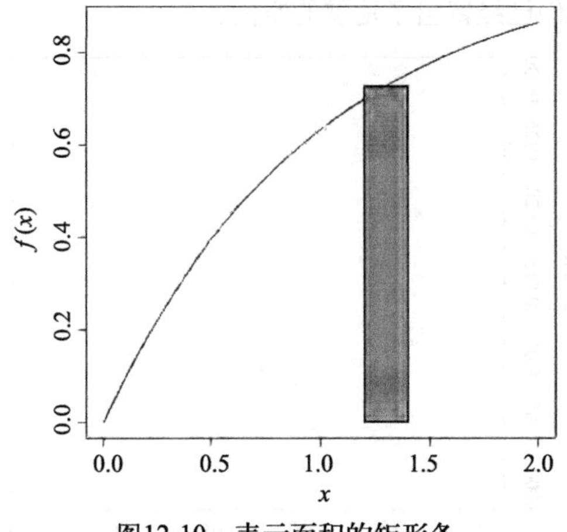

图12-10 表示面积的矩形条

再举一例，引入density参数可以用条纹填充绘制出的矩形，下面的函数说明条纹中每英寸有10条线。

```
> polygon(c(1.2,1.4,1.4,1.2),c(0,0,f(1.3),f(1.3)),density=10)
```

12.2.4 平滑散点：lowess()和loess()函数

如果只是绘制了一团散点，无论它们是否是相互连接的，可能只是提供了一些无信息的混杂图案。在许多情形下，对数据拟合一条平滑的非参数回归线（如使用lowess()）往往是非常有帮助的。

下面针对考试分数数据进行操作，我们绘制Exam 2的成绩对Exam1成绩的图形：

```
> plot(testscores)
> lines(lowess(testscores))
```

结果展示在图12-11中。

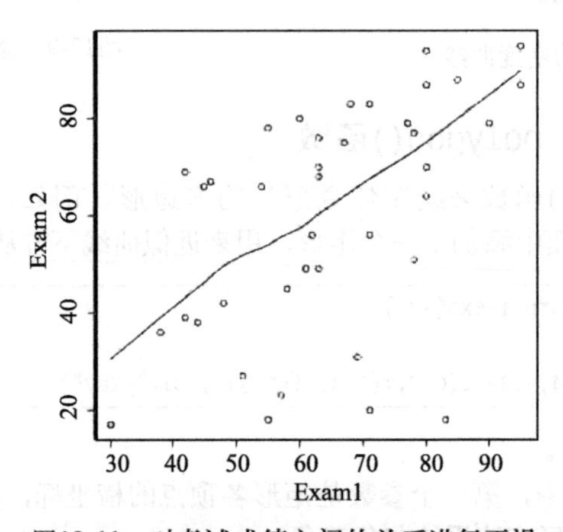

图12-11 对考试成绩之间的关系进行平滑

lowess()函数是loess()新的替代品，这两个函数比较类似，但在默认参数和其他选项上有一些差别。你需要掌握一些高级的统计学知识来领会这两者的差别，但无论如何，你只需选择具有更好平滑效果的那个即可。

12.2.5 绘制具有显式表达式的函数

假设你想绘制函数$g(t)=(t^2+1)^{0.5}$在0到5之间的图像，可以使用如下的R代码：

```
g <- function(t) { return (t^2+1)^0.5 }  # define g()
x <- seq(0,5,length=10000)  # x = [0.0004, 0.0008, 0.0012,..., 5]
y <- g(x)  # y = [g(0.0004), g(0.0008), g(0.0012), ..., g(5)]
plot(x,y,type="l")
```

然而，你可以利用curve()函数来避免一些重复的工作，它基本上使用的是同样的方法：

```
> curve((x^2+1)^0.5,0,5)
```

如果你想在现有的图中添加这条曲线，则可以使用add参数：

```
> curve((x^2+1)^0.5,0,5,add=T)
```

其中可选的参数n的默认值是101，意思是程序会在给定的x的范围里等距离地计算101个点的函数值。

选择点数目的依据是让曲线看上去比较平滑，如果你觉得101个点不够，则可以尝试更大取值的n。

你还可以使用plot()函数，如下：

```
> f <- function(x) return((x^2+1)^0.5)
> plot(f,0,5)  # the argument must be a function name
```

在这里，plot()将会调用plot.function()，它是泛型函数plot()在function这个类上的实现。

总而言之，具体使用哪种方法取决于你自己，你只需选择你偏好的那种即可。

12.2.6 扩展案例：放大曲线的一部分

当你用curve()绘制了一个函数后，你可能希望能“放大”这条曲线的某一部分。要实现这一效果，你只需在同一函数上再次调用curve()，并将x的范围进行限制。然而，或许你想要将原始的曲线和放大后的曲线展示在同一幅图中。在此，我们将编写一个名为inset()的函数来实现这一目标。

为了避免重复curve()绘制原始曲线的工作，我们将稍微修改其代码，即为其加上一个返回值，以保存前面的工作。由于查看用R写成的函数的源代码很容易（与之相反，那些用C语言写成的底层R函数往往不容易查看），我们可以利用这一优势来达到修改函数的目的，如下所示：

```
1   > curve
2   function (expr, from = NULL, to = NULL, n = 101, add = FALSE,
3       type = "l", ylab = NULL, log = NULL, xlim = NULL, ...)
4   {
5       sexpr <- substitute(expr)
6       if (is.name(sexpr)) {
7   # ...lots of lines omitted here...
8       x <- if (lg != "" && "x" %in% strsplit(lg, NULL)[[1]]) {
9           if (any(c(from, to) <= 0))
10              stop("'from' and 'to' must be > 0 with log=\"x\"")
11          exp(seq.int(log(from), log(to), length.out = n))
12      }
13      else seq.int(from, to, length.out = n)
14      y <- eval(expr, envir = list(x = x), enclos = parent.frame())
15      if (add)
16          lines(x, y, type = type, ...)
17      else plot(x, y, type = type, ylab = ylab, xlim = xlim, log = lg, ...)
18  }
```

这段代码计算生成了向量x和y，它们代表绘制曲线时各点的横坐标和纵坐标，这些点共有n个，以相等的间隔分布在x的取值范围中。由于在inset()函数中我们还将利用这些信息，因此我们对代码进行修改，使其能返回x和y的取值。以下是修改之后的版本，我们将其命名为crv()：

```
1   > crv
2   function (expr, from = NULL, to = NULL, n = 101, add = FALSE,
3       type = "l", ylab = NULL, log = NULL, xlim = NULL, ...)
4   {
5       sexpr <- substitute(expr)
6       if (is.name(sexpr)) {
7   # ...lots of lines omitted here...
8       x <- if (lg != "" && "x" %in% strsplit(lg, NULL)[[1]]) {
9           if (any(c(from, to) <= 0))
10              stop("'from' and 'to' must be > 0 with log=\"x\"")
11          exp(seq.int(log(from), log(to), length.out = n))
12      }
13      else seq.int(from, to, length.out = n)
14      y <- eval(expr, envir = list(x = x), enclos = parent.frame())
15      if (add)
16          lines(x, y, type = type, ...)
17      else plot(x, y, type = type, ylab = ylab, xlim = xlim, log = lg, ...)
18      return(list(x=x,y=y))  # this is the only modification
19  }
```

接下来将得到inset()函数：

```
1  # savexy:  list consisting of x and y vectors returned by crv()
2  # x1,y1,x2,y2:  coordinates of rectangular region to be magnified
3  # x3,y3,x4,y4:  coordinates of inset region
4  inset <- function(savexy,x1,y1,x2,y2,x3,y3,x4,y4) {
5     rect(x1,y1,x2,y2)  # draw rectangle around region to be magnified
6     rect(x3,y3,x4,y4)  # draw rectangle around the inset
7     # get vectors of coordinates of previously plotted points
8     savex <- savexy$x
9     savey <- savexy$y
10    # get subscripts of xi our range to be magnified
11    n <- length(savex)
12    xvalsinrange <- which(savex >= x1 & savex <= x2)
13    yvalsforthosex <- savey[xvalsinrange]
14    # check that our first box contains the entire curve for that X range
15    if (any(yvalsforthosex < y1 | yvalsforthosex > y2)) {
16       print("Y value outside first box")
17       return()
18    }
19    # record some differences
20    x2mnsx1 <- x2 - x1
21    x4mnsx3 <- x4 - x3
22    y2mnsy1 <- y2 - y1
23    y4mnsy3 <- y4 - y3
24    # for the ith point in the original curve, the function plotpt() will
25    # calculate the position of this point in the inset curve
26    plotpt <- function(i) {
27       newx <- x3 + ((savex[i] - x1)/x2mnsx1) * x4mnsx3
28       newy <- y3 + ((savey[i] - y1)/y2mnsy1) * y4mnsy3
29       return(c(newx,newy))
30    }
31    newxy <- sapply(xvalsinrange,plotpt)
32    lines(newxy[1,],newxy[2,])
33 }
```

现在来尝试一下它的效果。

```
xyout <- crv(exp(-x)*sin(1/(x-1.5)),0.1,4,n=5001)
inset(xyout,1.3,-0.3,1.47,0.3,  2.5,-0.3,4,-0.1)
```

结果如图12-12所示。

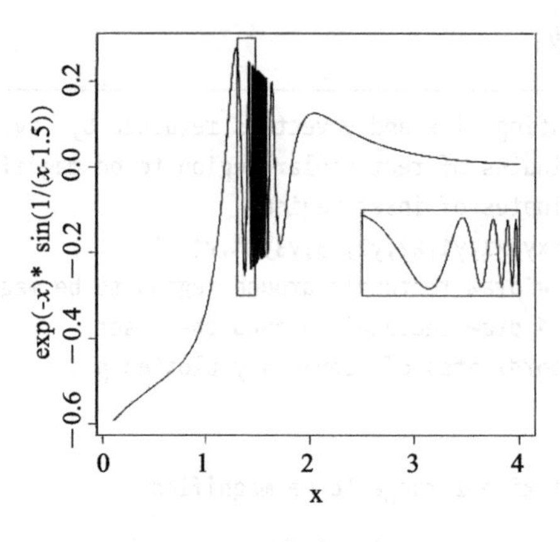

图12-12 添加嵌入的图形

12.3 将图形保存到文件

R的图形可以用很多种图形设备进行展示，其中默认的设备就是电脑屏幕。如果你想将图形保存到文件，就需要设定其他的图形设备。

接下来我们首先介绍R图形设备的基础知识和概念，然后讨论第二种更加直接和简便的办法来保存图形。

12.3.1 R图形设备

首先打开一个文件：

```
> pdf("d12.pdf")
```

这条语句将会打开文件d12.pdf。此时打开了两个图形设备，可以用下面的命令进行验证：

```
> dev.list()
X11 pdf
  2   3
```

当R运行在Linux下时，屏幕设备被命名为X11，（在Windows下被命名为windows）。其设备编号为2，而PDF文件的设备编号是3。当前活动的设备是该PDF文件：

```
> dev.cur()
pdf
  3
```

此时所有的图形输出都会被写入这一文件中，而不是绘制在屏幕上。但是如何才能将已经绘制在屏幕上的图形保存到文件呢？

12.3.2 保存已显示的图形

将当前显示的图形保存到文件的办法之一是，将当前屏幕重新设置为活动设备，然后将其内容复制到PDF设备（例子中PDF设备的编号为3）中，如下所示：

```
> dev.set(2)
X11
  2
> dev.copy(which=3)
pdf
  3
```

但事实上，最佳的方法仍是如之前所述，先建立一个PDF设备，然后将在屏幕上绘图的代码重新运行一遍。这是因为设备间的复制操作很容易因屏幕设备和文件设备间的不一致导致图形的扭曲。

12.3.3 关闭R图形设备

之前创建的PDF文件必须在关闭设备后才能正常使用，关闭图形设备的命令如下所示：

```
> dev.set(3)
pdf
  3
> dev.off()
X11
  2
```

如果你已经完成了所有工作，也可以通过退出R的方式来关闭图形设备。但在未来版本的R中，这一特性可能不复存在，因此更佳的方案仍是手动地关闭。

12.4 创建三维图形

R提供了一系列的函数用来绘制三维图形，例如用persp()和wireframe()来绘制曲面图，用cloud()来绘制三维散点图。在此，我们将以一个简单的例子来说明wireframe()的用法。

```
> library(lattice)
> a <- 1:10
> b <- 1:15
> eg <- expand.grid(x=a,y=b)
> eg$z <- eg$x^2 + eg$x * eg$y
> wireframe(z ~ x+y, eg)
```

首先，我们加载lattice软件包，然后调用expand.grid()来创建一个数据框，其由x和y两列组成，并包含了x和y取值的所有组合。在此，a和b分别具有10和15个取值，因此最终的数据框将包含150行。（注意，wireframe()所需的数据框并非一定要通过expand.grid()生成。）

接下来向数据框中添加名为z的一列，它是前两列向量的一个函数。最终，图形由

wireframe()函数生成，参数中的表达式以类似于回归模型的形式出现，说明是z针对x和y绘制出的图形。当然，z、x和y都是eg的列名。最终的结果如图12-13所示。

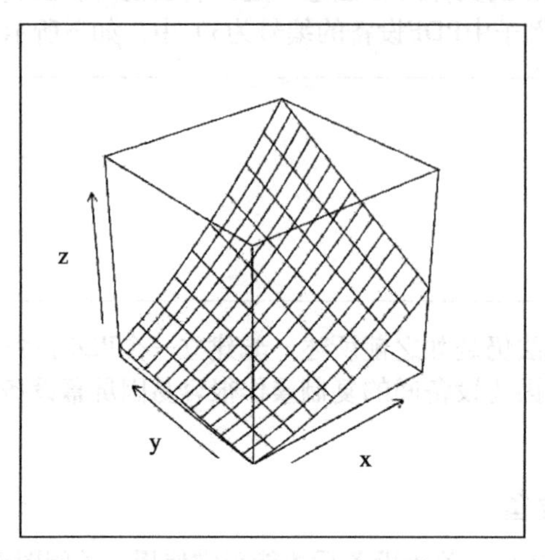

图12-13 wireframe()示例

图中所有的点被连接成了一个曲面（类似于在二维平面上将点连成线）。而cloud()函数将绘制出孤立的点。

对于wireframe()而言，(x, y)的点对必须形成一个矩形的网格，尽管不需要是等间隔的。

这些绘制三维图形的函数具有许多不同的选项。例如，wireframe()中一个有用的参数是shade = T，它可以使数据的展示更加清晰。还有很多具有详尽参数选项的函数，以及一些新的图形软件包，它们比R的基础图形包具有更高的（意思是“更方便、更强大”）的抽象级别。如想了解关于这方面的更多信息，请参阅本章开始时脚注所提及的参考书籍。

第13章 调 试

程序员经常会发现他们在调试程序上花费的时间比编写程序本身还要长，所以好的调试技巧是无价的。在本章中，我们将讨论在R中进行调试的方法。

13.1 调试的基本原则

请小心上述代码中的漏洞[㊀]；我只证明了代码是正确的，而没有尝试过。

——Donald Knuth，计算机科学先驱

尽管调试是一门艺术而不是一门科学，它仍然包含了一些基本的原则。下面将介绍一些调试中的良好实践。

13.1.1 调试的本质：确认原则

Pete Salzman和我在《The Art of Debugging, with GDB, DDD, and Eclipse》（No Starch出版社，2008）这本关于调试的书中提到，确认原则是调试的本质。

修复程序漏洞是一个逐步确认的过程，我们需要确保代码中我们认为是真的事物实际上也是真的。当你发现你做过的某个假设不是真的，你就找到了定位漏洞（如果还无法找到漏洞的本质）的一条线索。

换言之，“意外是有益的！”例如，假设你有如下的代码：

```
x <- y^2 + 3*g(z,2)
w <- 28
if (w+q > 0) u <- 1 else v <- 10
```

你是否认为变量x在赋值之后的取值应该是3？请确认这一想法！你是否认为只有else语句会执行，而不是第3行的if语句？也请确认这一想法！

最终，你所确信的很多论断都会变得不可靠，如此，你便可能找到错误的位置，进而帮助你集中思考错误的本质原因。

13.1.2 从小处着手

至少在调试过程的初期阶段，应该专注于小的、简单的测试。直接对大型的数据对象进行调试会使你对问题的思考变得更加困难。

㊀ 本章所说的漏洞在英文中就是bug，调试指debug。——译者注

当然，你最终需要将程序运行到大的、复杂的情形中，但一定要从小的问题开始。

13.1.3 模块化的、自顶向下的调试风格

大多数优秀的软件开发者都同意代码应该用模块化的方式进行编写。例如，第一层的代码不应该超过12行，它们主要包含了一系列的函数调用；同时，这些函数也不应该太长，而且在必要的时候应该再调用其他的函数。这些措施可以使代码在编写阶段更容易组织，并且在未来需要扩展的时候让其他人更容易理解。

此外，调试也应该采取自顶向下的方式。假设你设置了函数f()的调试状态（简单地来说，即调用了debug(f)），并且f()包含下面的语句：

```
y <- g(x,8)
```

应该采取“无罪推定”的态度来检查g()。先不要调用debug(g)，而是先执行上面的语句，看g()是否返回了你所期望的取值。如果确实是你期望的，那么就避免了逐步调试g()所耗费的许多时间。如果g()返回了错误的取值，那么现在就是需要调用debug(g)的时候了。

13.1.4 反漏洞

你也许会采取一些“反漏洞”的策略。假设在某段代码中变量x应该为正，那么你可以插入下面的语句：

```
stopifnot(x > 0)
```

如果在之前的程序中某个漏洞使得x等于-12，那么stopifnot()就会将程序在此处终止，并给出如下的错误信息：

```
Error: x > 0 is not TRUE
```

（C语言程序员可能会注意到，这与C中的assert语句非常像。）

在修复了漏洞并测试了新代码之后，你可能希望保留那一语句，从而可以在之后检查漏洞是否会再次出现。

13.2 为什么要使用调试工具

在以前，程序员进行调试的确认过程时会将一系列的print语句加入到他们的代码中，然后重复运行程序，观察输出的结果。例如，在之前的代码中如果需要确认x = 3，我们就可以在代码中插入一段输出x取值的语句，类似的工作也适用于if-else语句，如下所示：

```
x <- y^2 + 3*g(z,2)
cat("x =",x,"\n")
w <- 28
if (w+q > 0) {
   u <- 1
```

```
    print("the 'if' was done")
  } else {
    v <- 10
    print("the 'else' was done")
  }
```

接下来我们就可以重新运行程序，然后观察反馈的输出结果。当调试完成后，我们就可以删除这些print语句，然后再插入新的print语句，追踪下一个漏洞。

如果只是进行一到两轮的调试，那么这种方法是可取的，但在一个很长的调试会话中，这种方法是非常枯燥乏味的。更糟糕的是，这些编辑语句的工作会分散你的注意力，使得你更难专注于查找漏洞。

所以，在代码中插入print语句的调试方法非常低效、麻烦且使人分心。无论是何种语言，只要你是认真对待该语言的编程，都应该寻找一款优秀的适合该语言的调试工具。使用调试工具可以让你更方便地查询变量的取值，检查if或else语句是否被执行，以及其他更多的任务。此外，如果漏洞导致了程序执行的错误，调试工具还可以帮你进行分析，甚至可能提供错误源头的重要线索。所有这一切都可以极大地提升编程效率。

13.3 使用R的调试工具

R的基本软件包包含了一些基本的调试工具，而其他用于调试的包可以从网络获得。我们将介绍基本工具和其他包，并且本章的扩展案例将展示一个完整的调试会话。

13.3.1 利用debug()和browser()函数进行逐步调试

R的核心调试工具由浏览器（browser）构成，它可以让你逐行运行代码，并在运行过程中进行检查。你可以调用debug()或browser()函数来打开这一浏览器。

R的调试工具是针对单个函数的。如果你认为函数f()中有漏洞，就可以调用debug(f)来设置函数f()的调试状态。这意味着从此时起，每次调用函数f()，将自动在函数入口处进入浏览器。调用undebug(f)将取消函数的调试状态，于是函数的入口将不再打开浏览器。

另一方面，如果你在f()中的某一行加入一条browser()语句，那么浏览器只会在程序执行到这一行时被打开，接下来可以逐步调试代码，直到退出这一函数。如果你认为漏洞的位置离函数的开始部分较远，那么可能不想从头开始逐步调试，因此这种插入browser()的办法将更为直接。

使用过C语言调试器（如GDB，即GNU调试器）的读者将会发现R的调试器与GDB很类似，但有些方面可能会有区别。例如，之前已经说明，debug()是在函数的层面上调用的，而不是在整个程序的层面上。如果你认为若干函数都存在漏洞，那么你就需要在每个函数上都调用一次debug()。

如果你只想对f()进行一次调试会话，那么调用debug(f)然后再调用undebug(f)的步骤可能会显得比较冗长。从R 2.10开始，可以使用debugonce()来代替上一过程；调用debugonce(f)会在f()第一次被执行时对其设置调试状态，而在f()退出时会立刻将调试状态进行取消。

13.3.2　使用浏览器命令

当你进入调试浏览器时，命令提示符将从>变更为Browse[d]>（此处d表示函数调用链的深度）。在命令提示符之后你可以输入以下的命令：

- n（代表next）：告诉R执行下一行，然后再次暂停。直接键入ENTER也有同样的效果。
- c（代表continue）：该命令与n类似，但在下次暂停前可能会执行若干条语句。如果你当前在某个循环中，那么这条命令将会执行剩余的循环，直到退出循环才再次暂停。如果你在某个函数中但不处在循环中，那么在下一次暂停前函数的剩余部分将被执行。
- 任意的R命令：在浏览器中，你依然处在R的交互模式，因此可以任意地查看变量的取值，例如想要查看x的取值，只需键入x。当然，如果你有某个变量与浏览器的命令同名，那么必须显式地使用print()等输出语句，例如print(n)。
- where：这会输出一份栈跟踪路径（stack trace），即显示到达当前位置的过程中函数的调用序列。
- Q：该命令将会退出浏览器，带你返回R的主交互模式。

13.3.3　设置断点

调用debug(f)会将browser()语句插入到f()的开始位置，然而在有些情况下，这一工具的功能显得太过简单。如果你认为漏洞处在函数的中间位置，那么将代码从头到尾都调试一遍就显得没有必要。

这种情况的解决办法是在代码的关键部位设置“断点”（breakpoints）——即想让程序暂停的地方。这在R中如何实现？你可以直接调用browser()函数，或使用setBreakpoint()函数（需要2.10之后的R版本）。

13.3.3.1　直接调用browser()函数

只需将browser()函数设置在你感兴趣的代码的位置，就可以达到设置断点的目的。此外，还可以设置一些条件，使得浏览器只在特定的条件下被打开。定义这些条件的方法是使用expr参数，例如，假设你认为程序只在变量s大于1时会出现漏洞，那么可以使用下面的代码：

```
browser(s > 1)
```

这样浏览器就只在s大于1时才会打开，它与下面的语句有相同的效果：

```
if (s > 1) browser()
```

在某些情形下，例如程序中有一些大型的循环，而你认为漏洞只在第50次迭代之后才会出现时，直接调用浏览器会比用debug()进入调试器有用得多。如果循环的索引是i，那么可以使用下面的语句：

```
if (i > 49) browser()
```

利用这种方法，就可以避免前49次迭代中冗长乏味的调试步骤！

13.3.3.2 使用setBreakpoint()函数

从R 2.10开始，可以用如下格式使用setBreakpoint()函数：

```
setBreakpoint(filename,linenumber)
```

这会在源文件filename的第linenumber行调用browser()。

当你正在使用调试器逐步调试代码时，这一功能会非常有用。假设你当前处在源文件x.R的第12行，并想在第28行设置一个断点，那么你无需退出调试器，在第28行添加browser()调用，然后再次进入函数，而只需输入下面的命令：

```
> setBreakpoint("x.R",28)
```

接着你可以在调试器中继续执行命令，例如使用c命令。

setBreakpoint()函数是通过调用trace()函数来发挥作用的，这会在下一节进行讨论。要取消断点，你就需要取消追踪路径。例如，假设我们已经在函数g()的某一行调用了setBreakpoint()，那么要取消断点，则可以输入下面的命令：

```
> untrace(g)
```

无论你当前是否在调试器中，都可以调用setBreakpoint()函数。如果当前没有运行调试器，但是你正在执行受影响的函数并到达了断点，那么你将自动进入浏览器中。这与browser()函数相类似，但使用setBreakpoint()可以避免用编辑器修改代码的麻烦。

13.3.4 使用trace()函数进行追踪

trace()是一个灵活而强大的函数，尽管在初学它的时候需要付出一些努力。在此我们将讨论它的一些简单的用法，以下例开始：

```
> trace(f,t)
```

这条语句会使得R在每次进入函数f()的时候自动调用函数t()。例如，如果我们想在函数gy()的开始处设置一个断点，则可以使用下面的命令：

```
> trace(gy,browser)
```

这与在gy()的源代码中插入一条browser()语句具有相同的效果，但它显然更快捷、更简便。如果使用后一种方法，则必须在代码中插入一行，保存文件，然后重新运行source()来加载新版本的文件。调用trace()并不会修改你的源文件，尽管它确实修改了由R生成的该文件的一个临时拷贝。取消追踪操作同样是非常快捷和简便的，你只需运行untrace即可：

```
> untrace(gy)
```

要全局地打开或关闭追踪功能，你可以使用tracingState()函数，将参数设置为TRUE表示打开追踪，FALSE表示关闭追踪。

13.3.5 使用traceback()和debugger()函数对崩溃的程序进行检查

当你的R程序崩溃，但当前没有运行调试器时，依然可以在程序崩溃后使用一项调试工具，即调用traceback()函数。该函数会告诉你问题发生在哪个函数中，还能告诉你程序是通过怎样的函数调用链到达那个函数的。

要想获取更多的错误信息，可以如下设置，使R在发生崩溃时把各层级的函数调用框转储起来[⊖]：

```
> options(error=dump.frames)
```

进行了这样的设置后，可以在发生崩溃后运行下面的命令：

```
> debugger()
```

接下来可以选择要浏览哪个层级的函数调用。对于每一个选择，可以查看那一层级下的变量取值。在浏览了某个层级之后，可以通过输入N来返回到debugger()的主菜单。

还可以选择在错误发生时自动进入调试器，即输入下面的代码：

```
> options(error=recover)
```

注意，当你选择这种自动的方式时，即使只是一个简单的语法错误，也将进入调试器，而其中花费的时间显然是不值得的。

要关闭这项设置，可以输入下面的语句：

```
> options(error=NULL)
```

在下一节中将看到这种方法的一个示例展示。

13.3.6 扩展案例：两个完整的调试会话

既然我们已经了解了R中的调试工具，接下来我们将尝试使用它们来查找和修复程序中的错误。我们将从一个简单的例子开始，然后再考察一个更复杂的情形。

13.3.6.1 调试“寻找1的游程”的程序

第2章有一个扩展案例：寻找1游程。这里是一段有错误的代码：

```
1  findruns <- function(x,k) {
2     n <- length(x)
3     runs <- NULL
4     for (i in 1:(n-k)) {
5        if (all(x[i:i+k-1]==1)) runs <- c(runs,i)
6     }
7     return(runs)
8  }
```

[⊖] 函数调用框的概念请看7.6.5节，转储在这里的意思是：在程序崩溃时为收集错误信息把各层环境里的对象复制并保存起来，有点像给事故现场拍照或录像，以便日后分析用。——译者注

我们首先用一组小数据对其进行测试：

```
> source("findruns.R")
> findruns(c(1,0,0,1,1,0,1,1,1),2)
[1] 3 4 6 7
```

在正确的情况下，这个函数应该告诉我们向量的第4、第7和第8个元素处存在1的游程，然而实际返回的结果出现了不应有的结果，也遗漏了一些取值，说明程序中出现了错误。接下来让我们进入调试器进行检查。

```
> debug(findruns)
> findruns(c(1,0,0,1,1,0,1,1,1),2)
debugging in: findruns(c(1, 0, 0, 1, 1, 0, 1, 1, 1), 2)
 debug at findruns.R#1: {
   n <- length(x)
   runs <- NULL
   for (i in 1:(n - k)) {
       if (all(x[i:i + k - 1] == 1))
           runs <- c(runs, i)
   }
   return(runs)
}
attr(,"srcfile")
findruns.R
```

因此，根据确认原则，让我们首先确认输入的向量是正确的：

```
Browse[2]> x
[1] 1 0 0 1 1 0 1 1 1
```

目前来看没有出现问题，接下来继续向下运行代码。我们不断敲击n键来进行逐步调试。

```
Browse[2]> n
debug at findruns.R#2: n <- length(x)
Browse[2]> n
debug at findruns.R#3: runs <- NULL
Browse[2]> print(n)
[1] 9
```

注意，每向前一步，R都会告诉我们将要执行哪条语句。换言之，在我们执行print(n)时，还没有执行将NULL赋给runs的赋值语句。

同样注意，尽管在大部分的情况下可以通过输入变量的名字来查看变量的取值，但此处你无法这样来查看变量n，因为n是调试器中表示进入下一步的命令。对此，需要输入print()语句。

无论如何，我们了解到用来测试的向量长度为9，这进一步确认了我们的认识。接下来，让我们继续调试更多步，进入循环。

```
Browse[2]> n
debug at findruns.R#4: for (i in 1:(n - k + 1)) {
    if (all(x[i:i + k - 1] == 1))
        runs <- c(runs, i)
}
Browse[2]> n
debug at findruns.R#4: i
Browse[2]> n
debug at findruns.R#5: if (all(x[i:i + k - 1] == 1)) runs <- c(runs, i)
```

由于k等于2，即我们在查找长度为2的游程，if()语句应该将要检查x的前两个元素，即(1, 0)。下面让我们来对其进行确认：

```
Browse[2]> x[i:i + k - 1]
[1] 0
```

由此可以看出，结果并非我们所想的那样。我们来检查下标的范围，在正确的情况下应该是1：2。那么确实是这样的吗？

```
Browse[2]> i:i + k - 1
[1] 2
```

结果同样是错误的。那么，i和k的取值是否正确？它们应该分别是1和2。事实是这样的吗？

```
Browse[2]> i
[1] 1
Browse[2]> k
[1] 2
```

是的，取值没有错误。由此可以看出，问题肯定出在表达式i:i + k - 1中。经过一些思考后，我们将意识到这里出现了运算符优先级的问题，应该将这个表达式修改为i:(i + k - 1)。

那么现在是否正确了？

```
> source("findruns.R")
> findruns(c(1,0,0,1,1,0,1,1,1),2)
[1] 4 7
```

依然不正确，结果应该是(4, 7, 8)。

下面让我们在循环里设置一个断点，进行更细致查看。

```
> setBreakpoint("findruns.R",5)
/home/nm/findruns.R#5:
 findruns step 4,4,2 in <environment: R_GlobalEnv>
> findruns(c(1,0,0,1,1,0,1,1,1),2)
findruns.R#5
```

```
Called from: eval(expr, envir, enclos)
Browse[1]> x[i:(i+k-1)]
[1] 1 0
```

不错，现在判断语句中考察的对象是向量的前两个元素，因此我们的修改发挥了作用。下面来考察循环的第二次迭代。

```
Browse[1]> c
findruns.R#5
Called from: eval(expr, envir, enclos)
Browse[1]> i
[1] 2
Browse[1]> x[i:(i+k-1)]
[1] 0 0
```

这一步同样是正确的。我们当然可以再进入下一次迭代，但此处我们将直接进入最后一步，因为最后一次迭代是循环中经常出错的地方。因此，我们将设置一个额外的断点，如下所示：

```
findruns <- function(x,k) {
   n <- length(x)
   runs <- NULL
   for (i in 1:(n-k)) {
      if (all(x[i:(i+k-1)]==1)) runs <- c(runs,i)
      if (i == n-k) browser()  # break in last iteration of loop
   }
   return(runs)
}
```

现在让我们重新运行一遍。

```
> source("findruns.R")
> findruns(c(1,0,0,1,1,0,1,1,1),2)
Called from: findruns(c(1, 0, 0, 1, 1, 0, 1, 1, 1), 2)
Browse[1]> i
[1] 7
```

这显示出最后一次迭代中`i = 7`，然而向量的长度是9，再考虑到`k = 2`，最后一次迭代中应该有`i = 8`。经过一些思考后，可以看出循环的范围应该写成如下的形式：

```
for (i in 1:(n-k+1)) {
```

还需要注意的是，我们之前用`setBreakpoint()`设置的断点将不再有效，因为我们已经将旧的`findruns`对象进行了替换。

接下来的测试（未在此处详述）显示，当前的代码是正确的。下面我们来考察一个更复杂的例子。

13.3.6.2 调试“寻找城市对”的程序

回到前面第3.4.2节中的代码，这个程序用来寻找彼此距离最短的两个城市。这里是一段有错误的代码：

```
1  returns the minimum value of d[i,j], i != j, and the row/col attaining
2  that minimum, for square symmetric matrix d; no special policy on
3  ties;
4  motivated by distance matrices
5 mind <- function(d) {
6    n <- nrow(d)
7     add a column to identify row number for apply()
8    dd <- cbind(d,1:n)
9    wmins <- apply(dd[-n,],1,imin)
10    wmins will be 2xn, 1st row being indices and 2nd being values
11   i <- which.min(wmins[1,])
12   j <- wmins[2,i]
13   return(c(d[i,j],i,j))
14 }
15
16  finds the location, value of the minimum in a row x
17 imin <- function(x) {
18   n <- length(x)
19   i <- x[n]
20   j <- which.min(x[(i+1):(n-1)])
21   return(c(j,x[j]))
22 }
```

下面让我们使用R的调试工具来查找并修复其中的错误。

首先在一个简单的例子上运行这段程序：

```
> source("cities.R")
> m <- rbind(c(0,12,5),c(12,0,8),c(5,8,0))
> m
     [,1] [,2] [,3]
[1,]    0   12    5
[2,]   12    0    8
[3,]    5    8    0
> mind(m)
Error in mind(m) : subscript out of bounds
```

这不是一个好兆头！遗憾的是，错误信息并没有告诉我们程序是在哪里出错的，但调试器会提供给我们这些信息。

```
> options(error=recover)
> mind(m)
Error in mind(m) : subscript out of bounds
```

```
Enter a frame number, or 0 to exit

1: mind(m)

Selection: 1
Called from: eval(expr, envir, enclos)

Browse[1]> where
where 1: eval(expr, envir, enclos)
where 2: eval(quote(browser()), envir = sys.frame(which))
where 3 at cities.R#13: function ()
{
    if (.isMethodsDispatchOn()) {
        tState <- tracingState(FALSE)
...
```

好了，由此可以看出问题是在mind()函数中，而不是imin()中。特别地，错误应该是在源代码的第13行。当然，imin()中可能也有问题，但就目前而言，我们先要处理前面的错误。

注意：我们有另外一种方法来了解到，程序崩溃发生在第13行。我们像往常一样进入调试器，但对局部变量进行查看。可以推理得知，如果下标越界的错误发生在第9行，那么变量wmins将是未被赋值的。因此，如果查看wmins的取值，R应该会报告一条错误信息，如“Error: object 'wmins' not found”。另一方面，如果出错发生在第13行，那么变量j应该是已经被赋值的。

由于错误发生在d[i, j]中，我们将对这些变量进行查看：

```
Browse[1]> d
     [,1] [,2] [,3]
[1,]    0   12    5
[2,]   12    0    8
[3,]    5    8    0
Browse[1]> i
[1] 2
Browse[1]> j
[1] 12
```

这里确实存在问题——d只有3列，但列下标j的取值却是12。

由于j是由变量wmins得到的，因此我们查看wmins：

```
Browse[1]> wmins
     [,1] [,2]
[1,]    2    1
[2,]   12   12
```

回想一下代码是如何设计的，可知wmins的第k列应包含d的第k行的最小值的信息。因此，此处的wmins说明，d的第一行（k = 1），(0, 12, 5)，其最小值是12，处于向量的第2个位置。然而事实上，最小值应该是5，且位置是第3。因此，下面的语句一定产生了某些错误：

```
wmins <- apply(dd[-n, ], 1, imin)
```

在这里有很多种产生错误的可能，但由于归根结底是调用了imin()，我们可以通过这个函数来对所有的可能性进行检查。因此，让我们来设置imin()的调试状态，退出调试器，然后重新运行代码。

```
Browse[1]> Q
> debug(imin)
> mind(m)
debugging in: FUN(newX[, i], ...)
debug at cities.R#17: {
    n <- length(x)
    i <- x[n]
    j <- which.min(x[(i + 1):(n - 1)])
    return(c(j, x[j]))
}
...
```

此时，我们进入了imin()函数中。让我们看看它是否正确地接收了dd的第一行，即(0, 12, 5, 1)。

```
Browse[4]> x
[1]  0 12  5  1
```

这是正确的。由此可以看出，apply()函数的前两个参数应该是正确的，所以错误处在函数imin()中，尽管这一点还需要进行验证。

让我们逐步调试，并不断输入验证性的查询：

```
Browse[2]> n
debug at cities.r#17: n <- length(x)
Browse[2]> n
debug at cities.r#18: i <- x[n]
Browse[2]> n
debug at cities.r#19: j <- which.min(x[(i + 1):(n - 1)])
Browse[2]> n
debug at cities.r#20: return(c(j, x[j]))
Browse[2]> print(n)
[1] 4
Browse[2]> i
[1] 1
Browse[2]> j
[1] 2
```

注意，我们在设计语句which.min(x[(i + 1):(n - 1)])时，将只对矩阵的上三角部分进行搜索，这是因为矩阵是对称的，而且我们并不考虑一个城市和它本身的距离。

然而j = 2的取值是不正确的。(0, 12, 5)的最小值是5，它处在向量的第3个位置处，而不是2。因此，现在问题出在下面这行：

```
j <- which.min(x[(i + 1):(n - 1)])
```

究竟是哪里可能会出错呢？

经过一番思考，我们意识到，尽管(0, 12, 5)的最小值处在向量的第3个位置，但它不是which.min()寻找的位置。事实上，i + 1那一项表明我们在寻找(12, 5)的最小值所处的位置，即为2。

我们确实让which.min()寻找正确的信息，但没有正确地使用它，因为我们实际想找的是(0, 12, 5)的最小值所在的位置。我们需要相应地调整which.min()的返回结果，如下所示：

```
j <- which.min(x[(i+1):(n-1)])
k <- i + j
return(c(k,x[k]))
```

我们修正了原来的结果，再试一次：

```
> mind(m)
Error in mind(m) : subscript out of bounds

Enter a frame number, or 0 to exit

1: mind(m)

Selection:
```

噢不，另一个越界错误！要查看这次出错是在哪里发生的，我们调用之前使用过的where命令，最后发现错误依然发生在第13行。现在的i和j是多少？

```
Browse[1]> i
[1] 1
Browse[1]> j
[1] 5
```

j的取值依然是错误的，它不可能大于3，因为矩阵只有3列；另一方面，i是正确的。dd整体的最小值是5，处在第1行第3列。

因此，让我们再次检查j的来源，即矩阵wmins：

```
Browse[1]> wmins
     [,1] [,2]
[1,]    3    3
[2,]    5    8
```

第1列的数字是3和5，正是我们想要得到的正确结果。记住，此处wmins的第1列包含了d第1行的信息，因此wmins说明，第1行的最小值是5，位于该行的第3列。这些都是正确的信息。

经过另一番思考后，我们发现wmins的取值是正确的，但用法是错误的。我们将矩阵的行和列混淆了。下面的代码：

```
i <- which.min(wmins[1,])
j <- wmins[2,i]
```

应改为：

```
i <- which.min(wmins[2,])
j <- wmins[1,i]
```

进行修改后，重新运行该程序文件，再试一次：

```
> mind(m)
[1] 5 1 3
```

这次的结果是正确的，并且接下来，对更大规模的矩阵进行测试时，代码同样没有出现错误。

13.4 更方便的调试工具

如你所见，R提供的调试工具是很有效的。然而，它们用起来并不是十分方便。幸运的是，目前已经有不少工具可以使得这一过程更加简便，按照大致开发的时间顺序，如下所示：

- 由Mark Bravington开发的debug软件包。
- 由我开发的，用于Vim和Emacs编辑器的edtdbg软件包。
- 由Vitalie Spinu开发的，在Emacs下运行的ess-tracebug（与edtdbg的目的相同，但使用了更多Emacs特有的功能）。
- REvolution Analytics开发的集成开发环境（IDE）。

注意：在本书撰写之时（2011年7月），StatET和RStudio IDE的开发团队已经试图在其软件中加入调试工具。

除了REvolution Analytics的产品外，上述调试工具都是跨平台的，可以在Linux、Windows和Mac系统下运行，并都开源或免费。而REvolution AnalyticsIDE只能在Windows系统下运行，并需要Microsoft Visual Studio的支持。

那么，这些软件包应该提供哪些功能呢？对于我来说，R自带的调试工具一个最大的问题在于它没有提供一个窗口用于展现一幅完整的图景——显示R代码的窗口中应该具有一个光标，它可以随着你逐步的调试不断向下移动。例如，考虑我们之前浏览器输出的一段摘要：

```
Browse[2]> n
debug at cities.r#17: n <- length(x)
Browse[2]> n
debug at cities.r#18: i <- x[n]
```

这看起来不错，但这些语句都在代码中的什么位置？大部分其他语言的GUI调试器都会提供一个显示用户源代码的窗口，以及一个用来指示下一行代码的符号。本节最开始列出的那些工具都弥补了R核心组件在这方面的缺陷。Bravington的debug软件包为这一目的单独创建了一个新的窗口，而其他的工具则是在窗口内将编辑器复制了一份，因此比debug节约了更多的屏幕空间。

此外，这些工具使得你在设置断点或进行其他调试操作时，无需将光标从编辑窗口移动到执行R的窗口。这一功能非常方便，并可以节省打字的数量，使得你可以更加专注于当前真正的任务：寻找漏洞。

下面再次考察城市的例子。我用GVim编辑器打开了源文件，同时打开edtdbg，为edtdbg做了一些启动设置，然后按两次[（左方括号）键来进行两次逐步调试。此时的GVim窗口如图13-1所示。

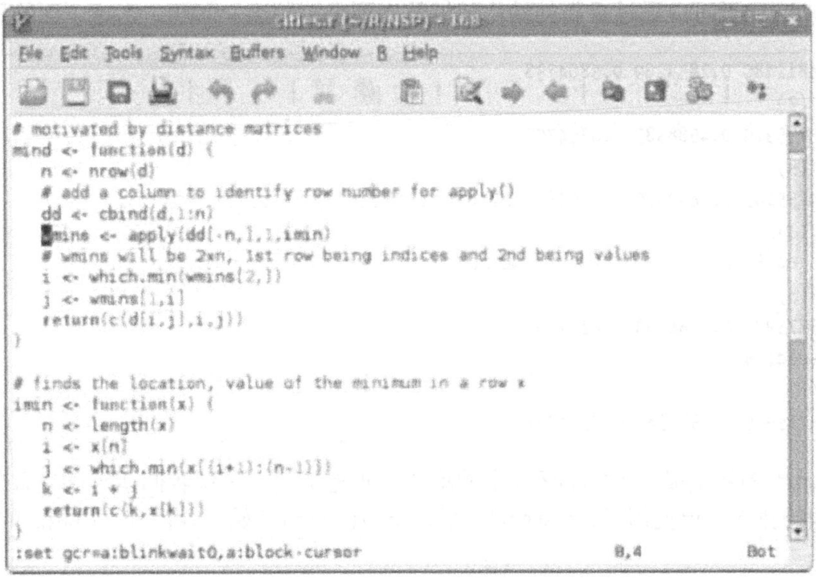

图13-1 edtdbg中的源代码窗口

注意：edtdbg在Emacs中的操作与上例类似，仅仅是命令的按键不同。例如，在Emacs中是用F8而不是［键来进行逐步调试。

首先，注意编辑器的光标停留在下面这行：

```
wmins <- apply(dd[-n, ], 1, imin)
```

这表明这行是下一步将要执行的语句。

当我想要单步执行一行代码时，只需在编辑窗口中按下［键即可。接下来编辑器会告诉浏览器执行n命令，这并不需要将鼠标移动到R的执行窗口之中。之后编辑器会将它的光标移动到下一行。还可以按下］键来让浏览器执行c命令。每当我用这种方式执行了一行或多行，编辑器的光标都会继续移动。

只要我对源代码进行了修改，在GVim窗口中输入,src（逗号是命令的一部分）就会告诉R在新代码上调用source()函数。每当我想重新运行代码，只需输入,dt。几乎不需要将鼠标从编辑窗口移动到R窗口，再移动回来。因此从本质上来说，编辑器现在已经不仅仅提供编辑操作，而是成了我的调试器。

13.5　在调试模拟数据的代码时请确保一致性

如果你的代码与随机数相关，那么在调试会话中，每次运行程序时你应该重复相同的随机数序列。如果无法做到这一点，你的漏洞将是不可重复的，这使得修复漏洞变得更加困难。

set.seed()函数可以通过重新初始化随机数序列来控制这一问题。考虑下面的例子：

```
[1] 0.8811480 0.2853269 0.5864738
> runif(3)
[1] 0.5775979 0.4588383 0.8354707
> runif(3)
[1] 0.4155105 0.4852900 0.6591892
> runif(3)
> set.seed(8888)
> runif(3)
[1] 0.5775979 0.4588383 0.8354707
> set.seed(8888)
> runif(3)
[1] 0.5775979 0.4588383 0.8354707
```

调用runif(3)将生成三个(0,1)区间上的均匀分布随机数，每次我们运行这一命令，都会得到一组不同的数字。但使用了set.seed()之后，就可以重新开始，并得到一串相同的数字。

13.6　语法和运行时错误

最常见的语法错误包括圆括号、方括号、大括号和引号的不匹配。当你遇到语法错误时，这是你应该反复检查的第一件事。我强烈建议使用一款支持括号匹配和R语言语法高亮的文本编辑器，例如Vim或Emacs。

需要意识到，当你得到一条信息，声明在某一行发生了语法错误时，其实真正的错误可能发生在许多行之前。这种情况在任何编程语言中都有可能发生，而R似乎尤其明显。

如果你确实无法立刻看出语法错误在哪里，我建议你有选择性地注释掉某些代码，这将使得你能更好地定位语法错误的位置。一般而言，采用二分搜索是非常有效的：注释掉一半的代码（但同时保持语法的完整），然后观察是否出现了同样的错误。如果出现了，就说明错误出在这一半代码里；否则，错误就在你注释掉的那些代码中。接下来将这一半代码再次进行二分，直到找到错误。

有时你会得到如下的一串信息：

```
There were 50 or more warnings (use warnings() to see the first 50)
```

这些信息需要特别留心——按照建议，请运行warnings()命令。问题可能包括很多种，如某个算法不收敛，或函数接受了一个不正确的矩阵参数等。程序的输出可能有效，也可能无效，如下面的这条信息：

```
Fitted probabilities numerically 0 or 1 occurred in: glm...
```

在某些情况下，你会发现下面的这条命令非常有用：

```
> options(warn=2)
```

这会令R将警告转换成错误，从而更好地定位警告出现的位置。

13.7　在R上运行GDB

即使你不准备在R中修复漏洞，也可能会对本节的内容感兴趣。例如，你可能编写了一些C语言代码，用来与R进行交互（第15章的内容），但发现其中有一些漏洞。为了在其中的C语言函数上运行GDB，必须首先通过GDB来运行R。

或者，你可能对R的内部结构感兴趣，例如想知道如何编写高效率的R代码；又比如你想通过逐步调试R的源代码来探索R的内部结构，其中将使用一些调试工具，如GDB。

尽管你可以在命令行中通过GDB来打开R（参见第15.1.4节），但就本节的目的而言，我建议你使用单独的窗口来分别打开R和GDB。其过程如下：

1. 在某个窗口中按常规启动R；
2. 在另一个窗口中，获取R进程的ID。比如在类UNIX系统中这可以通过ps -a命令来实现；
3. 在上述第二个窗口中，向GDB发送attach命令以及R的进程编号；
4. 向GDB提交continue命令。

要在R的源代码中设置断点，可以在输入continue命令之前进行设置，或先执行continue命令，然后再输入CTRL-C来中断GDB。R调用C代码的详细调试方法请参阅15.1.4节。如果你想用GDB来调试R的源代码，需要注意以下事项。

R的源代码主要由S语言的表达式指针（SEXP）构成，它们是一些指向C结构体的指针，这些结构体中包含了R变量的取值、类型等信息。你可以使用R的内部函数Rf_PrintValue(s)来查看SEXP的取值。例如，如果某个SEXP类型的变量名称为s，那么在GDB中，可以输入：

```
call Rf_PrintValue(s)
```

这将输出s的取值。

第14章

性能提升：速度和内存

在计算机科学的课程中，一个常见的主题是时间和空间的权衡。为了让程序能快速地运行，可能需要使用更多的内存空间。另一方面，为了节省内存，或许需要编写速度稍慢的代码。在R语言中，这种权衡显得格外有意义，其原因包括以下几点：

- R是一种解释型语言。R中许多命令是用C语言编写的，可以以机器代码快速运行。然而对于一些其他的命令，包括你自己编写的R代码，是用纯粹的R语言编写的，所以是解释型的。因此，你的R程序运行的速度可能比你期望的要更慢。
- 一个R会话中所有的对象都是保存在内存中的。更准确地说，所有的对象都保存在R的内存地址空间中。R为任何对象都设置了$2^{31}-1$字节的大小限制，即使你使用的是64位的机器或具有足够的内存。（最新发布的R3.0.0版，对64位系统已经可以支持2^{31}字节以上的向量。——译者注）然而对于某些应用而言，你确实会遇到比这个限制更大的对象。

本章将给出一些提升R代码性能的建议，并考虑到时间与空间之间的权衡。

14.1 编写快速的R代码

哪些方法可以使R代码的运行速度更快？有以下建议：

- 通过向量化的方式优化你的R代码，使用字节码编译，以及其他的一些方法；
- 将你的代码中最消耗CPU的核心部分用编译型语言编写，如使用C或C++；
- 将你的代码用某种并行的方式进行编写。

本章将介绍上述的第一种方法，其余的方法将在第15章和第16章介绍。

为了优化R代码，你需要了解R的函数式编程的本质，以及R使用内存的方式。

14.2 可怕的for循环

R的r-help讨论组中经常会出现关于如何在各种任务中避免for循环的问题。这给人造成一种感觉：程序员应该不惜一切代价来避免这些循环。[㊀] 那些提出这些问题的人通常是以提升代码速度为目的的。

有一点需要注意的是，仅仅将代码改写来避免循环并不一定能使代码的运行速度更快。然而，在某些场合下，利用这些方法却可以极大地加速程序运行，这通常是通过向量化实现的。

㊀ 相比之下，对while循环的优化将面临更多的挑战，因为它们很难进行有效的向量化。

14.2.1　用向量化提升速度

有时你可以通过向量化的方式来避免循环。例如，假设x和y是两个等长的向量，可以写出如下的语句：

```
z <- x + y
```

这种形式不仅更为紧凑，而且更重要的是，它比使用循环要更快：

```
for (i in 1:length(x)) z[i] <- x[i] + y[i]
```

做个时间对比：

```
> x <- runif(1000000)
> y <- runif(1000000)
> z <- vector(length=1000000)
> system.time(z <- x + y)
   user  system elapsed
  0.052   0.016   0.068
> system.time(for (i in 1:length(x)) z[i] <- x[i] + y[i])
   user  system elapsed
  8.088   0.044   8.175
```

差异非常大！不使用循环的版本比使用循环的版本快了120多倍。尽管时间在每次运行代码时可能都不一样（第二次运行带循环的版本花费了22.958秒），但在某些情况下，去除R代码中的循环是非常要紧的。

对循环很慢的原因进行一些讨论是非常有意义的。对许多从其他语言转向R的程序员来说，其中的原因可能并不明显，而事实是在有循环的版本中，牵涉到了众多的函数调用：

- 尽管从语法上说循环不牵涉到函数调用，但事实上for()是一个函数；
- 冒号:看似更加与函数无关，但它实际上也是一个函数。例如，1:10实际上是:函数在参数1和10上的调用：

```
> ":"(1,10)
 [1]  1  2  3  4  5  6  7  8  9 10
```

- 每一个向量取下标的操作都是一个函数调用，在上例中调用了两次[来读取元素，调用了一次[<-来写入元素。

调用函数可能是非常费时的，因为其中牵涉到创建堆栈帧等过程。如果在循环的每次迭代中都有这些时间的消耗，那么加起来便会很费时。

相比较而言，如果我们用C语言来编写这些代码，那么其中就不会牵涉到函数的调用。事实上，这就是我们的第一段代码片段中实际发生的情形。当然，其中确实还存在函数的调用，即+和->，但它们都只被调用了一次，而不是1000 000次（带循环版本中的次数）。因此，第一个版本的代码要快得多。

有一种向量化的方法叫作“向量过滤”。例如，我们将第1.3节中的函数oddcount()进行改写：

```
oddcount <- function(x) return(sum(x%%2==1))
```

这里不存在显式的循环。尽管R确实会在内部结构中对数组进行循环，但这种循环是以机器代码完成的。同样，我们确实看到了速度提升。

```
> x <- sample(1:1000000,100000,replace=T)
> system.time(oddcount(x))
   user  system elapsed
  0.012   0.000   0.015
> system.time(
+    {
+    c <- 0
+    for (i in 1:length(x))
+       if (x[i] %% 2 == 1) c <- c+1
+    return(c)
+    }
+ )
   user  system elapsed
  0.308   0.000   0.310
```

在这个例子中，即使是带循环的版本也只需要不到一秒的时间，因此你可能会怀疑向量化是否有必要。然而，如果这段代码只是整个循环的一部分，而循环具有很多次迭代，那么这两者之间时间的差距将会非常大。

其他有可能加速代码的向量化函数包括ifelse()、which()、where()、any()、all()、cumsum()和cumprod()。对于矩阵而言，你可以使用rowSums()和colSums()等。对于“穷举所有组合”这类问题，可能需要combn()、outer()、lower.tri()、upper.tri()或expand.grid()等函数。

尽管apply()可以消除显式循环，但它实际上是用R而不是C实现的，因此它通常并不能加速代码。然而，其他的apply函数，如lapply()，对于加速代码是非常有帮助的。

14.2.2 扩展案例：在蒙特卡罗模拟中获得更快的速度

在一些应用中，进行统计模拟的代码可能需要运行几个小时、几天，甚至几个月，因此提速的方法是非常重要的。在此，我们将考察两个模拟的例子。

首先，我们考虑下述来自于第8.6节的代码：

```
sum <- 0
nreps <- 100000
for (i in 1:nreps) {
   xy <- rnorm(2)  # generate 2 N(0,1)s
   sum <- sum + max(xy)
}
print(sum/nreps)
```

下面是修改后的版本（希望能更快些）：

```
nreps <- 100000
xymat <- matrix(rnorm(2*nreps),ncol=2)
maxs <- pmax(xymat[,1],xymat[,2])
print(mean(maxs))
```

在这段代码中，我们一次性生成了所有的随机变量，并将它们存储在矩阵xymat中，矩阵的每一行代表一对(X, Y)的取值：

```
xymat <- matrix(rnorm(2*nreps),ncol=2)
```

接下来，我们寻找所有的max(X, Y)取值，并将这些取值存储在变量maxs中，并直接对它调用mean()函数。

这种方法更容易编程，而且我们相信它的速度更快。下面让我们来证实这一点。我将原始代码保存在文件MaxNorm.R中，修改后的版本保存在MaxNorm2.R中。

```
> system.time(source("MaxNorm.R"))
[1] 0.5667599
   user  system elapsed
  1.700   0.004   1.722
> system.time(source("MaxNorm2.R"))
[1] 0.5649281
   user  system elapsed
  0.132   0.008   0.143
```

再一次，提速的程度是非常大的。

注意：我们获得了速度上的提升，但代价是使用了更多的内存，因为我们将随机数存储在了一个数组中，而不是每次生成一对然后再丢弃。如之前所述，时间/空间的权衡是计算领域中常见的内容，在R的世界中尤为如此。

在这个例子中，我们极好地提升了速度，但会使人误以为它很简单。让我们来看一个略微复杂的例子。

下一个例子是初等概率课程中的一个经典习题。缸1包含10颗蓝色的大理石和8颗黄色的大理石，缸2是6颗蓝色的和6颗黄色的。我们从缸1中随机取出一颗石头，然后转移到缸2中，然后再从缸2中随机取出一颗石头。那么，第二颗石头是蓝色的概率是多少？这个问题可以很容易地得出解析解，但在此我们利用模拟来完成。下面是一种直接的方法：

```
1  # perform nreps repetitions of the marble experiment, to estimate
2  # P(pick blue from Urn 2)
3  sim1 <- function(nreps)  {
4     nb1 <- 10  # 10 blue marbles in Urn 1
```

```
5      n1 <- 18  # number of marbles in Urn 1 at 1st pick
6      n2 <- 13  # number of marbles in Urn 2 at 2nd pick
7      count <- 0  # number of repetitions in which get blue from Urn 2
8      for (i in 1:nreps)  {
9         nb2 <- 6  # 6 blue marbles orig. in Urn 2
10        # pick from Urn 1 and put in Urn 2; is it blue?
11        if (runif(1) < nb1/n1) nb2 <- nb2 + 1
12        # pick from Urn 2; is it blue?
13        if (runif(1) < nb2/n2) count <- count + 1
14     }
15     return(count/nreps)  # est. P(pick blue from Urn 2)
16  }
```

以下是我们用apply()来避免循环：

```
1   sim2 <- function(nreps)  {
2      nb1 <- 10
3      nb2 <- 6
4      n1 <- 18
5      n2 <- 13
6      # pre-generate all our random numbers, one row per repetition
7      u <- matrix(c(runif(2*nreps)),nrow=nreps,ncol=2)
8      # define simfun for use in apply(); simulates one repetition
9      simfun <- function(rw) {
10        # rw ("row") is a pair of random numbers
11        # choose from Urn 1
12        if (rw[1] < nb1/n1) nb2 <- nb2 + 1
13        # choose from Urn 2, and return boolean on choosing blue
14        return (rw[2] < nb2/n2)
15     }
16     z <- apply(u,1,simfun)
17     # z is a vector of booleans but they can be treated as 1s, 0s
18     return(mean(z))
19  }
```

在此，我们创建了一个两列的矩阵u，其中的元素是U(0, 1)随机变量。矩阵的第一列用于模拟从缸1中取出石头，第二列用于模拟缸2。按照这种方式，我们将所有的随机数一次性生成，这可以节省一些时间，但主要的改进在于apply()的使用。朝着这个目标，函数simfun()应用于实验的每次重复中，即应用于u的每一行。我们将这个函数传递给apply()，将其应用于所有的nreps次重复中。

需要注意的是，由于函数simfun()是在sim2()内部定义的，所以sim2()的局部变量——n1、n2、nb1和nb2——在simfun()中都相当于全局变量。此外，由于布尔向量在R中会被自动转变成1和0，我们可以通过简单地调用mean()来计算向量中TRUE的比例。

下面，让我们来对比这两者的性能表现。

```
> system.time(print(sim1(100000)))
[1] 0.5086
   user  system elapsed
  2.465   0.028   2.586
> system.time(print(sim2(10000)))
[1] 0.5031
   user  system elapsed
  2.936   0.004   3.027
```

尽管函数式编程有许多优点，但在这里，使用apply()并没有发挥作用；相反，事情变得更糟了。由于这可能是因为随机抽取的数字会有所不同，所以我将代码重新运行了若干次，然而结果都是类似的。

因此，让我们来将模拟的过程向量化。

```
1  sim3 <- function(nreps) {
2     nb1 <- 10
3     nb2 <- 6
4     n1 <- 18
5     n2 <- 13
6     u <- matrix(c(runif(2*nreps)),nrow=nreps,ncol=2)
7     # set up the condition vector
8     cndtn <- u[,1] <= nb1/n1 & u[,2] <= (nb2+1)/n2 |
9              u[,1] > nb1/n1 & u[,2] <= nb2/n2
10    return(mean(cndtn))
11 }
```

主要的工作是通过下面的语句完成的：

```
cndtn <- u[,1] <= nb1/n1 & u[,2] <= (nb2+1)/n2 |
         u[,1] > nb1/n1 & u[,2] <= nb2/n2
```

为了达到目的，我们首先分析出怎样的条件可以使得第二次选出的是蓝色的石头，然后将其编码，并将结果赋给cndtn变量。

记住<=和&都是函数；事实上，它们都是向量化函数，因此其速度应该很快。毫无疑问，这段代码可以带来巨大的速度改进：

```
> system.time(print(sim3(10000)))
[1] 0.4987
   user  system elapsed
  0.060   0.016   0.076
```

从原则上说，上面我们采取的加速代码的方法还可以应用到许多其他的蒙特卡罗模拟中。然而很明显，计算cndtn的语句可能会变得非常复杂，即使是对看上去很简单的问题。

此外，这种方法不能应用于“无限阶段”的情形，即在时间上有无限的步数。在此，我们将取石头的例子看作是两阶段的，它对应于矩阵u的两列。

14.2.3 扩展案例：生成幂次矩阵

在第9.1.7节中，我们需要生成预测变量的一个幂次矩阵。当时我们使用的是下面的代码：

```
1  # forms matrix of powers of the vector x, through degree dg
2  powers1 <- function(x,dg) {
3     pw <- matrix(x,nrow=length(x))
4     prod <- x  # current product
5     for (i in 2:dg) {
6        prod <- prod * x
7        pw <- cbind(pw,prod)
8     }
9     return(pw)
10 }
```

一个很明显的问题是，我们使用了cbind()来逐列生成最终的矩阵，而这在内存分配上是需要消耗很多时间的。更好的办法是在最开始给出完整的矩阵分配内存，即使该矩阵可能是空的。其中的原因在于，这样的操作只会进行一次分配内存的操作。

```
1  # forms matrix of powers of the vector x, through degree dg
2  powers2 <- function(x,dg) {
3     pw <- matrix(nrow=length(x),ncol=dg)
4     prod <- x  # current product
5     pw[,1] <- prod
6     for (i in 2:dg) {
7        prod <- prod * x
8        pw[,i] <- prod
9     }
10    return(pw)
11 }
```

实际结果是，powers2()确实要快很多。

```
> x <- runif(1000000)
> system.time(powers1(x,8))
   user  system elapsed
  0.776   0.356   1.334
> system.time(powers2(x,8))
   user  system elapsed
  0.388   0.204   0.593
```

然而，powers2()依然包含了循环。我们是否可以做得更好？对于这个问题，outer()可能是一个最佳的选择，其函数形式为：

```
outer(X,Y,FUN)
```

这个函数可以将FUN()函数应用于X和Y中的元素所有可能配对之上。对于FUN，默认的取值是乘法。

在此，我们将程序编写如下：

```
powers3 <- function(x,dg) return(outer(x,1:dg,"^"))
```

对于x和1:dg中元素的每种组合（共length(x)×dg种组合），outer()函数将幂函数^应用于这些组合之上，结果是一个length(x)×dg的矩阵。这正是我们所需要的，并且额外的好处是，这段代码非常紧凑。那么它是否会更快一些呢？

```
> system.time(powers3(x,8))
   user  system elapsed
  1.336   0.204   1.747
```

太令人失望了！在这里，我们使用了一个巧妙的函数，写出了紧凑的代码，但在上面三个函数中表现却是最差的。

然而事情还可能变得更糟。下面是我们尝试使用cumprod()时发生的事情：

```
> powers4
function(x,dg) {
   repx <- matrix(rep(x,dg),nrow=length(x))
   return(t(apply(repx,1,cumprod)))
}
> system.time(powers4(x,8))
   user  system elapsed
 28.106   1.120  83.255
```

在这个例子中，我们生成了多份x的拷贝，这是因为一个数字n的所有幂次正是cumprod(c(1, n, n, n, ...))。然而，即使我们忠实地使用了两个C语言级别的R函数，其性能却是灾难性的。

这个故事告诉我们，与性能有关的问题有时是不可预测的。你所能做的就是去了解一些基本的问题，掌握向量化的方法，注意下一节将要介绍的内存问题，然后尝试各种可能的方法。

14.3　函数式编程和内存问题

绝大多数的R对象都是不可变的，或者说是不可修改的。因此，R的操作是通过一些函数实现的，这些函数会将给定的对象进行重新赋值。这一特点会产生一些性能上的问题。

14.3.1　向量赋值问题

考查下面这条简单的语句：

```
z[3] <- 8
```

在第7章中已经说明，这条赋值语句比它看起来的形式更加复杂。实际上是通过替换函数“[<-”和赋值语句来实现的：

```
z <- "[<-"(z,3,value=8)
```

首先，创建一个内部的z的副本，然后将这个副本的第3个元素更改为8，最后再将得到的向量重新赋值给z。最后这一步骤的含义即是将z指向生成的那个副本。

换言之，即使表面上我们只修改了向量的一个元素，但整条语句的含义是“整个向量都被重新计算了”。对于一个很长的向量，这可能会极大地降低程序的运行速度。同样的情况也可能发生在较短的向量上，如果这个向量在一个循环中被反复赋值。

在某些情形下，R的确会采取一些措施来降低这种影响，但这是我们在编写更快的代码时要考虑的核心问题。在操作向量（包括数组）时，你应该意识到这个问题。如果代码在运行时出乎意料地慢，那么向量的赋值应该是你首先怀疑的对象。

14.3.2 改变时拷贝

与此相关的一个问题是，R（经常）会采取一种改变时拷贝（copy-on-change）的措施。例如，如果我们继续用上述程序来运行下面的语句：

```
> y <- z
```

那么在此之后y与z将共享相同的内存区域。然而，只要它们的其中一个发生了变化，那么程序就会在另一块内存区域创建一份对象的拷贝，并且发生改变的那个变量将会占据这块新的内存区域。然而，只有第一次改变是会受影响的，这是因为给转移的变量重新分配内存就意味着两个变量不再存在内存共享的问题。函数tracemem()可以用来报告这种内存再分配的情况。

尽管R经常会采取改变时拷贝的机制，但同样也会存在例外。例如，在下面的例子中，R并不会发生地址改变的行为：

```
> z <- runif(10)
> tracemem(z)
[1] "<0x88c3258>"
> z[3] <- 8
> tracemem(z)
[1] "<0x88c3258>"
```

z的位置并没有发生改变；无论是在最开始，还是在z[3]被赋值之后，它的内存地址都是0x88c3258。因此，尽管你需要注意地址的改变，但你并不能假定它总会发生。

让我们来考察一下与此相关的时间消耗。

```
> z <- 1:10000000
> system.time(z[3] <- 8)
   user  system elapsed
  0.180   0.084   0.265
> system.time(z[33] <- 88)
   user  system elapsed
      0       0       0
```

在任何情况下，完成变量拷贝用的都是R内部函数duplicate()。（在更新版本的R中这个函数命名为duplicate1()。）如果你对GDB调试工具比较熟悉，并且你的R包含了调试信息，那么你可以去探究变量进行拷贝时发生的情况。

按照第15.1.4节的提示，将R与GDB一同运行，通过GDB对R进行逐步调试，然后在duplicate1()处设置断点。每当你在那个函数处暂定时，提交下面的GDB命令：

```
call Rf_PrintValue(s)
```

这将会显示s的取值（或其他任何你感兴趣的变量）。

14.3.3　扩展案例：避免内存拷贝

下面的例子尽管是人为构造的，但它依然展示了上一节中讨论过的内存拷贝问题。

假设我们有许多彼此不相关的向量，但因为一些其他的原因，我们希望将每个向量的第三个元素设为8。我们当然可以将这些向量存放在一个矩阵中，每一个向量占据矩阵的每一行。然而，既然它们是互不相关的，甚至可能具有不同的长度，我们也许会考虑将它们存放在一个列表中。

但考虑到R的性能问题，事情就会变得很微妙了。我们来尝试一下。

```
> m  <- 5000
> n <- 1000
> z <- list()
> for (i in 1:m) z[[i]] <- sample(1:10,n,replace=T)
> system.time(for (i in 1:m) z[[i]][3] <- 8)
   user  system elapsed
  0.288   0.024   0.321
> z <- matrix(sample(1:10,m*n,replace=T),nrow=m)
> system.time(z[,3] <- 8)
   user  system elapsed
  0.008   0.044   0.052
```

除了系统时间以外（再一次出现这种情况），矩阵方式的操作是更快的。其中的一个原因在于，对于列表，我们在循环的每一次迭代中都遇到了内存拷贝的问题；而对于矩阵，我们只遇到了一次。当然，另一个很显然的原因是矩阵的操作是向量化的。

那么，如果在列表操作中使用lapply()又会如何？

```
>
> set3 <- function(lv) {
+    lv[3] <- 8
+    return(lv)
+ }
> z <- list()
> for (i in 1:m) z[[i]] <- sample(1:10,n,replace=T)
> system.time(lapply(z,set3))
   user  system elapsed
  0.100   0.012   0.112
```

结果是依然很难打败向量化的代码。

14.4 利用Rprof()来寻找代码的瓶颈

如果你觉得你的R代码异乎寻常地慢，那么Rprof()将是帮你找出罪魁祸首的一个很实用的工具。Rprof()可以提供一份报告，（近似地）告诉你代码中调用的每个函数所消耗的时间。这是非常重要的信息，因为要想优化程序中的每个部分将是不太明智的。优化的代价是牺牲编程的时间以及代码的清晰程度，所以了解程序中哪里真正需要优化是非常重要的。

14.4.1 利用Rprof()来进行监视

利用之前扩展案例中寻找幂次矩阵的三段代码，我们来展示Rprof()的用法。首先调用Rprof()来开启监视器，然后运行我们的代码，再调用带NULL参数的Rprof()来结束监视。最后，调用summaryRprof()来查看结果。

```
> x <- runif(1000000)
> Rprof()
> invisible(powers1(x,8))
> Rprof(NULL)
> summaryRprof()
$by.self
          self.time self.pct total.time total.pct
"cbind"        0.74     86.0       0.74      86.0
"*"            0.10     11.6       0.10      11.6
"matrix"       0.02      2.3       0.02       2.3
"powers1"      0.00      0.0       0.86     100.0

$by.total
          total.time total.pct self.time self.pct
"powers1"       0.86     100.0      0.00      0.0
"cbind"         0.74      86.0      0.74     86.0
"*"             0.10      11.6      0.10     11.6
"matrix"        0.02       2.3      0.02      2.3

$sampling.time
[1] 0.86
```

我们可以立刻看到，代码主要的运行时间都花在cbind()的调用上，在之前的扩展案例中我们已经指出，这会使得程序的运行速度变慢。

另外需要指出，这个例子中对invisible()的调用是为了避免输出结果被展示出来。在这里我们当然不希望看到由powers1()返回的1000000行的矩阵！

对powers2()进行分析的结果表明，该函数没有明显的程序瓶颈。

```
> Rprof()
> invisible(powers2(x,8))
```

```
> Rprof(NULL)
> summaryRprof()
$by.self
           self.time self.pct total.time total.pct
"powers2"       0.38     67.9       0.56     100.0
"matrix"        0.14     25.0       0.14      25.0
"*"             0.04      7.1       0.04       7.1

$by.total
           total.time total.pct self.time self.pct
"powers2"        0.56     100.0      0.38     67.9
"matrix"         0.14      25.0      0.14     25.0
"*"              0.04       7.1      0.04      7.1
$sampling.time
[1] 0.56
```

powers3()的情况会如何？那个应该很有希望但没有成功的方法？

```
> Rprof()
> invisible(powers3(x,8))
> Rprof(NULL)
> summaryRprof()
$by.self
           self.time self.pct total.time total.pct
"FUN"           0.94     56.6       0.94      56.6
"outer"         0.72     43.4       1.66     100.0
"powers3"       0.00      0.0       1.66     100.0

$by.total
           total.time total.pct self.time self.pct
"outer"          1.66     100.0      0.72     43.4
"powers3"        1.66     100.0      0.00      0.0
"FUN"            0.94      56.6      0.94     56.6

$sampling.time
[1] 1.66
```

这个函数中，消耗时间最多的部分是FUN()，也就是我们在扩展案例中指出的乘法操作。对于x中元素的每个配对，其中一个元素将乘以另一个元素；换言之，结果是两个标量的乘积。这就说明，这里并没有进行向量化！这也正是它速度很慢的原因。

14.4.2 Rprof()的工作原理

让我们来探索Rprof()的更多细节。每隔0.02秒（默认值），R会检查一次函数调用栈，并以此决定当前有效的函数。它将每次检查的结果写入一个文件，默认的文件名是Rprof.out。下面是powers3()的分析文件的一段摘要：

```
...
"outer" "powers3"
"outer" "powers3"
"outer" "powers3"
"FUN" "outer" "powers3"
"FUN" "outer" "powers3"
"FUN" "outer" "powers3"
"FUN" "outer" "powers3"
...
```

因此，Rprof()会经常发现在检查的时间点，powers3()调用了outer()，而outer()又调用了FUN()。其中，FUN()是当前正在执行的函数。函数summaryRprof()可以方便地汇总这个文件的所有行，但你会发现就这个文件本身，在某些情况下它会显示出更多有用的信息。

然而同样需要注意，Rprof()并不是万能的灵药。如果需要分析的代码产生了许多函数的调用（包括间接的调用，例如代码调用了某个函数，而这个函数又调用了其他的R函数），那么分析的结果将很难进行解读。powers4()产生的输出正是这样：

```
$by.self
            self.time self.pct total.time total.pct
"apply"         19.46     67.5      27.56      95.6
"lapply"         4.02     13.9       5.68      19.7
"FUN"            2.56      8.9       2.56       8.9
"as.vector"      0.82      2.8       0.82       2.8
"t.default"      0.54      1.9       0.54       1.9
"unlist"         0.40      1.4       6.08      21.1
"!"              0.34      1.2       0.34       1.2
"is.null"        0.32      1.1       0.32       1.1
"aperm"          0.22      0.8       0.22       0.8
"matrix"         0.14      0.5       0.74       2.6
"!="             0.02      0.1       0.02       0.1
"powers4"        0.00      0.0      28.84     100.0
"t"              0.00      0.0      28.10      97.4
"array"          0.00      0.0       0.22       0.8

$by.total
            total.time total.pct self.time self.pct
"powers4"        28.84     100.0      0.00      0.0
"t"              28.10      97.4      0.00      0.0
"apply"          27.56      95.6     19.46     67.5
"unlist"          6.08      21.1      0.40      1.4
"lapply"          5.68      19.7      4.02     13.9
"FUN"             2.56       8.9      2.56      8.9
"as.vector"       0.82       2.8      0.82      2.8
"matrix"          0.74       2.6      0.14      0.5
"t.default"       0.54       1.9      0.54      1.9
"!"               0.34       1.2      0.34      1.2
"is.null"         0.32       1.1      0.32      1.1
```

```
"aperm"         0.22     0.8     0.22     0.8
"array"         0.22     0.8     0.00     0.0
"!="            0.02     0.1     0.02     0.1

$sampling.time
[1] 28.84
```

14.5 字节码编译

从2.13版本开始，R包含了一个字节码编译器，利用它你可以尝试加速代码。考虑我们在第14.2.1节中的例子，作为一个平凡的案例，我们说明了

```
z <- x + y
```

会比

```
for (i in 1:length(x)) z[i] <- x[i] + y[i]
```

快出许多。尽管这是显然的，但我们可以了解一下字节码编译是如何工作的。让我们来尝试一下：

```
> library(compiler)
> f <- function() for (i in 1:length(x)) z[i] <<- x[i] + y[i]
> cf <- cmpfun(f)
> system.time(cf())
   user  system elapsed
  0.845   0.003   0.848
```

我们从原始函数`f()`创建了一个新函数`cf()`。新代码的运行时间是0.848秒，比未编译版本的8.175秒快出了很多。纵然如此，它依然没有直接进行向量化的代码快，但很明显，字节码编译具有一定的提速潜力，你应该在任何需要加速代码的时候尝试使用。

14.6 内存无法装下数据怎么办

之前已经提及，R会话中所有的对象都是保存在内存中的。R对所有的对象都设置了$2^{31}-1$字节的大小限制，无论计算机的字长（word size）是多少（32位或64位），以及机器的内存有多大[㊀]。然而，你不应该把它当作是一个障碍。只需要一些额外的注意，那些有很大内存需求的程序也可以在R中得到良好的处理。常见的方法包括数据分块以及利用一些R软件包来进行内存管理。

㊀ R3.0.0版对64位系统已经可以支持2^{31}字节以上的向量——译者注

14.6.1 分块

一种不需要使用额外R软件包的方法是从硬盘文件上分块读取你的数据。例如，假如我们的目标是求出某些变量的均值或比例，那么可以使用`read.table()`中的`skip`参数。

假设我们的数据有1000 000条记录，可将其分割成10个分块（或更多——只要能把数据的每个分块都装进内存）。然后我们在第一次读取时设置`skip = 0`，第二次时设置`skip = 100000`，等等。每当读进一个分块，则计算这个分块的频数或总数，并将它们记录下来。在读取完所有的分块后，我们将每一个分块的频数或总数进行相加，从而计算出总体的均值或比例。

另一个例子，假设我们正在进行一项统计操作，如计算主成份，计算时数据有非常多行（换言之，有非常多的观测值）但变量的个数是可控的。这种情况下，用分块同样可以解决问题。我们将统计操作应用到每一个分块上，然后将所有分块的结果进行平均。我进行数学研究后看出，在众多统计方法当中，这样得到的是一种有效估计量。

14.6.2 利用R软件包来进行内存管理

对于一些更复杂的情况，另一种可选的方法是使用一些特殊的R软件包来解决大量内存的需求问题。

其中一个软件包是RMySQL，它是R到SQL数据库的一个接口。要使用它你需要一些数据库的知识，但这个软件包提供了更有效、更简便的方法来处理大型的数据集。其思路在于，在数据库端用SQL语句来进行变量/观测值的选择操作，然后再用R读取SQL选择出的数据集。由于后者往往比完整的数据集小得多，所以你或许可以利用这一点来突破R的内存限制。

另一个有用的软件包是`biglm`，它可以在非常大的数据集上进行回归和广义线性模型的分析。它同样采取了分块的方法，但采用的是不同的实现：每一个分块用来更新当前回归分析需要的一些求和项，计算完成后这个分块即被丢弃。

最后，有一些软件包采用了它们自己的存储管理方式，这与R中的内存管理是相互独立的，因此这些软件包可以处理非常大的数据集。在这方面，目前两个用得最多的软件包是`ff`和`bigmemory`，前者是通过将数据存放在硬盘上来回避内存的限制，这一过程对于程序员来说是完全透明的；而高度通用的`bigmemory`包功能类似，但它不仅可以将数据存储在硬盘上，还可以将数据保存在机器的主内存中，这对于多核的机器而言是一个理想的选择。

第 15 章

R与其他语言的接口

R是一门优秀的语言，但并非所有的任务都是它所擅长的。因此，有时需要用R来调用其他语言编写的代码。反过来说，在使用其他语言时，你可能会发现有些问题在R中能得到更好的解决。

R已经实现了一些与其他语言的接口，例如大众化的C语言，以及相对冷僻的Yacas计算机代数系统。本章将介绍两个接口：前者在R语言中调用C/C++，后者在Python中调用R。

15.1 编写能被R调用的C/C++函数

你或许希望自己编写一些C/C++函数，然后用R来调用。一般而言，这样做的目的是提升程序的性能，因为用C/C++写的程序通常比R快很多，即使使用了R中的向量化操作等优化方法也是如此。

另一个要用到C/C++的原因是使用特殊的I/O操作。例如，R在标准互联网通信系统的第3层使用的是TCP协议，但在有些情况下UDP协议的速度会更快。要使用UDP，就要用到C/C++，进而需要R与这些语言的接口。

事实上，R提供了两种与C/C++的接口，分别通过`.C()`和`.Call()`来实现。相比较而言，`.Call()`提供了更全面的功能，但使用它需要对R的内部结构有所了解，因此这里将仍然使用`.C()`来进行说明。

15.1.1 R与C/C++交互的预备知识

在C语言中，二维数组是按行进行存储的，而在R中则是按列存储。例如，假设你在R中有一个3乘以4的数组，如果将其拉直为向量，那么数组中第2行第2列的元素就对应了向量中的第5个元素。这是因为数组的第1列长度为3，而前面说的那个元素就位于第2列的第2个位置。此外还需要注意的是，在C语言中下标是从0开始，而在R中是从1开始。

从R传递给C的参数都是以指针的形式存在的，而C语言函数的返回值必须是`void`。如果你想从C函数返回值，则必须与函数的参数进行交互，例如下面例子中的`result`参数。

15.1.2 例子：提取方阵的次对角线元素

在这里，我们将用C语言写一段提取方阵次对角线元素的程序。（感谢我之前的研究生助理Min-Yu Huang，他编写了这个函数的一个早期版本。）以下是文件*sd.c*的源代码：

```
#include <R.h>  // required

// arguments:
//    m:  a square matrix
//    n:  number of rows/columns of m
//    k:  the subdiagonal index--0 for main diagonal, 1 for first
//        subdiagonal, 2 for the second, etc.
//    result:  space for the requested subdiagonal, returned here

void subdiag(double *m, int *n, int *k, double *result)
{
  int nval = *n, kval = *k;
  int stride = nval + 1;
  for (int i = 0, j = kval; i < nval-kval; ++i, j+= stride)
    result[i] = m[j];
}
```

其中stride变量所表示的是一个并行处理领域中的概念。假设在一段C程序中有一个1000列的矩阵，而程序的目的是从上到下遍历某一列的所有元素。由于C语言里的二维数组是按行存储的，所以如果把矩阵拉直成向量，那么矩阵每一列中相邻元素的间隔就是1000。此处可以说是以1000的跨度（stride）来遍历这个长向量，换言之，每隔1000个元素读取向量一次。

15.1.3　编译和运行程序

可以用R来编译你的代码。例如，在一个Linux终端窗口中，可以用下面的命令来编译这个文件：

```
% R CMD SHLIB sd.c
gcc -std=gnu99 -I/usr/share/R/include      -fpic  -g -O2 -c sd.c -o sd.o
gcc -std=gnu99 -shared  -o sd.so sd.o   -L/usr/lib/R/lib -lR
```

这一命令会生成动态共享库文件sd.so。

注意，R在上述的例子中报告了它是如何调用GCC命令的。如果你有特殊的需求，则可以手动运行这些命令，例如链接一些特殊的库。此外需要注意的include和lib文件夹的位置也是依赖于操作系统的。

注意：对于Linux系统GCC可以方便地下载到，而对于Windows系统，它包含在Cygwin中。Cygwin是一个开源的软件包，可以在http://www.cygwin.com下载到。[1]

[1] 用Cygwin编译的程序在运行时通常需要额外的Cygwin库文件，目前推荐的方式是使用MinGW编译器，它是GCC在Windows下的一个移植，且编译出的程序在执行时不需要额外的库文件，MinGW的下载地址为http://mingw.org。——译者注

接下来可以把这个库文件加载到R中并调用C函数：

```
> dyn.load("sd.so")
> m <- rbind(1:5, 6:10, 11:15, 16:20, 21:25)
> k <- 2
> .C("subdiag", as.double(m), as.integer(dim(m)[1]), as.integer(k),
result=double(dim(m)[1]-k))
[[1]]
 [1]  1  6 11 16 21  2  7 12 17 22  3  8 13 18 23  4  9 14 19 24  5 10 15 20 25

[[2]]
[1] 5

[[3]]
[1] 2

$result
[1] 11 17 23
```

此处为了简便，形式参数（C程序中）和实际参数（R程序中）都使用了result这个变量名。此外，R程序中需要为result参数分配内存空间。

从上述例子可以看出，.C()函数的返回值是它所有参数组成的列表。在本例中，.C()函数有四个参数（当然得另外加上函数名这个参数），所以其返回值也有四个元素。一般而言，有一些参数会在执行C程序的过程中发生改变，比如本例的参数result。

15.1.4 调试R/C程序

第13章讨论了调试R程序的相关工具和方法。然而，使用R/C接口会面临更多的挑战。用GDB这类调试工具时的问题是，必须先在R中使用GDB。

下面这个例子是使用GDB进行逐步调试的过程，调试的是前文的*sd.c*代码：

```
$ R -d gdb
GNU gdb 6.8-debian
...
(gdb) run
Starting program: /usr/lib/R/bin/exec/R
...
> dyn.load("sd.so")
>   # hit ctrl-c here
Program received signal SIGINT, Interrupt.
0xb7ffa430 in __kernel_vsyscall ()
(gdb) b subdiag
Breakpoint 1 at 0xb77683f3: file sd.c, line 3.
(gdb) continue
Continuing.
```

```
Breakpoint 1, subdiag (m=0x92b9480, n=0x9482328, k=0x9482348, result=0x9817148)
    at sd.c:3
3           int nval = *n, kval = *k;
(gdb)
```

那么，在这次调试会话中发生了什么呢？

- 在命令运行中启动了GDB调试器，并将R加载于其中：

```
R -d gdb
```

- 告诉GDB运行R：

```
(gdb) run
```

- 与之前一样，将编译好的C程序加载进R：

```
> dyn.load("sd.so")
```

- 按下CTRL-C来暂停R进程，并回到GDB的命令提示符。
- 在subdiag()函数的入口处设置一个断点：

```
(gdb) b subdiag
```

- 告诉GDB继续执行R（需要按两次ENTER键才能回到R的命令提示符）。

```
(gdb) continue
```

接下来执行我们的C程序：

```
> m <- rbind(1:5, 6:10, 11:15, 16:20, 21:25)
> k <- 2
> .C("subdiag", as.double(m), as.integer(dim(m)[1]), as.integer(k),
+ result=double(dim(m)[1]-k))

Breakpoint 1, subdiag (m=0x942f270, n=0x96c3328, k=0x96c3348, result=0x9a58148)
    at subdiag.c:46
46 if (*n < 1) error("n < 1\n");
```

此时我们可以像往常一样使用GDB。如果你对GDB不太熟悉，可以在网络上搜索一些快速入门的教程。表15-1列出了一些最常用的GDB命令。

表15-1　常用GDB命令

命　令	作　用
l	列出行号
b	设置断点
r	运行/重新运行

（续）

命令	作用
n	跳到下一条语句
s	进入子函数
p	显示变量或表达式的取值
c	继续
h	帮助
q	退出

15.1.5 扩展案例：预测离散取值的时间序列

回到2.5.2节的例子。假设我们观测的是一组取值为0或1的数据，每期一个数据点，现在试图预测任何一个时点的取值。预测的方法是用这个时点前k期的取值，利用多数原则进行预测。为此我们编写了两个函数preda()和predb()来完成这项任务，如下所示：

```
# prediction in discrete time series; 0s and 1s; use k consecutive
# observations to predict the next, using majority rule; calculate the
# error rate
preda <- function(x,k) {
   n <- length(x)
   k2 <- k/2
   # the vector pred will contain our predicted values
   pred <- vector(length=n-k)
   for (i in 1:(n-k)) {
      if (sum(x[i:(i+(k-1))]) >= k2) pred[i] <- 1 else pred[i] <- 0
   }
   return(mean(abs(pred-x[(k+1):n])))
}

predb <- function(x,k) {
   n <- length(x)
   k2 <- k/2
   pred <- vector(length=n-k)
   sm <- sum(x[1:k])
   if (sm >= k2) pred[1] <- 1 else pred[1] <- 0
   if (n-k >= 2) {
      for (i in 2:(n-k)) {
         sm <- sm + x[i+k-1] - x[i-1]
         if (sm >= k2) pred[i] <- 1 else pred[i] <- 0
      }
   }
   return(mean(abs(pred-x[(k+1):n])))
}
```

由于第二个函数避免了重复的计算，因此我们推测它会更快一些。下面来比较一下。

```
> y <- sample(0:1,100000,replace=T)
> system.time(preda(y,1000))
   user  system elapsed
  3.816   0.016   3.873
> system.time(predb(y,1000))
   user  system elapsed
  1.392   0.008   1.427
```

嘿，效果不错！性能有很大提升。

然而，你总是应该先看看R是否已经有优化好的函数可以满足需要。由于我们主要计算移动平均值，因此可以尝试一下filter()函数，其中第二个参数取常数向量，如下例所示：

```
predc <- function(x,k) {
   n <- length(x)
   f <- filter(x,rep(1,k),sides=1)[k:(n-1)]
   k2 <- k/2
   pred <- as.integer(f >= k2)
   return(mean(abs(pred-x[(k+1):n])))
}
```

这个函数看起来比第一个要更紧凑，但同时也更难阅读。此外，我们将会发现它并不会快多少，原因接下来会予以说明。先来看一下结果。

```
> system.time(predc(y,1000))
   user  system elapsed
  3.872   0.016   3.945
```

这样一来，第二个函数依然是目前最快的。这一结果应该是可以预料到的，查看过函数的源代码就明白了。输入下面的命令将会显示filter()函数的源代码：

```
> filter
```

源代码告诉我们（此处未显示），filter()实际上调用了filter1()函数，而filter1()是用C写成的，理应带来速度的提升，但是用这种方法并没有避免重复的计算，因此速度依然很慢。

现在用C语言来编写预测函数：

```
#include <R.h>

void predd(int *x, int *n, int *k, double *errrate)
{
   int nval = *n, kval = *k, nk = nval - kval, i;
   int sm = 0;  // moving sum
   int errs = 0;  // error count
   int pred;  // predicted value
   double k2 = kval/2.0;
```

```
    // initialize by computing the initial window
    for (i = 0; i < kval; i++) sm += x[i];
    if (sm >= k2) pred = 1; else pred = 0;
    errs = abs(pred-x[kval]);
    for (i = 1; i < nk; i++) {
       sm = sm + x[i+kval-1] - x[i-1];
       if (sm >= k2) pred = 1; else pred = 0;
       errs += abs(pred-x[i+kval]);
    }
    *errrate = (double) errs / nk;
}
```

这与我们之前编写的predb()基本相同，只是把它“手动翻译”成了C语言的版本。来看看它是否会超越predb()。

```
> system.time(.C("predd",as.integer(y),as.integer(length(y)),as.integer(1000),
+    errrate=double(1)))
   user  system elapsed
  0.004   0.000   0.003
```

速度的提升是相当惊人的。

你会发现在一些情况下用C语言编写函数是值得的，特别是需要做一系列迭代的时候。R自己的迭代结构，例如for()，通常是比较慢的。

15.2 从Python调用R

Python是一门优雅且强大的语言，但它缺少内置的统计和数据处理功能，而这两项恰恰是R所擅长的。本节将展示如何在Python里调用R，我们使用的接口是RPy，这是这两种语言之间应用最广泛的接口之一。

15.2.1 安装RPy

RPy是一个Python模块，它允许在Python中使用R。如果希望有额外的性能提升，则可以考虑与NumPy共同使用。

要安装RPy，你可以从http://rpy.sourceforge.net下载源代码并自己编译模块，也可以下载预编译的版本。如果你正在使用Ubuntu，则只需要输入下面的命令：

```
sudo apt-get install python-rpy
```

要在Python中加载RPy（无论是在Python的交互模式下或是在代码中），只需执行下面的命令：

```
from rpy import *
```

这样处理之后会自动加载一个名为r的变量，它是一个Python类的实例。

15.2.2 RPy语法

从原则上说，在Python中运行R是一件很简单的事情。下面是一个例子，你可以在Python的命令提示符>>>之后运行这一语句：

```
>>> r.hist(r.rnorm(100))
```

这条语句会调用R中的rnorm()函数来生成100个标准正态分布的随机数，并将它们输入R中绘制直方图的函数hist()。

相信你已经看出，R中的对象名在这里被冠上了r.的前缀，这说明Python对R函数的封装实际上都是类实例r的成员函数。

上述代码如果不进行修改的话会产生难看的输出，例如会把你的数据（可能是大量的！）作为图形的标题和*x*轴的标签。为了避免发生这种情况，你可以自己设定标题和标签，例如下面的这个例子：

```
>>> r.hist(r.rnorm(100),main='',xlab='')
```

RPy的语法有时候并不像上面的例子中那样简单，这是因为R和Python的语法有时候会互相冲突。例如，考虑调用R的线性模型函数lm()，在下面的例子中，要用a来预测b：

```
>>> a = [5,12,13]
>>> b = [10,28,30]
>>> lmout = r.lm('v2 ~ v1',data=r.data_frame(v1=a,v2=b))
```

这比在R中直接运行要更复杂一些，它有哪些需要注意的地方呢？

首先，Python的语法中没有波浪号，因此在指定模型表达式时需要使用字符串。由于R中用字符串表示模型也是允许的，所以这并不算是一个大的区别。

其次，需要一个数据框来包含数据。在上例中使用R的data.frame()函数创建数据框。然而，如果R的函数名中带有英文句点，那么需要在Python中改为下划线，如其中的r.data_frame()。注意，这个函数将数据的两列分别命名为v1和v2，然后在模型表达式中使用了这两个名字。

返回的对象是一个Python中的字典（类似于R中的列表），如下所示（只显示部分代码）：

```
>>> lmout
{'qr': {'pivot': [1, 2], 'qr': array([[ -1.73205081, -17.32050808],
       [  0.57735027,  -6.164414  ],
       [  0.57735027,   0.78355007]]), 'qraux':
```

在这里你应该能看出lm()对象的各种属性。例如，回归直线的系数在R中可以用lmout$coefficients提取，而在Python中则是lmout['coefficients']。可以相应地提取系数中的每一个元素，如下例所示：

```
>>> lmout['coefficients']
{'v1': 2.5263157894736841, '(Intercept)': -2.5964912280701729}
>>> lmout['coefficients']['v1']
2.5263157894736841
```

同样可以利用r()函数来向R提交命令，进而操作R命名空间中的变量。这在R与Python语法有冲突的时候非常有用。下面的例子展示了如何在RPy中运行12.4节wireframe()的例子：

```
>>> r.library('lattice')
>>> r.assign('a',a)
>>> r.assign('b',b)
>>> r('g <- expand.grid(a,b)')
>>> r('g$Var3 <- g$Var1^2 + g$Var1 * g$Var2')
>>> r('wireframe(Var3 ~ Var1+Var2,g)')
>>> r('plot(wireframe(Var3 ~ Var1+Var2,g))')
```

首先，利用r.assign()把一个变量从Python的命名空间复制到R的命名空间，然后运行expand.grid()（在这里我们不用下划线而是用句点，因为我们是在R的命名空间中执行语句），并将结果赋值给g。同样的，g也是存在于R的命名空间中。注意，调用wireframe()并不会自动显示图像，所以需要调用plot()。

RPy的官方文档可以在http://rpy.sourceforge.net/rpy/doc/rpy.pdf下载得到，也可以在http://www.daimi.au.dk/~besen/TBiB2007/lecture-notes/rpy.html找到一份很有帮助的幻灯片，标题是“RPy——R from Python”。

第16章

R语言并行计算

由于许多R用户都有巨大的计算需求，因此相继出现了各种能在R中进行并行计算的工具。本章将着重介绍R语言并行计算的方法。

许多并行处理的初学者都对编写并行化的应用程序抱有很高的期望，然而很多情况下他们发现并行的版本实际上比串行的版本运行速度更慢。这一问题在R中显得尤为突出，其中的原因将会在本章进行介绍。

相应地，了解并行处理的硬件和软件的本质对于在并行世界中取得成功是至关重要的。这些问题将在本章针对不同的实现R语言并行计算的平台进行讨论。

我们首先以一些代码案例作为开始，然后讨论普遍化的性能问题。

16.1 共同外链问题

考虑某个网络图，如网页链接或社会网络中的关系链接。令A表示该网络图的“邻接矩阵”（adjacency matrix），举例来说，`A[3, 8]`的可能取值是1或0，其取值为1表示节点3和节点8之间存在一个链接，否则取值为0。

对任意两个顶点（如两个网站）而言，我们可能会对它们的共同外链（mutual outlink）感兴趣——即这两个站点共同拥有的出站链接。假设现在我们想知道共同外链的平均数量，也就是在我们的数据集中对所有网站配对的共同外链数量取平均。这个均值可以用如下的步骤对一个$n \times n$的矩阵进行计算得到：

```
1  sum = 0
2  for i = 0...n-1
3     for j = i+1...n-1
4        for k = 0...n-1 sum = sum + a[i][k]*a[j][k]
5  mean = sum / (n*(n-1)/2)
```

考虑到我们的图可能包含成千上万的网站，这一任务很可能需要大量的计算。对此，常见的处理方法是将计算任务分割成若干较小的块，然后同时处理每一份小块，例如在多台计算机上同时进行运算。

假设我们现在可以支配两台计算机，那么可以用其中的一台来处理第2行`for i`循环中i等于奇数的情形，而让第二台处理i等于偶数的情形。或者，由于双核计算机在当前已经非常普遍，也可以将上面的步骤在一台计算机上完成。这听起来很简单，但事实上可能会遇到一些大的问题，而这正是本章将要讲的。

16.2　snow包简介

Luke Tierney的snow（Simple Network of Workstations）包是无可争议的最简单、最容易使用的R语言并行计算包，同时也是最流行的R语言并行计算包之一。snow包可以从CRAN R代码库下载得到。

注意： R语言并行计算的CRAN任务列表，http://cran.r-project.org/web/views/HighPerformanceComputing.html，列出了一些较新的可用的R语言并行计算包。

为了说明snow是如何工作的，下面先给出上一节中共同外链问题的代码。

```
1  # snow version of mutual links problem
2
3  mtl <- function(ichunk,m) {
4     n <- ncol(m)
5     matches <- 0
6     for (i in ichunk) {
7        if (i < n) {
8           rowi <- m[i,]
9           matches <- matches +
10             sum(m[(i+1):n,] %*% rowi)
11       }
12    }
13    matches
14 }
15
16 mutlinks <- function(cls,m) {
17    n <- nrow(m)
18    nc <- length(cls)
19    # determine which worker gets which chunk of i
20    options(warn=-1)
21    ichunks <- split(1:n,1:nc)
22    options(warn=0)
23    counts <- clusterApply(cls,ichunks,mtl,m)
24    do.call(sum,counts) / (n*(n-1)/2)
25 }
```

假设我们将这段代码保存在文件*SnowMutLinks.R*中，让我们首先来讨论如何运行它。

16.2.1　运行snow代码

运行上面的snow代码包含以下几个步骤：

1．加载代码；

2．加载snow包；

3．创建snow集群；
4．建立相关的邻接矩阵；
5．在你创建的集群上针对邻接矩阵运行代码。

假设我们有一台双核的机器，将下面的命令发送给R：

```
> source("SnowMutLinks.R")
> library(snow)
> cl <- makeCluster(type="SOCK",c("localhost","localhost"))
> testm <- matrix(sample(0:1,16,replace=T),nrow=4)
> mutlinks(cl,testm)
[1] 0.6666667
```

在这里，我们让snow在机器上（localhost是一个标准的网络名称，代表本地计算机）开启了两个新的R进程，我们称其为“工人”（workers）。我们将最初的R进程——即我们输入上述命令的R进程——称为“管理员”（manager）。因此，此时一共有三个R的实例运行在这台机器上（在Linux环境下可以通过运行ps命令来进行查看）。

在snow中，我们称所有的“工人”形成了一个“集群”（cluster），我们将其命名为cl。snow包采用了一种在并行处理领域中称为“分布/聚合”（scatter/gather）的范式，其工作原理如下：

1．管理员将数据分割成若干个小块，然后将它们打包给工人（分布阶段）；
2．每个工人处理自己的分块；
3．管理员从工人处收集结果（聚合阶段），并将它们组合成应用程序需要的正确形式。

我们已经指出，管理员和工人之间的通信是通过网络socket来实现的（第10章）。

下面是一个用于测试代码的矩阵：

```
> testm
     [,1] [,2] [,3] [,4]
[1,]    1    0    0    1
[2,]    0    0    0    0
[3,]    1    0    1    1
[4,]    0    1    0    1
```

对于第1行，它与第2行没有共同的外链，与第3行有两个共同的外链，与第4行有一个共同的外链。第2行与其他所有行都没有共同的外链，但第3行与第4行有一个共同的外链。因此，此处$4\times3/2 = 6$个配对中共有4个共同外链，即其平均值为$4/6 = 0.6666667$，这正是你之前见到的结果。

只要你有足够多的机器，就可以建立任意大小的集群。例如，在我所在的院系，我使用的机器其网络名称为pc28、pc29和pc30。其中每台机器都是双核，因此我可以创建一个有六个工人的集群，如下所示：

```
> cl6 <- makeCluster(type="SOCK",c("pc28","pc28","pc29","pc29","pc30","pc30"))
```

16.2.2　分析snow代码

现在让我们来看看mutlinks()函数是如何工作的。首先，我们用第17行的代码计算出矩阵m有多少行，然后在代码的第18行得到集群中工人的数量。

接下来，我们需要决定每个工人将处理哪些i的取值，其中i是之前第16.1节的代码框架中for i循环的下标。R中的split()函数非常适合用来完成这项工作。例如，对于一个4行的矩阵和2个工人的集群，那段代码将产生下面的结果：

```
> split(1:4,1:2)
$`1`
[1] 1 3

$`2`
[1] 2 4
```

该命令将返回一个列表，其第一个元素是向量(1, 3)，第二个元素是向量(2, 4)。这可以让我们用其中一个R进程来处理奇数值的i，另一个R进程来处理偶数值的i，正如我们之前讨论的那样。此外，我们用options()函数关闭了split()可能会产生的警告（“data length is not a multiple of split variable”）。

真正的工作是在代码的第23行完成的，在那里我们调用了snow中的clusterApply()函数。这一函数将某个指定的函数调用（此处为mtl()）以及一些参数传递给每个工人，其中参数包括针对某个特定工人的，也包括所有工人所共享的。下面是第23行的函数所做的工作：

1. 指派工人1去调用mtl()函数，其参数是ichunks[[1]]和m；
2. 指派工人2去调用mtl()函数，其参数是ichunks[[2]]和m；其他所有的工人与此类似；
3. 每个工人完成各自被指派的任务，然后将结果返回给管理员；
4. 管理员将所有这些结果收集起来，并装入一个列表中，在此即为counts。

这时候，我们仅仅需要把counts中的所有元素相加即可。不过，我或许不应该说“仅仅”，因为在第24行还有一些额外的工作需要去完成。

R的sum()函数可以用在多个向量参数上，例如：

```
> sum(1:2,c(4,10))
[1] 17
```

但在此处，counts是一个R中的列表，而不是一个（数值型）向量。因此，我们需要使用do.call()来从counts中提取出向量，然后将它们传给sum()进行调用。

请留意代码的第9行和第10行。你已经了解到，在R中应该尽可能地将运算向量化，从而获得更好的性能。通过把运算转换成矩阵与向量相乘的形式，我们将第16.1节代码框架中的for j循环和for k循环替换成了一句向量化的表达式。

16.2.3　可以获得多少倍的加速

我将这段代码在一个1000×1000的矩阵m1000上尝试运行。首先将它运行在一个配备了4个工人的集群上，然后再尝试12个工人的集群。原则上来说，我应该分别得到4倍和12倍的加速比，然而，它们实际的运行时间分别是6.2秒和5.0秒。与之相对比，在非并行的情形下，运行时间是16.9秒。（调用的函数是mtl(1:1000, m1000)）。因此，在4个工人的集群上，我获得的加速比是2.7倍，而不是理论上的4.0倍；类似地，在有12个节点的集群上实际的加速比是3.4倍，而理论加速比是12.0倍。（需要注意的是每次运行的时间都会有一些细微的差别。）究竟是哪里出现了问题？

在几乎所有的并行处理程序中，你都会遇到“开销”（overhead，即在非计算性的过程中“浪费”的时间）的问题。在我们的例子中，开销包括了将矩阵从管理员发送给工人所需要的时间。此外，还有一小部分的开销在于将函数mtl()本身发送给工人。而且，当工人完成任务并返回结果给管理员时，同样会产生开销。关于这一问题的更多细节，将在第16.4.1节介绍普遍的性能方面的考虑时进行讨论。

16.2.4 扩展案例：K均值聚类

为了了解snow的更多功能，我们来看另一个例子，它涉及k均值聚类（k-means clustering，KMC）。

KMC是一种进行探索性数据分析的技术。在观察数据的散点图时，你可能会直觉地发现数据可以划分为不同的组，而KMC就是一种能帮助你发现这些组的方法。KMC的输出结果包括各个组的中心位置坐标。

下面是KMC算法的大致框架：

```
1  for iter = 1,2,...,niters
2     set vector and count totals to 0
3     for i = 1,...,nrow(m)
4        set j = index of the closest group center to m[i,]
5        add m[i,] to the vector total for group j, v[j]
6        add 1 to the count total for group j, c[j]
7     for j = 1,...,ngrps
8        set new center of group j = v[j] / c[j]
```

在这里，我们指定了niters次迭代，而初始猜测的各组中心记录在initcenters中。我们的数据保存在矩阵m中，并且共有ngrps个组。

以下是用并行的方式计算KMC的snow代码：

```
1  # snow version of k-means clustering problem
2
3  library(snow)
4
5  # returns distances from x to each vector in y;
6  # here x is a single vector and y is a bunch of them;
7  # define distance between 2 points to be the sum of the absolute values
8  # of their componentwise differences; e.g., distance between (5,4.2) and
9  # (3,5.6) is 2 + 1.4 = 3.4
10 dst <- function(x,y) {
11    tmpmat <- matrix(abs(x-y),byrow=T,ncol=length(x)) # note recycling
12    rowSums(tmpmat)
13 }
```

```
14
15  # will check this worker's mchunk matrix against currctrs, the current
16  # centers of the groups, returning a matrix; row j of the matrix will
17  # consist of the vector sum of the points in mchunk closest to jth
18  # current center, and the count of such points
19  findnewgrps <- function(currctrs) {
20     ngrps <- nrow(currctrs)
21     spacedim <- ncol(currctrs) # what dimension space are we in?
22     # set up the return matrix
23     sumcounts <- matrix(rep(0,ngrps*(spacedim+1)),nrow=ngrps)
24     for (i in 1:nrow(mchunk)) {
25        dsts <- dst(mchunk[i,],t(currctrs))
26        j <- which.min(dsts)
27        sumcounts[j,] <- sumcounts[j,] + c(mchunk[i,],1)
28     }
29     sumcounts
30  }
31
32  parkm <- function(cls,m,niters,initcenters) {
33     n <- nrow(m)
34     spacedim <- ncol(m) # what dimension space are we in?
35     # determine which worker gets which chunk of rows of m
36     options(warn=-1)
37     ichunks <- split(1:n,1:length(cls))
38     options(warn=0)
39     # form row chunks
40     mchunks <- lapply(ichunks,function(ichunk) m[ichunk,])
41     mcf <- function(mchunk) mchunk <<- mchunk
42     # send row chunks to workers; each chunk will be a global variable at
43     # the worker, named mchunk
44     invisible(clusterApply(cls,mchunks,mcf))
45     # send dst() to workers
46     clusterExport(cls,"dst")
47     # start iterations
48     centers <- initcenters
49     for (i in 1:niters) {
50        sumcounts <- clusterCall(cls,findnewgrps,centers)
51        tmp <- Reduce("+",sumcounts)
52        centers <- tmp[,1:spacedim] / tmp[,spacedim+1]
53        # if a group is empty, let's set its center to 0s
54        centers[is.nan(centers)] <- 0
55     }
56     centers
57  }
```

这里的代码与我们之前共同外链的例子非常相似。然而，以上代码使用了一些新的snow

函数，并展示了一个函数的新用法。

让我们看看第39行到第44行。由于矩阵m在迭代中并不会发生改变，因此我们当然不希望将它反复发送给工人，因为这样做会加剧开销的问题。所以，首先需要给每个工人发送对应的m的数据块，并且仅此一次。这一步骤是通过第44行的clusterApply()函数完成的。我们在之前已经用过了这个函数，但此处需要更为创造性地使用它。在第41行，定义了函数mcf()，该函数将运行在工人上，其作用是让工人接收管理员发送过来的数据块，然后将它定义为这一工人中的全局变量mchunk。

第46行使用了一个新的snow函数，clusterExport()，其作用是将管理员的全局变量复制给所有的工人。在这里，所谓的“变量”实际上是一个函数，即dst()。为什么需要将这个函数发送给每一个工人？其原因在于，代码的第50行我们将函数findnewgrps()发送给了工人，然而尽管这个函数调用了dst()，snow却并不会自动地把后者也发送给工人。因此，我们需要自己完成这项发送变量的工作。

代码第50行使用了另一个新的snow函数，即clusterCall()。该函数将使得每一个工人去调用findnewgrps()，并将centers作为参数。

注意，每个工人都有一个不同的矩阵块，所以相应地，这个函数作用的对象也是不同的数据。这就再次引起了第7.8.4节中讨论过的使用全局变量时会产生的矛盾，一些软件开发者可能会对findnewgrps()中隐性参数的使用感到疑惑。然而另一方面，正如之前所提及的，如果将mchunk作为一个参数，那么就意味着需要将这个参数反复发送给工人，从而会牺牲程序的效率。

最后，考虑程序的第51行，其中的snow函数clusterApply()将总是返回一个R中的列表。在这个例子中，返回值是sumcounts，其中的每个元素都是一个矩阵。我们需要将这些矩阵相加，从而得到一个记录总和的矩阵。然而，R中的sum()函数并不能达到这一目的，因为它会将矩阵的所有元素相加，然后得到一个单个的数。我们需要的是矩阵的加法。

R中的Reduce()函数可以实现矩阵的加法。注意，R中任何的代数运算都是用函数实现的，在本例中它就是函数"+"。Reduce()会顺次将"+"应用到列表sumcounts中的每一个元素上。当然，我们可以简单地用一个循环来实现这一目标，但使用Reduce()可能会带来一些小的性能提升。

16.3 借助于C

正如你所看到的那样，使用R中的并行化手段可能会大幅加速你的R代码。这种方法可以让你在保持R的简洁和强大表达力的同时减少大型程序的运行时间。如果并行化的R能给你带来足够良好的性能，那么一切都将会非常顺利。

然而，并行化的R依然是R，因此它仍然会受到一些性能上的限制，正如第14章讨论的那样。回想那一章的内容，其中提供的一个解决方案便是将程序中最关乎性能的部分用C重写，然后在你的R主程序中调用这一部分的代码。（此处C指的是C或C++。）我们将从并行处理的视角来对这一问题进行探索。在此，我们将不再编写并行化的R代码，而是用普通的R代码来调用并行化的C程序。（这里需要一些C的知识）

16.3.1 利用多核机器

这里涉及的C代码只能运行在多核系统中，所以必须对这些系统的本质进行一些讨论。

你或许已经对双核的机器有所了解。任何一台计算机都具有一个CPU，它是实际运行程序的部件。从本质上来说，一台双核的机器就有两个CPU，四核的机器拥有四个CPU，等等。只要有了多核处理器，就可以进行并行计算了！

这种类型的并行计算是通过“线程”（threads）来实现的，其作用类似于snow中的工人。在计算密集型程序中，一般可以将线程的数量设置为处理器核的数量，例如在一台双核机器中设置两个线程。理想情况下，这些线程将同时进行计算，尽管开销问题依然会存在。我们将在第16.4.1节的普遍化的性能问题中对此进行解释。

如果你的机器具有多个处理器核，那么它们就组成了一个“共享内存”（shared-memory）系统，即所有的核都将读写相同的内存。这一内存共享的特性使得核与核之间的通信可以很容易地进行编程。如果一个线程写入了一块内存区域，那么这一变化对于所有的核来说都是可见的，从而不需要程序员手动地插入代码来实现这一特性。

16.3.2 扩展案例：利用OpenMP解决共同外链问题

OpenMP是一个非常流行的用于多核编程的软件包。为了展示它是如何工作的，我们再次考察共同外链的例子，这一次我们使用R能够调用的OpenMP代码进行实现：

```
1  #include <omp.h>
2  #include <R.h>
3
4  int tot;  // grand total of matches, over all threads
5
6  // processes row pairs (i,i+1), (i,i+2), ...
7  int procpairs(int i, int *m, int n)
8  {  int j,k,sum=0;
9     for (j = i+1; j < n; j++) {
10       for (k = 0; k < n; k++)
11          // find m[i][k]*m[j][k] but remember R uses col-major order
12          sum += m[n*k+i] * m[n*k+j];
13    }
14    return sum;
15 }
16
17 void mutlinks(int *m, int *n, double *mlmean)
18 {  int nval = *n;
19    tot = 0;
20    #pragma omp parallel
21    {  int i,mysum=0,
22          me = omp_get_thread_num(),
23          nth = omp_get_num_threads();
24       // in checking all (i,j) pairs, partition the work according to i;
25       // this thread me will handle all i that equal me mod nth
```

```
26          for (i = me; i < nval; i += nth) {
27             mysum += procpairs(i,m,nval);
28          }
29          #pragma omp atomic
30          tot += mysum;
31       }
32       int divisor = nval * (nval-1) / 2;
33       *mlmean = ((float) tot)/divisor;
34    }
```

16.3.3 运行OpenMP代码

编译的过程参照第15章。我们需要将OpenMP的库文件链接进我们的程序，即加上-fopenmp和-lgomp的选项。假设我们的源程序叫做*romp.c*，我们将用下面的命令来编译代码：

```
gcc -std=gnu99 -fopenmp -I/usr/share/R/include -fpic -g -O2 -c romp.c -o romp.o
gcc -std=gnu99 -shared -o romp.so romp.o -L/usr/lib/R/lib -lR -lgomp
```

下面是在R中进行测试的代码：

```
> dyn.load("romp.so")
> Sys.setenv(OMP_NUM_THREADS=4)
> n <- 1000
> m <- matrix(sample(0:1,n^2,replace=T),nrow=n)
> system.time(z <- .C("mutlinks",as.integer(m),as.integer(n),result=double(1)))
   user  system elapsed
  0.830   0.000   0.218
> z$result
[1] 249.9471
```

在OpenMP中一种典型的指定线程数的方法是通过设定一个操作系统的环境变量，OMP_NUM_THREADS。R能够通过函数Sys.setenv()来设置操作系统的环境变量。在这里，我将线程数设置为4，因为我正在运行一台四核的机器。

注意程序的运行时间——只有0.2秒！在此之前我们用一个12节点的snow系统需要花费5.0秒的时间。对于一些读者来说这或许有些惊人，因为我们的代码已经具有了较高的向量化程度，正如之前提及的那样。尽管向量化有很多好处，但无论如何，R有很多隐性的开销，因此C往往能做得更好。

注意：我尝试使用了R中新加入的字节码编译函数cmpfun()，但实际上mtl()变得更慢了。

因此，如果你愿意将部分的代码用并行化的C重写，那么程序将有可能获得巨大的加速。

16.3.4　OpenMP代码分析

OpenMP代码是在C的基础上加入了“编译指令”（pragmas），其作用是指导编译器插入一些库代码，从而完成OpenMP的操作。在前面代码的第20行，当程序执行到此处时，线程将被激活，并且每个线程都将并行地执行接下来的代码段——21行到30行。

对于OpenMP，变量的作用域是一个非常关键的问题。在21行开始的代码段中，新定义的变量都是特定线程的局部变量。例如，我们在第21行将求总和的变量命名为mysum，因为每个线程都将计算它们各自的总和。与之相对的是，第4行中的全局变量tot将被所有的线程共享。在程序的第30行，每一个线程都将它们各自的贡献加总到最终的求和项中。

然而，即便是第18行的变量nval，它也是被所有线程共同拥有的（在mutlinks()的执行期间），因为它是在21行开始的代码段之外定义的。因此，即使这个变量对整个C程序而言是局部变量，它对于线程来说却是全局的。事实上，我们也可以在第18行定义tot，这是因为尽管tot需要被所有线程共享，但它并不需要在mutlinks()之外被使用。

程序的第29行包含了另外一个编译指令，atomic。atomic只对它的下一行代码，而不是整个代码块起作用（本例中即为第30行）。atomic指令的作用是避免并行处理中所谓的“竞态条件”（race condition）现象。这个术语用来描述下面的情形，即两个线程同时更新一个变量，从而可能造成错误的结果。atomic指令可以保证程序的第30行一次只被一个线程执行，这就意味着，在这一部分的代码中，我们的并行程序暂时变成串行的了，而这就可能造成速度的下降。

在OpenMP中，管理员的角色是由谁充当的？事实上，管理员就是原始的线程，它负责执行OpenMP代码的第18行和第19行，以及R中的.C()函数，.C()函数调用了OpenMP代码中的mutlinks()函数。当工人线程在第21行被激活时，管理员就处于睡眠状态；而当工人线程执行完了第31行，工人将进入睡眠，同时管理员恢复执行。由于工人在执行时管理员处于睡眠状态，因此我们可以让工人的数目等于处理器核的数目。

函数procpairs()的编写是非常直接的，但需要注意的是矩阵m的读取方式。回顾第15章中的讨论，在利用R调用C时，这两种语言对矩阵的存储方式有所不同：R是按列存储，而C是按行存储。在这里我们需要意识到这种差别。此外，我们将矩阵m视为一个一维的向量，这在并行C程序中是非常常见的处理方法。换言之，如果n是4，那么我们就将m看成是一个长度为16的向量。由于R是按行存储矩阵，因此这个向量将首先包含矩阵的第一列元素，然后是第二列，依此类推。此外还有一些更琐碎的细节，例如我们需要记住C的下标是从0开始的，而不像R是从1开始。

将所有这些组合在一起，我们就得到了第12行中的乘法运算，其中相乘的元素是C代码中m的(k, i)和(k, j)元素，在R代码中则对应于$(i+1, k+1)$和$(j+1, k+1)$元素。

16.3.5　其他OpenMP指令

OpenMP还包含了许多其他操作，在此限于篇幅无法一一列出。本节给出了一些我认为非常有用的OpenMP指令。

16.3.5.1　omp barrier指令

“屏障”（barrier）这一并行处理术语指的是线程进行汇集的那行代码。omp barrier的语法非常简单：

```
#pragma omp barrier
```

当一个线程到达一个屏障，其执行将暂时被挂起，直到所有的线程都到达了那一行再继续执行。这在迭代型算法中非常有用：线程将在屏障处进行等待，直到每次迭代的结束。

注意，除了这种显式指定屏障的方法，一些其他的指令将在它们的代码段之后设置一个隐式的屏障，例如single和parallel。在之前的代码中，紧接着第31行就有一个隐含的屏障，而这正是为什么管理员将保持睡眠，直到所有的工人线程都完成了工作。

16.3.5.2 omp critical指令

紧接着这一指令的代码块称为一个“关键区域”（critical section），意思是在这个区域中同时只允许一个线程执行这段代码。omp critical指令本质上与之前讨论过的atomic指令具有相同的目的，唯一的区别是后者限制在一行语句中。

注意：OpenMP的设计者之所以为一行语句的情形单独设置一个特殊的指令，是因为他们希望编译器能将这种语句翻译成非常高速的机器指令。

以下是omp critical的语法：

```
1  #pragma omp critical
2  {
3     // place one or more statements here
4  }
```

16.3.5.3 omp single指令

紧接着这一指令的代码块将只被一个线程执行。下面是omp single指令的语法：

```
1  #pragma omp single
2  {
3     // place one or more statements here
4  }
```

这条指令可以用来初始化被所有线程共享的求和变量。之前已经提及，该代码段之后将自动放置一个屏障。你应该能理解其中的原因：如果一个线程正在初始化一个求和变量，那么你将不希望其他线程也访问这个变量，而是应该等到这个变量被正确地赋值为止。

在我开源的关于并行处理的教程中有更多OpenMP的知识，网站地址是http://heather.cs.ucdavis.edu/parprocbook。

16.3.6 GPU编程

另一种共享内存的并行硬件是图形处理器（GPU）。如果你的电脑中有一块较好的显卡，例如用来玩游戏，那么你可能还没有意识到它也是一台非常强大的计算设备——以至于有人经常用“桌面上的超级计算机！”这句广告词来指代配备了高端GPU的个人电脑。

与OpenMP类似，GPU编程的思路不是写并行的R代码，而是用R去调用并行的C代码。

（与OpenMP的情形类似，C在这里是指广义的C语言。）由于其中的技术细节非常复杂，我将不会在这里展示代码的样例，但对这一平台的一个概览性的介绍还是很有意义的。

如上文所述，GPU采用的也是共享内存/线程的模型，但其规模要更为巨大，一般会有数十甚至上百个核（这取决于你如何定义“核”）。其中一个主要的区别在于，GPU中若干个线程可以在一个区块中共同运行，这会带来一定的效率提升。

访问GPU的程序首先还是要运行在机器的CPU上，它常被称为“主机”（host）。接下来程序再将代码运行在GPU上，即“设备”（device）。这意味着，你的数据必须从主机转移到设备中去，并且在设备完成计算以后，再将计算结果返回给主机。

在编写本书的时候，GPU计算还没有在R用户中普及。当前在R中进行GPU计算的一个主要途径是通过CRAN上的软件包gputools，它包含了一些R能够进行调用的矩阵代数和统计分析函数。例如，对于矩阵求逆，R提供了solve()函数，而gputools中提供了一个并行版本的替代品gpuSolve()。

关于GPU编程的更多细节，请参阅我关于并行处理的教程，网址是http://heather.cs.ucdavis.edu/parprocbook。

16.4 普遍的性能考虑

本章将讨论一些在R语言并行计算程序中普遍适用的问题。首先，我们将用一些篇幅来介绍开销的主要来源，然后进行一些算法方面的讨论。

16.4.1 开销的来源

要编写成功的并行化代码，其中关键的一环是对开销的物理来源至少有一个大概的认识。让我们在两大主流的平台，共享内存系统和网络计算机群中，对这一问题进行一些探讨。

16.4.1.1 共享内存的机器

如之前所提及的那样，多核机器中的内存共享机制可以使得编程变得更加简单。然而，共享同样会产生开销，因为当两个核同时需要访问内存时，互相之间就会产生冲突。这意味着，其中一个核需要等待另外一个核，而这正是开销的来源，其量级通常在几百纳秒的范围内（1纳秒为十亿分之一秒）。这听起来似乎是一个很小的数目，但请记住，CPU的工作速度在小于1纳秒的级别，所以内存访问往往是计算的一个瓶颈。

除了共享内存之外，每个核通常还会有一个“缓存”（cache），用来存放一些共享内存的本地拷贝。缓存的目的是减少不同的核在内存中的争夺现象，但它本身也会产生开销，包括在维持缓存的一致性上消耗的时间。

注意，GPU实际上就是一种特殊的多核机器，所以它们一方面会产生上面我提到的这些问题，另一方面还包括更多的情况。首先是“潜伏期”（latency），意思是发生一次内存读取请求之后，直到第一个字节从内存到达GPU，它们中间的时间差。通常来说，GPU的潜伏期非常长。

此外，开销还会发生于数据在主机和设备之间的传输中。这里的潜伏期通常是微秒的量级（1微秒是百万分之一秒），相对于CPU和GPU的纳秒级别来说，就是一段非常长的时间了。

GPU对于某些特定类别的应用来说有着巨大的性能提升潜力，但开销也可能成为一个主要的问题。gputools软件包的作者指出，他们的矩阵操作只有在矩阵规模至少为1000×1000

时才有明显的加速迹象。我编写了一个利用GPU计算共同外链的程序，最后的运行时间是3.0秒——大约是snow版本的一半，但依然比OpenMP的实现要慢得多。

当然，这些问题都是有办法进行改善的，但需要非常仔细并富有创造性的编程，以及对GPU物理结构更深入的了解。

16.4.1.2 网络计算机群系统

正如你之前就了解到的那样，另外一种实现并行计算的方法是通过网络计算机群。在这种情况下，同样具有多个CPU，但它们彼此之间是独立的电脑，而且有着各自的内存。

在更早一些的时候我们就已经提到过，网络数据的传输会造成开销，其量级同样是微秒级别。因此，即使在网络中传输一批很小的数据，也可能会产生很大的延迟。

此外需要注意的是，snow还有一个额外的开销来源，那就是它在传送数据之前，如从管理员到工人，会先把数值型对象（如向量、矩阵等）转换成字符型。这样不仅转换会消耗时间（从数值型到字符型，和从字符型转换回数值型都需要时间），而且字符型对象通常会生成更长的消息，这就意味着网络传输时间更长。

共享内存系统还可以通过网络的方式连接在一起。事实上在之前的例子中，我们就是这样做的。那是一个混合的系统，在其中我们创建了一些由若干台双核计算机通过网络连接在一起的snow集群。

16.4.2 简单并行程序，以及那些不简单的

贫穷并不是羞耻，但它同样也不是荣耀。

——特维，《屋顶上的小提琴手》

人是惟一会脸红的动物，或者说是惟一需要脸红的动物。

——马克·吐温

在谈论R语言并行计算（以及更广义的并行处理领域）的时候，我们经常会听到“简单并行”[㊀]（embarrassingly parallel）这个术语。“尴尬”（embarrassingly）这个词指的是问题太过简单，以至于实现并行并不需要花费太多的思考；它们简单得有些尴尬。

对于本章涉及的两个例子，我们都认为它们是简单并行的，因为在16.1节的共同外链问题中，将for i循环进行并行化是显然的；而在16.2.4节的KMC问题中，对于任务的划分也是非常自然且容易的。

相比较之下，绝大多数的并行排序算法则牵涉到大量的交互操作。例如，考虑归并排序这一常见的排序方法，它首先将待排序的向量分解成两个（或更多个）独立的部分，我们不妨称它们为左半边和右半边，这两个部分将在两个处理器上并行地排序。至少是在向量被划分为两部分之后，直到现在它依然是简单并行。但在之后，这两个已排序的半边必须合并起来，以对原始完整的向量进行排序。这一过程不是简单并行的，它虽然可以用并行的方式完成，但却是一种更复杂的方式。

当然了，依照本节开头特维的话，简单并行并不可耻！它也许并不是一件值得夸耀的事，但至少值得庆祝，因为简单并行可以很简便地编写程序。更重要的是，简单并行问题通

㊀ embarrassingly本意指尴尬，此处的embarrassingly parallel是指那些线程与线程之间不需要进行交互的并行方式，它们往往只需要将原始的程序稍加改写即可实现并行，因此说“简单得有些尴尬”。为便于理解，本节中将embarrassingly parallel翻译为“简单并行”——译者注

常有着很低的通信开销，如之前讨论的那样，这是影响性能的关键所在。事实上，当大部分的人提及简单并行的程序时，他们已经对其有了低开销的假定。

那么如果不是简单并行，情况又会如何呢？遗憾的是，R本身并不适合这一类的并行。原因非常简单：R的本质是函数型的编程。如14.3节中讨论的那样，下面的这条语句：

```
x[3] <- 8
```

看上去相当简单，但情况并非如此，因为它可能会使得整个x向量被重写，从而造成通信阻塞。相应地，如果你的程序不是简单并行的，最好的选择或许是将计算密集的部分用C改写，例如使用OpenMP或GPU编程。

此外需要特别注意的是，简单并行并不意味着算法就是高效的。有些简单并行的算法依然可能造成巨大的通信阻塞，进而影响性能。

考虑运行在snow下的KMC程序，假设我们设置了足够多数目的工人，使得每个工人有相对较少的任务量。在这种情况下，每次迭代之后工人与管理员的通信将会消耗很大比例的运行时间，这时我们称“粒度”（granularity）太过精细，从而应该使用更少数目的工人。因此，我们将分配给每个工人更多的任务量，即使用更大的粒度。

16.4.3　静态和动态任务分配

让我们再次考察OpenMP例子中从第26行开始的循环，为方便起见我们将其重现在这里：

```
for (i = me; i < nval; i += nth) {
   mysum += procpairs(i,m,nval);
}
```

此处的变量me是线程的编号，所以这段代码的意义是让每个线程去操作取值互不重叠的i变量。我们之所以希望i的取值是互不重叠的，是因为想要避免重复的工作，以及防止计算出错误的链接数。这段代码没有任何问题，但现在我们需要指出，这段代码实际上是为每个线程预先分配了各自的任务，我们称之为静态的任务分配。

另一种分配的方法是将我们的for循环修改成下面的形式：

```
int nexti = 0;  // global variable
...
for ( ; myi < n; ) {  // revised "for" loop
   #pragma omp critical
   {
      nexti += 1;
      myi = nexti;
   }
   if (myi < n)  {
      mysum += procpairs(myi,m,nval);
      ...
   }
}
...
```

这是一种动态的任务分配，在这种分配方式下，我们事先无法确定哪个线程将处理哪个i，任务的分配是在执行期间完成的。初看之下，动态分配应该拥有更好的性能。例如，假设在一个静态分配中，某个线程已经结束了它的最后一个i的迭代，而此时另一个线程仍然有两个i未完成。这意味着我们的程序将比预期中的结束得更晚。在并行处理的术语中，我们称之为“负载均衡”（load balance）问题。在动态分配中，当有两个i的迭代尚未完成时，空闲的线程就会接管其中的一个。因此，从理论上来说我们可以获得更好的平衡以及整体上更短的运行时间。

但不要急着下结论。始终记住，我们需要克服开销的问题。让我们回顾一下，在上面动态分配的代码中，critical指令会使得程序暂时变成串行的，因此这会造成运行速度的下降。此外，基于一些因太过技术细节化而不宜在此讨论的原因，这些指令可能会造成严重的缓存开销。所以总体来说，动态分配的代码有可能实际上比静态分配的版本要慢得多。

针对这一问题，有不同的解决方案被相继提出，例如OpenMP中的guided指令。但我在此想说的是，这些方案都是不必要的，因为在大多数情况下，静态分配已经足够了。为什么这么说呢？

你应该能回忆起，一系列独立同分布随机变量之和的标准差，再除以和的均值，将会随着项数趋于无穷而逐渐趋于0。换言之，这些随机变量之和近似是一个常数。这一结论对于负载均衡问题具有直接的指导意义：在静态分配中，一个线程的总工作时间是其每一个子任务的时间之和，因此它近似是一个常数；这就是说，不同线程的运行时间只会有很小的变异程度。因此，所有的线程都应该在几乎相同的时间内完成计算任务，我们也就无需担心负载不均衡了。基于这些原因，动态分配一般是不必要的。

上述推理当然是基于一些统计上的假定，但在实际问题中，这些假定通常都能得到很充分的满足：静态分配在总任务的均衡分配方面可以做到和动态分配一样好，而且因为静态分配没有动态分配中的开销问题，所以在大多数情况下它都能获得更好的性能。

关于这个问题，还有一个方面需要讨论。再次考虑共同外链的例子，让我们回顾一下算法的概览：

```
1  sum = 0
2  for i = 0...n-1
3     for j = i+1...n-1
4        for k = 0...n-1 sum = sum + a[i][k]*a[j][k]
5  mean = sum / (n*(n-1)/2)
```

假设n是10000，以及我们有四个线程，现在考虑for i循环的划分方法。最简单直接的想法是让线程0处理i从0到2499的取值，线程1处理2500到4999，依此类推。然而，这会造成负载的不均衡，因为当一个线程处理某个特定的i取值时，其工作量是正比例于n-i的。这也正是为什么在我们实际的代码中，i的取值是交错选取的：线程0处理的i取值是0，4，8……，线程1处理的是1，5，9……等等。这样能够达到一个良好的负载平衡。

所以，静态分配可能需要更多的计划安排，一种通用的办法是随机指定任务（在这里即为i的取值）给线程（这一过程仍应该在循环外层，即任务开始之前进行）。如果能够进行一些预先的思考，那么静态分配应该能够良好地胜任大部分的应用程序。

16.4.4 软件炼金术：将一般的问题转化为简单并行问题

如之前所讨论的那样，非简单并行问题通常很难达到良好的性能。然而幸运的是，对于统计应用问题，这里有一种方法能将非简单并行问题转化为简单并行问题。该方法的核心在于利用了一些统计上的性质。

为了展示这种方法，我们再次回到共同外链问题，它利用了w个工人对链接矩阵m进行操作，包括如下几个步骤：

1. 将m的行分成w个小块；
2. 让每一个工人计算对应的小块中所有顶点配对的平均外链数；
3. 对所有工人返回的结果取平均。

在数学上可以证明，对于大型问题（这是你唯一需要用到并行计算的情形），这种分块方法得到的估计量可以获得和非分块方法相同的统计精度。但同时，我们不仅将这个非并行的问题转化成了并行的问题，而且它还是一个简单并行问题！在上面的算法框架中，每个工人的计算任务都是独立于其他工人的。

这种方法不应该与并行处理中常用的分块方法相混淆。对于后者，例如16.4.2节页讨论的归并排序，虽然其分块是简单并行的，但之后的结果合并却不是。而本节介绍的这种方法在合并结果时仅仅是简单的计算平均，这是由数学理论保证的。

我尝试使用这种方法将共同外链问题运行在4个工人的snow集群上，这使得运行时间缩短到了1.5秒，远好于串行的16秒，速度相当于GPU的两倍，甚至达到了与OpenMP可比的运行时间。同时，说明这两种方法得到相同统计精度的理论也得到了验证：进行分块的版本得到的平均外链数是249.2881，而原始的估计量是249.2993。

16.5 调试R语言并行计算的代码

用R语言并行计算的软件包，如Rmpi、snow、foreach等，都没有为每个进程设立一个终端窗口，因此我们无法在工人上使用R的调试器。（我编写的Rdsm包是一个例外，它为R添加了处理线程的能力）

那么，你应该怎样去调试这些软件包呢？让我们来考虑一个具体的snow的例子。

首先，你应该调试运行在每个工人上的函数，如16.2节中的mtl()函数。在这里，我们需要人工设定一些函数的参数，然后利用R中常用的调试工具进行调试。

一般而言，调试这些函数就已经足够了。然而，漏洞可能存在于这些参数本身，或者是出在设立这些参数的时候。如果是这样，那么事情就会变得比较困难了。

甚至连打印追踪信息都会变得不那么简单（例如想要显示变量的取值），因为print()无法在工人进程上工作。message()函数可能会对这些软件包有效；如果仍然无效，那么你可能需要利用cat()来将相应的信息写入到一个文件中。

附录A 安装R

本附录涵盖了在系统中安装R的方法。你可以很方便地下载并安装预编译的二进制版本，或者在基于UNIX的操作系统中使用包管理器，或者通过自己编译源代码的方式来安装。

从CRAN下载R

R的基础包和用户贡献的包都可以在R主页（http://www.r-project.org/）上的R综合资料网（Comprehensive R Archive Network，CRAN）获得。点击CRAN的链接，选择离你最近的镜像网站，然后根据操作系统下载相应的基础包。对大多数用户来说，不管使用的是哪种平台，安装R都是件很简单的事。你可以在CRAN上找到针对Windows、Linux以及Mac OS X的预编译二进制安装文件。你会很轻易地下载到相应的文件并安装好R。

通过Linux包管理器安装R

如果你使用的是带有集中化软件包存储库（centralized package repository）的Linux发行版，比如Fedora或Ubuntu，除了使用预编译的二进制文件，也可以用操作系统的包管理器来安装R。例如，如果你运行的是Fedora，那么在命令行输入下面的命令就可以安装R了：

```
$ yum install R
```

对基于Debian的系统，比如Ubuntu，命令是这样的：

```
$ sudo apt-get install r-base
```

查看你所用操作系统发行版的文档，以获取关于安装和删除包的更多技术细节。

用源代码安装R

在Linux和其他基于UNIX的系统（可能还包括Mac OS X）中，你也可以自己编译R的源代码。直接解压缩源代码压缩包，然后运行以下经典的三行代码，完成安装步骤：

```
$ configure
$ make
$ make install
```

注意，你可能需要有root权限才能运行`make install`这步，这取决于你的写权限和安装R的位置。如果想把R安装到非标准目录下，比如/a/b/c，可以在运行configure命令的时候加上--prefix参数，像下面这样：

```
$ configure --prefix=/a/b/c
```

如果你使用的是公共计算机，并且对标准安装目录（比如/usr）没有写权限，也许会发现上面的操作很有帮助。

附录B

安装和使用包

R主页（http://www.r-project.org/）上的R综合资料网（Comprehensive R Archive Network，CRAN）提供了成千上万的用户贡献包，这是R的一大优势。包的安装在大多数情况下很简单，但是对一些特殊的包也会存在细微的差别。

本篇附录先介绍包的基础知识，然后讲解如何从硬盘和网络上加载R包。

B.1 包的基础知识

R使用包来存储若干相关联的程序文件。R发行版里的包都是以子目录的形式存放在R的安装目录下，也就是在*/usr/lib/R/library*下面[⊖]。

注意： 在R社区，通常用库(library)这个术语来代替包（package）。

有些包会在启动R的时候自动加载，比如base子目录。不过，为了节省内存和时间，R不会自动加载所有的包。

运行下面的命令来查看当前加载了哪些包：

```
> .path.package()
```

B.2 从硬盘中加载包

如果你要使用某个已经安装了的包，但还没把它加载到内存中，则可用`library()`函数来加载这个包。例如，假设你想生成多元正态分布的随机向量，那么MASS包里的`mvrnorm()`函数可以做到这点。用下面的命令加载包：

```
> library(MASS)
```

`mvrnorm()`函数现在可以调用了，它的文档也可以查看了（加载MASS之前，输入命令`help(mvrnorm)`会产生出错消息）。

⊖ 本节所举例子中提到的目录路径都是类Unix系统下的形式，Windows用户可将其替换成Windows下的形式。——译者注

B.3 从网络下载包

你要用的包也许并不在R的安装目录下。开源软件的一大优点是用户热衷于分享，全世界的用户写了有专门用途的R包之后，就会上传到CRAN库或者其他地方。

注意： 用户提交到CRAN的包经过了非常严格的审核，质量通常还比较高。尽管如此，它们经过的测试并不像R本身那么彻底。

B.3.1 自动安装包

一种安装包的方法是使用install.packages()函数。例如，假设你要安装mvtnorm包，这个包用来计算多元正态分布积累分布函数以及其他量。首先，选择把这个包（以后或许还有其他包）安装到哪个目录下，比如*/a/b/c*。然后运行下面的命令：

```
> install.packages("mvtnorm","/a/b/c/")
```

这会让R自动连接到CRAN下载并编译包，然后将其加载到新的目录*/a/b/c/mvtnorm*。包安装好之后，需要告诉R在哪里寻找这个包，可以用.libPaths()函数完成这步：

```
> .libPaths("/a/b/c/")
```

这会把上面的新目录加到R当前使用的目录列表中。如果这一目录需要经常使用，可以把上面调用.libPaths()的语句加到主目录下的.Rproile启动配置文件里。

调用无参数的.libPaths()函数会显示R在加载包时将会搜寻的目录列表。

B.3.2 手动安装包

有时你需要“手动”安装包，做一些必要的修改以使某个特定的包可以在系统中正常运行。下面这个例子展示了在某个特定实例中我是如何手动安装的，它可以当作一个教学案例，展示在普通方法都不可行的情况下该如何处理。

注意： 需要手动安装包的情况通常是因为操作系统依赖，而且这些情形往往需要一些超出了本书范围的计算机专业知识。在有些特别情况下，如果需要帮助，r-help邮件列表的作用是不可估量的。登录R的官方主页（http://www.r-project.org/），点击FAQs链接，然后点击R FAQ链接，把页面下拉到第2.9节“What mailing lists exist for R?”（有哪些关于R的邮件列表？）。

我想在我们系的教学用机的目录/home/matloff/R下安装Rmpi包。最初我尝试过使用install.packages()函数，但是发现自动安装时在我们的计算机里找不到MPI库。问题的原因是R会在/usr/local/lam中寻找库文件，但我知道这些文件实际是在/usr/local/LAM下。由于这些是公共计算机，不是我自己的，因此我没有权限修改文件名。为此，我下载了Rmpi包的压缩文件Rmpi_0.5-3 .tar.gz，解压到我的临时目录~/tmp，生成一个目录~/tmp/Rmpi。

如果我没有处理此类问题的经验，这个时候我可能会在~/tmp目录下运行下面的命令：

```
R CMD INSTALL -l /home/matloff/R  Rmpi
```

这条命令会安装包含在~/tmp/Rmpi里的包，把它安装在/home/matloff/R。这是代替install.packages()命令的另一种方法。

不过，正如前面提到的，我必须处理一个问题。在~/tmp/Rmpi目录中有个配置文件configure，所以我在Linux命令行下运行下面的命令：

```
configure --help
```

这一命令提示我可以把MPI文件的路径指定给configure，如下：

```
configure --with-mpi=/usr/local/LAM
```

你可以像上面这样直接运行configure命令，不过我是通过R来运行的：

```
R CMD INSTALL -l /home/matloff/R Rmpi --configure-args=--with-mpi=/usr/local/LAM
```

如果只是想让R把包安装好，那么这条命令看起来已经成功了，但是R提示说我们计算机的线程库出现了问题。果然，当我试图加载Rmpi包时，出现了运行时错误（runtime error），说没有找到某个线程函数。

我知道线程库没有问题，所以在configure文件里注释掉了两行：

```
# if test $ac_cv_lib_pthread_main = yes; then
    MPI_LIBS="$MPI_LIBS -lpthread"
# fi
```

换句话说，我强制configure脚本使用了我确信（或非常肯定）能够正常工作的命令。然后我重新运行R CMD INSTALL语句，再加载包就没有任何问题了。

B.4 列出包的所有函数

调用带有帮助参数的library()命令，可以列出包的所有函数。例如，如果要看mvtnorm包的帮助文件，就输入下面两条命令中的任意一条：

- `> library(help=mvtnorm)`
- `> help(package=mvtnorm)`

推荐阅读

机器学习与R语言（原书第3版）

作者：布雷特·兰茨（Brett Lantz）ISBN：978-7-111-68457-2 定价：99.00元

本书通过清晰和实用的案例来探索机器学习在现实世界中的应用。无论你是经验丰富的R用户还是R初学者，都会从本书中学到如何发现关键信息、做出新的预测并进行可视化。

基于R语言的金融分析

作者：马克·J.班纳特（Mark J. Bennett）德克·L.胡根（Dirk L. Hugen）
ISBN：978-7-111-65821-4 定价：119.00元

本书通过梳理金融分析方法，解释数学概念，展示代码和图示，配合相关案例和习题，清晰简练地阐释如何利用R语言进行统计分析。

为便于读者学习解决行业问题所需的金融、统计和算法知识，本书提供了大量容易理解的数学知识和基础金融词汇。同时本书给出一种用统计语言R开发金融分析程序的系统方法，建立了一个实际动手操作的软件模拟实验室，并在实验室的重要工作模块上回答分析问题，探索投资和风险管理的分析之道。